普通高等教育"十二五"规划教材

物理光学导论

姜宗福　刘文广　侯　静　编著

科学出版社
北　京

内 容 简 介

物理光学的内容非常广泛,本书针对光学工程、光电子技术等工科类本科专业对光学知识的基本要求,主要介绍经典物理光学内容和部分近代物理光学内容。书中以电磁场与光传输理论为基础,简洁而系统地讲述光的电磁波描述、光的偏振、光在介质界面的传输、光的干涉、光场的空间和时间相干性、光的衍射、傅里叶光学基本概念与光的信息处理、光的全息术、光在晶体中的传输,以及光的吸收、色散和散射等。

本书可作为工科光学工程、光电子技术等专业本科生的教材,也可作为光学工程等学科研究生和科技工作者的参考书。

图书在版编目(CIP)数据

物理光学导论/姜宗福,刘文广,侯静编著. —北京:科学出版社,2011
 (普通高等教育"十二五"规划教材)
 ISBN 978-7-03-032206-7

Ⅰ.①物… Ⅱ.①姜…②刘…③侯… Ⅲ.①物理光学-高等学校-教材 Ⅳ.①O436

中国版本图书馆 CIP 数据核字(2011)第 175336 号

责任编辑:刘鹏飞 潘斯斯 卜 新/责任校对:陈玉凤
责任印制:徐晓晨/封面设计:迷底书装

科 学 出 版 社 出版
北京东黄城根北街 16 号
邮政编码:100717
http://www.sciencep.com

北京教图印刷有限公司 印刷
科学出版社发行 各地新华书店经销

*

2011 年 7 月第 一 版 开本:720×1000 1/16
2015 年 1 月第三次印刷 印张:14 3/4
字数:295 000

定价:35.00 元
(如有印装质量问题,我社负责调换)

前　言

几百年来,几何光学和物理光学的理论及工程应用的各方面一直不断深入和发展。物理光学是描述光的传输、光与物质相互作用等物理过程本质的基础理论,其内容非常广泛:①以电磁场理论为基础的经典波动光学,包括光的干涉和衍射,光波导传输理论,光的吸收、色散和散射,经典晶体光学等;②以经典波动光学理论为基础的近代波动光学,包括近场光学、光学全息、傅里叶光学、波导光学等;③以经典光学、近代物理理论与现代技术相结合的现代光学,包括激光、光谱学、量子光学、非线性光学、微纳与材料光学等基础理论。

针对光学工程、光电子技术等工科类本科专业对光学基础的要求,结合光学工程等专业物理光学学时较少的特点,编者根据近几年在国防科学技术大学光电科学与工程学院讲授物理光学过程中的体会,编写了《物理光学导论》一书。本书主要介绍经典物理光学内容,部分介绍近代物理光学内容,其中标注星号的部分可以只作为参考内容。

为使本科学生对历史上光的本质认知过程、光的物理理论建立过程有一个初步的了解,本书在引言部分按时间顺序对光学的发展进行简单的介绍。

第1章作为光的经典波动理论基础,主要介绍电磁场的麦克斯韦方程、电磁波的波动方程,给出波动方程的两个最基本解——平面波解和球面波解。通过平面波,引入描述电磁场的能量密度和能流密度、光强概念、光偏振等概念,光在光学介质界面传播时反射光和折射光的相位变化、偏振状态变化和能流的分配等特性的菲涅耳公式。同时,简要介绍光量子概念。

第2章介绍光的干涉现象及相关基础概念和应用,首先对光波的叠加原理和光波的独立传播原理进行介绍,在此基础上,给出光波场相干叠加的基本条件,引入描述光波场相干性的物理量——衬比度。分别介绍分波前干涉、分振幅干涉和多光束干涉的分析方法,以及典型干涉测量仪器的原理和实际应用。结合各种干涉装置讨论光场的空间相干性和时间相干性。

第3章介绍描述光波衍射现象的唯像理论和电磁场理论:惠更斯-菲涅耳衍射理论、基尔霍夫衍射理论。介绍菲涅耳衍射和夫琅禾费衍射的概念和基本分析方法。结合圆孔夫琅禾费衍射,重点介绍成像仪器的分辨本领和光衍射极限等具有工程应用背景的重要概念。运用位移-相移定理讨论光栅衍射、光栅光谱仪和高衍射效率的闪耀光栅。

第4章以衍射理论为基础,通过分析薄透镜实现光波的相位变换规律,介绍傅里叶变换光学基本概念、阿贝成像原理、空间滤波、相干光信息处理、光学成像的频谱分析和光学全息等近代光学的基本概念和基础理论。

第5章介绍光波在非各向同性介质中传输的现象、分析方法、规律及其应用。主要包括光的双折射现象、晶体光学中的波面、光在晶体中传输特性的惠更斯作图法,各种晶体光学器件及其应用,各种偏振光的产生和检验,偏振光干涉装置及其应用,旋光效应和电光效应。

第6章介绍光波在介质中传输时与介质相互作用产生的几种现象:介质对光的吸收、色散、散射。分别介绍吸收、色散和散射产生的物理本质、规律及其实际应用。

本书第1、3、4章由姜宗福教授编写,第2、6章由刘文广副教授编写,第5章由侯静教授编写;习锋杰和肖楠讲师编写了部分章的习题,实验员姜深理编辑制作了部分图片。

本书只涉及光学工程等相关工程类本科专业中物理光学内容的基础部分。书中不妥、错误之处在所难免,敬请读者批评指正。

编　者

2011 年 5 月 15 日

目 录

前言
引言 ·· 1
  0.1 17 世纪前的光学 ·· 1
      0.1.1 古希腊人对光的认识 ·· 1
      0.1.2 阿拉伯人对光学的贡献 ·· 2
      0.1.3 中世纪的光学 ·· 2
      0.1.4 16 世纪——文艺复兴的光学 ··· 2
  0.2 17 世纪的光学 ··· 3
  0.3 19 世纪的光学 ··· 3
  0.4 近代光学 ··· 4
  0.5 运动物体光学 ··· 5

第 1 章 电磁场与光传输理论基础 ·· 6
  1.1 电磁场理论中的基本定律 ·· 6
      1.1.1 电磁场理论中的基本定律与麦克斯韦方程 ··································· 6
      *1.1.2 介质性质突变处的边界条件 ·· 11
  1.2 电磁场波动方程与简谐光波 ··· 12
      1.2.1 波动方程和光速 ·· 12
      1.2.2 平面波和球面波 ·· 14
      1.2.3 波函数的复数表示与共轭波 ·· 15
  1.3 矢量简谐波与光的偏振 ··· 17
      1.3.1 矢量平面波函数 ·· 17
      1.3.2 电磁场的能量密度和能流密度 ··· 19
      1.3.3 光的偏振性质 ··· 23
  1.4 光子与电磁场谱 ·· 25
      1.4.1 光子 ··· 25
      1.4.2 电磁波谱 ·· 27
  1.5 光波在介质界面的传播 ··· 28
      1.5.1 介质界面的电磁波 ·· 29
      1.5.2 菲涅耳公式 ·· 30
      1.5.3 光强的反射率和透射率 ··· 33

1.5.4　界面反射光的相位变化 ·· 36
　习题 ·· 41

第 2 章　光的干涉 ·· 43
2.1　光波干涉的基本概念 ··· 43
　　2.1.1　波的叠加原理 ·· 43
　　2.1.2　波叠加实现相干的基本条件 ·· 46
　　2.1.3　干涉场的衬比度 ··· 47
2.2　分波前干涉 ·· 49
　　2.2.1　普通光源实现相干叠加的方法 ·· 49
　　2.2.2　杨氏双孔干涉实验：两个球面波的干涉 ·································· 50
　　2.2.3　光源宽度对干涉场衬比度的影响 ··· 53
　　2.2.4　光场的空间相干性 ·· 58
　　2.2.5　光场的时间相干性 ·· 61
　　2.2.6　分波前干涉装置及其应用 ·· 64
2.3　分振幅干涉 ·· 66
　　2.3.1　平行平板的等倾干涉 ·· 66
　　2.3.2　楔形板的等厚干涉 ·· 70
　　2.3.3　几种分振幅干涉仪及其应用 ··· 74
2.4　多光束干涉 ·· 80
　　2.4.1　平行平板的反射多光束干涉和透射多光束干涉 ·························· 80
　　2.4.2　法布里-珀罗干涉仪及其特点 ··· 82
　　2.4.3　多光束干涉的应用 ·· 84
　习题 ·· 87

第 3 章　光的衍射理论基础 ·· 90
3.1　惠更斯-菲涅耳原理 ·· 90
　　3.1.1　惠更斯原理 ·· 90
　　3.1.2　惠更斯-菲涅耳原理 ··· 91
3.2　基尔霍夫衍射理论简介 ··· 92
　　3.2.1　亥姆霍兹-基尔霍夫积分定理 ·· 92
　　3.2.2　平面屏衍射的基尔霍夫公式 ··· 94
　　3.2.3　巴比涅原理 ·· 95
3.3　近场衍射和远场衍射 ·· 95
　　3.3.1　球面波的傍轴近似和远场近似式 ··· 96
　　3.3.2　近场衍射——菲涅耳衍射 ·· 97
　　3.3.3　远场衍射——夫琅禾费衍射 ··· 98

- 3.4 单缝和矩孔的夫琅禾费衍射 ············· 100
  - 3.4.1 单缝夫琅禾费衍射 ············· 101
  - 3.4.2 矩孔夫琅禾费衍射 ············· 102
- 3.5 圆孔夫琅禾费衍射与成像系统的分辨本领 ············· 103
  - 3.5.1 圆孔夫琅禾费衍射 ············· 103
  - 3.5.2 成像仪器的分辨本领 ············· 104
- 3.6 光栅衍射 ············· 107
  - 3.6.1 位移-相移定理 ············· 107
  - 3.6.2 一维光栅 ············· 109
  - 3.6.3 光栅光谱仪 ············· 112
  - 3.6.4 闪耀光栅 ············· 115
- 3.7 菲涅耳衍射 ············· 117
  - 3.7.1 菲涅耳衍射的波带方法 ············· 118
  - 3.7.2 菲涅耳波带片 ············· 123
  - 3.7.3 菲涅耳衍射的数值分析 ············· 125
- 习题 ············· 127

第4章 傅里叶光学基础 ············· 130
- 4.1 线性系统与波前变换 ············· 130
  - *4.1.1 线性系统与线性变换 ············· 130
  - 4.1.2 衍射系统与波前变换 ············· 132
- 4.2 薄透镜相位变换器与傅里叶光学变换 ············· 133
  - 4.2.1 薄透镜的相位变换函数 ············· 133
  - 4.2.2 透镜衍射的傅里叶变换性质 ············· 135
  - 4.2.3 余弦光栅的衍射场 ············· 138
- 4.3 阿贝成像原理与空间滤波 ············· 139
  - 4.3.1 阿贝成像原理 ············· 139
  - 4.3.2 阿贝-波特实验与空间滤波 ············· 141
  - 4.3.3 策尼克相衬显微镜 ············· 143
- 4.4 相干光信息处理简例 ············· 145
  - 4.4.1 4F 图像处理系统 ············· 145
  - 4.4.2 图像的相加和相减处理方法 ············· 147
- *4.5 透镜相干成像的衍射分析 ············· 148
  - 4.5.1 正透镜的点扩展函数 ············· 148
  - 4.5.2 物像关系的衍射理论分析 ············· 150
  - 4.5.3 相干成像系统的光学传递函数 ············· 151
- *4.6 非相干成像系统的频谱分析 ············· 152

4.6.1　非相干成像系统的强度传递函数 …………………………… 152
　　　4.6.2　无像差系统的传递函数 ………………………………………… 154
　　　4.6.3　像差对成像系统的影响 ………………………………………… 155
　4.7　光学全息 …………………………………………………………………… 156
　　　4.7.1　全息术的基本原理 ……………………………………………… 156
　　　4.7.2　典型全息图 ……………………………………………………… 160
　　　4.7.3　全息图应用简介 ………………………………………………… 162
　习题 …………………………………………………………………………………… 164

第5章　晶体光学 ……………………………………………………………………… 169

　5.1　晶体双折射 ………………………………………………………………… 169
　　　5.1.1　双折射现象 ……………………………………………………… 169
　　　5.1.2　单轴晶体中的波面 ……………………………………………… 171
　　　5.1.3　晶体中的惠更斯作图法 ………………………………………… 173
　　　5.1.4　晶体双折射的四个重要情形 …………………………………… 174
　5.2　晶体光学器件 ……………………………………………………………… 176
　　　5.2.1　晶体偏振器 ……………………………………………………… 176
　　　5.2.2　波晶片 …………………………………………………………… 178
　　　5.2.3　晶体补偿器 ……………………………………………………… 180
　5.3　圆偏振光、椭圆偏振光的产生和检验 …………………………………… 182
　　　5.3.1　通过波晶片后的偏振态分析 …………………………………… 182
　　　5.3.2　椭圆偏振光和圆偏振光的产生 ………………………………… 183
　　　5.3.3　偏振光的检验方法 ……………………………………………… 184
　5.4　偏振光干涉 ………………………………………………………………… 185
　　　5.4.1　单色偏振光干涉 ………………………………………………… 185
　　　5.4.2　显色偏振与偏振滤光器 ………………………………………… 188
　　　5.4.3　偏振光的应用 …………………………………………………… 190
　5.5　旋光效应 …………………………………………………………………… 191
　　　5.5.1　自然旋光效应 …………………………………………………… 191
　　　5.5.2　法拉第效应——磁致旋光效应 ………………………………… 194
　　　5.5.3　旋光效应的应用 ………………………………………………… 196
　5.6　电光效应 …………………………………………………………………… 198
　　　5.6.1　泡克耳斯效应——线性电光效应 ……………………………… 198
　　　5.6.2　克尔效应——平方电光效应 …………………………………… 199
　习题 …………………………………………………………………………………… 201

第6章 光的吸收、色散和散射 ··· 203
6.1 介质对光的吸收 ··· 203
6.1.1 朗伯吸收定律 ··· 203
6.1.2 比尔吸收定律 ··· 204
6.1.3 对吸收系数的进一步说明 ··· 204
6.1.4 吸收光谱 ··· 205
6.2 介质对光的色散 ··· 206
6.2.1 正常色散和反常色散 ··· 206
6.2.2 色散和吸收现象的经典理论解释 ··· 208
6.2.3 波包的相速度和群速度 ··· 210
6.3 介质对光的散射 ··· 213
6.3.1 散射现象 ··· 213
6.3.2 瑞利散射 ··· 214
6.3.3 米氏散射 ··· 215
6.3.4 拉曼散射 ··· 216
习题 ··· 217

参考文献 ··· 218

附录 A 矢量分析 ··· 219

附录 B 傅里叶变换 ··· 221

引　言

　　物理光学是光学的重要内容,它从物理本质上对光学现象进行分析和理解。本书主要讲授经典物理光学内容,部分讲授近代物理光学内容。

　　物理光学研究光学现象的物理本质或物理原理。就本课程学习的内容而言,其基本理论在1880年前已经大体上形成了较完整体系。此后,由于量子力学的出现,光学经历了一场革命,尽管这场革命深深影响了人们对光的本性的理解,但早期的理论并没有失去作用。旧的原理和方法及其在诸多方面的应用,一直不断扩大,而且还在继续扩大,势头不减。

　　光学是最古老的物理学分支之一,在这里简要叙述人们对于光的本性认识发展过程中的几个主要里程碑。

0.1　17世纪前的光学

0.1.1　古希腊人对光的认识

　　在17世纪之前,人们对光学现象只是只言片语的记载,还谈不上是科学。在埃及发现的希腊文稿中记载了许多光的幻觉现象。例如,太阳在地平线上比在近天顶时显得更大。

　　在希腊,阿里斯托芬在《云》(公元前424年)中描述了"用透明度极好的石头点火"的对话,把这种石头放在阳光下,人们就能够"通过某一种距离熔化那全部刻写"在蜡面上的"稿本"。

　　柏拉图学派曾经讲授过关于光的直线性、入射角和反射角相等的知识。公元139年,天文学家托勒密(Ptolemy)测量了入射角和折射角,他发现入射角和折射角成比例。

　　古代制造过金属镜。在《圣经·出埃及记》中记载,"窥镜"——(铜锡合金)铜锡比例为38:8,在《圣经·约伯记》中记载为37:18。在古埃及人的木乃伊墓中已发掘出这种镜子。希腊人对球形和抛物面形的镜子进行过探讨,在欧几里得(Euclid)的著作《反射光学》(Catoptrics)中探讨了反射现象,发现了关于球面镜焦点的最早论述,书中讲到了凹镜对准太阳时也能点火。在一份可能是特拉耳斯的安塞谬斯写的稿本"博比安瑟殊篇"(Fragmentun Bobiense)中,论证了抛物面形反射镜的聚焦性质。传说当罗马人包围叙拉古(Syracusae)时,阿基米德用具有聚光能力的反射镜,反射太阳光使敌船起火,来保卫城池,但这个故事可能是虚构的。

　　希腊人探讨过关于视觉的理论,按照毕达哥拉斯(Pythagoras)等人的说法,视觉是由所见的物体射出的微粒进入眼睛引起的。柏拉图、欧几里得主张眼睛发射说,认为眼睛本身发射出某种东西,一旦这些东西遇到物体发出的别的东西就产生视觉。

0.1.2　阿拉伯人对光学的贡献

阿拉伯民族的成长在思想史中显得格外壮丽。散居的部落在宗教的熔炉中突然融合为强大的民族。大约在公元8世纪开始,阿拉伯人把希腊的古典书籍翻译成阿拉伯文,自然科学成为人们爱好的研究课题。一般来讲,他们在创造性研究方面并不突出。只有阿勒·哈增在光学方面有独创性的贡献。哈增曾身居要职,由于犯了错误,在哈里发(Kaliph)面前失宠,一直佯装精神错乱并寻找避难处。其后以复制稿本维持生活,写了关于天文学、数学和光学方面的书。

哈增对反射定律做了研究,并加上了"这两个角都在同一个平面"的法则。对球面镜和抛物面镜做了深入研究。重复托勒密的工作,测量了入射角和折射角,并证明托勒密入射角和折射角之比是常数的说法是错误的,但没有给出正确的折射定律。他认为当太阳和月亮靠近地平线时,其直径显著增大是一种幻觉,是由于它们的大小是以地面物体的较小的距离来做估计造成的。这种解释今天仍流行,但没有普遍接受。

哈增是第一个详细叙述和描绘人眼的物理学家。今天普遍使用的眼睛一些部位的名称起源于他的拉丁文著作,如"网膜"、"角膜"、"玻璃状液"、"前房液"等术语。

0.1.3　中世纪的光学

13世纪欧洲人消化了阿拉伯人的光学知识,威特洛在哈增著作基础上,整理了一本精练而系统的光学著作。他把星星的闪烁解释为空气的运动所致,并证明若通过运动着的水观察星星,则星星的闪烁更为强烈。他指出虹霓是由于反射和折射共同作用形成的。

杰出的思想家罗吉尔·培根在他的书中提出一种设想的仪器的可能性,通过它眼睛"辨认出在相当远距离的最小的文字"。曾经存在一种说法,折射望远镜就是罗吉尔·培根发明的。

0.1.4　16世纪——文艺复兴的光学

文艺复兴时期光学的最大成就是发明了望远镜和显微镜。关于这两种神奇仪器的发明人,英意荷德等国都努力寻找证据,争取有利于自己同胞的决定。直到目前也没有足够证据肯定谁是最先的发明者。

伽利略是第一个把望远镜应用于天文观察和研究的人,用的望远镜也是他自己制造的。他改造望远镜,使之可以看到非常小又非常近的物体,即显微镜。开普勒的《折光学》(1611年)是最早尝试去阐明望远镜理论的著作,这需要有关折射定律的知识,他获得的近似经验表示,当以小角度 i 入射时,有 $i = nr$,n 是个常数,光线从空气射到玻璃时它等于1.5。这个值已准确到足以使他能够概括地建立关于望远镜的正确理论。

0.2 17世纪的光学

(1) 发现折射定律。斯涅耳在未公布的手稿中把折射定律叙述如下：在相同的介质里，入射角和折射角的余割之比总是保持相同的值。他用实验进行了验证。1637年笛卡儿在他的《屈光学》一书中，假设不同介质光速不同，从理论上推导了这个定律，给出了现代书本中看到的折射定律的表达形式，他认为光本质上是一种压力，在一种完全弹性、充满一切空间的介质(即以太(ether))之中传播。

1657年，费马在证明笛卡儿的假设时，提出了著名的最小时间原理："自然界的行为永远以路程最短为准则。"由这一原理，在假设不同介质中"阻力"不同的条件下，可得到折射定律。

(2) 光传播速度的发现。1675年，罗麦(O. Romer)通过对木星卫星蚀的观测，发现了光的速度为有限，并被布拉德雷通过测量天体的光行差所证明。

胡克(R. Hooke)1665年做出关于光的波动理论的粗略轮廓，他指出光是一种介质的快速振动，并以极大速度进行传播；他还进一步指出，发光体每一脉冲或振动将产生一球面波(every pulse or vibration of the luminous body will generate a sphere)。惠更斯(C. Huygens)提出了一个原理(惠更斯原理)，用这一原理，他成功推导出反射定律和折射定律。他还说明巴托莱纳斯在1669年发现的冰洲石的双折射现象。在研究这些现象时，他还发现了光的基本现象——偏振。但当时认为光是纵波，不能理解光的偏振。

玻意耳(R. Boyle)和胡克各自独立发现了薄膜产生彩色的干涉现象(今天称之为"牛顿环")。1666年，牛顿发现用三棱镜可将白光分解成各种颜色，并且确定每一种纯颜色各由一个折射率来标志，颜色的基本性质才搞清楚。当时，牛顿提出了光是以微小粒子的形式从发光物体传播出来的，即微粒理论。由于当时的波动理论在光的直线传播和偏振方面无法解释，以及牛顿的权威，粒子学说占据主要地位，波动理论被摈弃，并停滞一个世纪。

0.3 19世纪的光学

直到19世纪初，获得一些决定性的发现，人们开始普遍接受波动理论。1801年，托马斯·杨(Thomas Young)迈出了第一步，他提出了干涉原理并对薄膜彩色做出解释。由于杨的见解大部分是定性的表达，没有赢得普遍承认。

与此同时，马吕斯(E. L. Malus)发现了反射光的偏振。1808年的一天傍晚，他通过冰洲石晶体观察落日从窗户玻璃上的反射，发现当把晶体绕视线转动时，双折射产生的两个像的相对强度在改变。

而当时光的微粒学说拥护者(如拉普拉斯(P. S. Laplace)等)，提出如何解释光衍射，将其作为1818年巴黎科学院有奖征文的题目，期望对这个题目的论述使微粒说获得最后胜利。最后获奖者为以波动理论为其论述的作者——菲涅耳(A. T. Fresnel)。菲涅耳的主要思想是将惠更斯包络面作图法同杨氏干涉原理相结合,不仅能解释光的直线传播,还能解释光线的微小偏离——衍射现象。特别是泊松(S. D. Poisson)从这一理论推出了在小圆盘阴影中心应该出现一个亮的斑点,阿拉果(D. F. Arago)对此进行了实验验证。

1818年,菲涅耳还研究了地球的运动对光波传播影响的重要问题,这就是来自星源的光和地球上的光究竟有什么不同。阿拉果从实验上确定,它们没有什么不同。菲涅耳根据这些发现,发展了他的以太波物质部分漂移理论。他还和阿拉果一起研究了偏振光的干涉,并在1816年发现偏振方向相互垂直的两条光线从不干涉。这个事实,与光被认为理所当然为纵波的假设无法调和。杨从阿拉果那里听到了这个发现,他于1817年找到了解决疑难的钥匙:假设振动是横向的。菲涅耳立即理解到这个假设的全部意义,他尝试给它设置一个比较牢固的动力学基础,他从这个假设得到了许多结论。菲涅耳于1821年首先指出了色散的起因,他认为这要考虑物质的分子结构。他还从以太振动机构的动力学模型,推导了反射光线、折射光线的强度和偏振服从的定律——菲涅耳公式。

随后的数十年,是弹性以太理论的发展时期,人们以牛顿力学为基础,把以太看作弹性固体,来讨论光的性质。许多大物理学家都对它有过贡献,这个时期,许多光学问题得到了解决,但光学的基础还是不能令人满意。

几乎同时,电磁学的研究几乎独立于光学而发展着,法拉第(M. Faraday)的发现使它达到最高峰,麦克斯韦成功地把这个领域内所有前人的经验总结成一组方程,它最重要的一个结果是确定可能存在电磁波。科耳劳什(R. Kohlraush)和韦伯(W. Weber)对电磁波传播速度进行了测量,结果显示该速度与光速一致。麦克斯韦推测光波动就是电磁波,1888年赫兹直接实验证实了这个推测。尽管如此,麦克斯韦的电磁理论还是经历了长期的斗争才赢得普遍承认,包括麦克斯韦本人,就长期试图借助机械模型来描述电磁场。直到习惯了麦克斯韦理论之后,人们才逐渐放弃寻求用机械模型"解释"他的方程。今天,人们把麦克斯韦场看做是不能再简化的东西,在概念上没有困难了。

用电磁场理论能解释一切和光的传播有关的现象。然而,它不能说明光的发射过程和吸收过程。在这些过程中,物质和光波场相互作用的精细面貌被显现出来。

0.4 近代光学

近代光学是从发现光谱中的某些规律开始的。夫琅禾费(J. Fraunhofer)于1815年前后发现了太阳光谱中的暗线(夫琅禾费谱线);1861年,本生和基尔霍夫根据实验把这些暗线归属于吸收线。太阳本体是连续光谱,通过太阳大气的较冷气体时,由于吸收而失去的各个波长,正好是该气体所发射的波长。这个发现是光谱研究的开端。

光谱分析是基于每一种气态化学元素都具有一个特征的线光谱的认识。这些光谱的研究,一直到现在仍然是物理学研究的重要课题。原子光谱的结果为量子力学的发展做出重要贡献。光谱分析也是今天分子材料研究的重要手段。

在研究方法方面,后来发现,经典力学不适用于描写原子内部发生的事件。玻尔将量子理论应用到原子结构,于1913年成功地解释了气体光谱的简单规律。

然而,关于光的本性的观念也大大受到了量子理论的影响。在最初的普朗克量子理论中,出现了和经典概念相反的命题,即一个电的振荡系统,它给予电磁场的能量并不是连续的,而是一定额,即"量子"$\varepsilon = h\nu$的整数倍,它和光的频率ν成正比。其中,h为普朗克常量,是近代物理区别于经典物理的标志。

量子理论使光的微粒理论在一种新形式下复活起来,主要是实验中发现的光电效应。爱因斯坦根据普朗克理论,假设能量子作为实在的光粒子而存在,这种粒子叫"光量子"或"光子",由此他成功地解释了光电效应。而这一效应运用光的波动理论无法解释,因为光的电磁场理论认为光的能量或强度正比于振幅。后来出现了许多肯定光的"光量子"特性的实验,结果使人们必须承认光的波动理论和微粒理论同时有效。这种离奇古怪、自相矛盾的状态,由于量子力学的发展才得到部分说明,但是这要抛弃旧物理学的一个基本原理,即决定论因果律原理。

场和物质相互作用的详细理论,需要把量子力学方法的领域加以扩大,场的量子化,这一工作首先由狄拉克完成,这些研究形成了量子光学的基础。量子光学最终以一门新学科脱颖而出,是由于1960年激光器的出现。激光器的发明,除提供一种研究量子光学的重要工具之外,还导致了大量的应用并产生若干新的学科领域,如量子电子学、非线性光学、光纤光学等。

【名家名言】The solution of the difficulty is that the two mental pictures which experiment lead us to form—the one of the particles, the other of the waves—are both incomplete and have only the validity of analogies which are accurate only in limiting cases. —Heisenberg

Every physicist thinks that he knows what a photon is, I spent my life to find out what a photon is and I still don't know it. —Einstein

0.5 运动物体光学

布雷德利1728年记载"恒量"光行差。菲涅耳探讨了运动物体造成的光漂移。多普勒研究了光源或观察者运动的影响,提出了一个著名原理——多普勒原理。爱因斯坦提出光速不变,建立了狭义相对论。

迈克耳孙干涉仪测量"以太网"速度,这个实验在物理学家当中引起惊愕,格雷兹布鲁克在1896年高喊道:"我们还期待着第二个牛顿给我们一个将要包括电和磁、光辐射,而且还可能包括万有引力在内的以太理论。"开尔芬在1900年讲过"两朵乌云",它们掩蔽了"把光和热断定为运动形式的动力学理论的美丽和明晰"。这两朵乌云之一正是未能解释的迈克耳孙-莫雷实验。

第1章　电磁场与光传输理论基础

麦克斯韦电磁场理论是描述光的本质的经典理论。19世纪,麦克斯韦建立了描述电磁场变化规律的电磁场理论——麦克斯韦方程,该理论的一个重要结果是预言电磁波的存在,电磁波的传播速度与科耳劳什和韦伯由实验上测量得到的光速相同。随后赫兹实验证实光是电磁波的一种,光波的传播规律满足麦克斯韦方程。以电磁场理论为基础的光的波动理论,是光的相干与衍射、成像与分辨率、光的相干性、全息与光信息处理等经典物理光学基本概念和应用的基础。

根据现代量子电动力学理论,光是一种没有静止质量的能量"粒子",即光量子(photon),光的传播、光与物质的相互作用表现为波粒二象性,光量子理论是现代光电子技术的重要理论基础。但这里,主要介绍以电磁场理论为基础的光传播理论和基本概念。

1.1　电磁场理论中的基本定律

电场和磁场(磁感应强度)是电磁场理论中最重要的两个物理量,光的性质由这两个量给出描述。电场 E 定义为:若电荷 q 在空间受到与其电量成正比的力 F_E 作用,则该处存在电场 E,且满足 $F_E = qE$。同样磁场定义为:如果运动电荷 q 受到与其运动速度 v 成正比的力 F_B 作用,那么空间存在磁场 B,满足 $F_B = qv \times B$。电场由电荷和变化的磁场产生;电流和变化电场产生磁场。电磁场间的变化关系由四个基本的物理定律描述。

1.1.1　电磁场理论中的基本定律与麦克斯韦方程

1. 电场的高斯定理(Gauss's law for electric fields)

高斯定理是关于通量与产生通量的源之间的关系。描述电通量与产生通量的源(即电荷)之间的关系为电场的高斯定理:任何闭合曲面的电通量等于曲面中的净电荷除以介电常量

$$\oiint_A E \cdot dS = \frac{1}{\varepsilon_0} \sum q = \frac{1}{\varepsilon_0} \iiint_V \rho dV \tag{1.1}$$

其体电荷分布中的净电荷为电荷密度对空间的体积分(图1.1),真空中的介电常量(permittivity of free space) $\varepsilon_0 = 8.8542 \times 10^{-12} \mathrm{C}^2/(\mathrm{N \cdot m}^2)$。在真空中静电荷为自由电荷,在介质中静电荷包括自由电荷和极化电荷。为了方便,在介质中引入介质介电常量为 $\varepsilon = \varepsilon_r \varepsilon_0$ (ε_r 为相对介电常量(relative dielectric constant)),在式(1.1)右边只包含自由电荷,则介质中电场的高斯定理为

$$\oiint_A E \cdot dS = \frac{1}{\varepsilon} \sum q = \frac{1}{\varepsilon} \iiint_V \rho dV \tag{1.2}$$

2. 磁场的高斯定理(Gauss's law for magnetic fields)

描述磁场通量与产生通量的源之间的关系,为磁场高斯定律(Gauss's law-magnetic)(图 1.2):任一闭合曲面磁场通量总为零

$$\oiint_A \boldsymbol{B} \cdot \mathrm{d}\boldsymbol{S} = 0 \tag{1.3}$$

这是由于磁力线总是闭合曲线。

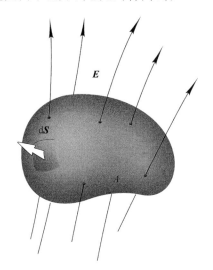
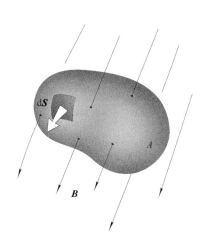

图 1.1 电场对封闭曲面的通量示意图,面元法向向外取为正

图 1.2 磁场对封闭曲面的通量示意图,面元法向向外取为正

3. 法拉第电磁感应定律(Faraday's induction law)

当通过一导线回路所围面积的磁通量 Φ_B 随时间变化时(图 1.3),回路中就出现感应电动势 $\mathcal{E}$,此感应电动势等于磁通量的时间变化率

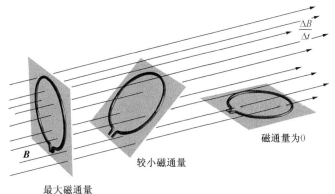

图 1.3 闭合环路磁通量的变化产生的电动势与磁场的变化率成正比,与垂直磁场方向的面积成正比

$$\mathcal{E} = -\frac{d\Phi_B}{dt} \tag{1.4}$$

法拉第定律表明:导线回路中的电荷受到力的作用。实验证明此力为电场力,即变化的磁场产生了电场 E,即感应电场。回路的感应电动势是感应电场沿回路的线积分

$$\mathcal{E} = \oint_C E \cdot dl \tag{1.5}$$

以回路为边界的区域 A 的磁通量为(图1.4)

$$\Phi_B = \iint_A B \cdot dS \tag{1.6}$$

将式(1.5)、式(1.6)代入式(1.4),得到法拉第定律的普遍表达式

$$\oint_C E \cdot dl = -\frac{d}{dt}\iint_A B \cdot dS \tag{1.7}$$

这里主要关注电磁波在空间的传播,在考虑的空间中不存在真实导线回路时,在一个设想的闭合回路中,对应的磁场通量的变化是由于磁场 B 的变化引起的,因此式(1.7)写为如下形式

$$\oint_C E \cdot dl = -\iint_A \frac{\partial B}{\partial t} \cdot dS \tag{1.8}$$

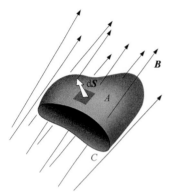

图1.4 以闭合环路 C 为边界的任一曲面 A 的磁通量

式(1.8)的重要意义在于表明变化的磁场产生电场。

4. 安培环路定律(Ampere's circuital law)

磁场对任一闭合路径的线积分,与通过此闭合路径为边线的曲面的恒定电流之和相等(图1.5)

$$\oint_C B \cdot dl = \mu_0 \sum i = \mu_0 \iint_A J \cdot dS \tag{1.9}$$

式中,μ_0 为真空中的磁导率,$\mu_0 = 4\pi \times 10^{-7} \text{N} \cdot \text{s}^2/\text{C}^2$。原则上,面积分对通过闭合路径的任一曲面都应该成立,但在有电容板的电路中(图1.6),通过电容器曲面中的电流密度为零,其面积分亦为零,该结果与安培定律相矛盾。为此,麦克斯韦提出位移电流密度假设

$$J_D \equiv \varepsilon_0 \frac{\partial E}{\partial t} \tag{1.10}$$

根据该假设,安培环路定律修改为

$$\oint_C B \cdot dl = \mu_0 \sum i = \mu_0 \iint_A \left(J + \varepsilon_0 \frac{\partial E}{\partial t}\right) \cdot dS \tag{1.11}$$

从式(1.11)看到,变化的电场产生了磁场。在介质中,磁导率 $\mu = \mu_r \mu_0$,μ_r 为相对磁导率。介质中安培环路定律变为

$$\oint_C B \cdot dl = \mu_r \mu_0 \iint_A \left(J + \varepsilon\varepsilon_0 \frac{\partial E}{\partial t}\right) \cdot dS \tag{1.12}$$

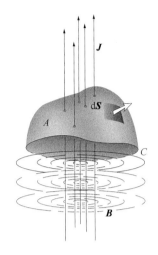 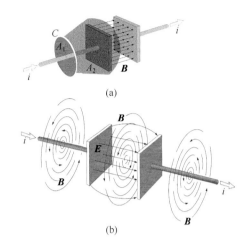

图 1.5 通过以闭合环路 C 为边界的任一曲面 A 的总电流,是曲面上的电流密度对该面的积分

图 1.6 A_1 和 A_2 分别通过导线的曲面与电容间的曲面

5. 麦克斯韦积分方程

以上四个基本定律构成了描述电磁场变化规律的麦克斯韦积分方程组

$$\oiint_A \boldsymbol{E} \cdot \mathrm{d}\boldsymbol{S} = \frac{1}{\varepsilon} \iiint_V \rho \mathrm{d}V \tag{1.13}$$

$$\oiint_A \boldsymbol{B} \cdot \mathrm{d}\boldsymbol{S} = 0 \tag{1.14}$$

$$\oint_C \boldsymbol{E} \cdot \mathrm{d}\boldsymbol{l} = -\iint_A \frac{\partial \boldsymbol{B}}{\partial t} \cdot \mathrm{d}\boldsymbol{S} \tag{1.15}$$

$$\oint_C \boldsymbol{B} \cdot \mathrm{d}\boldsymbol{l} = \mu_r \mu_0 \iint_A \left(\boldsymbol{J} + \varepsilon \varepsilon_0 \frac{\partial \boldsymbol{E}}{\partial t} \right) \cdot \mathrm{d}\boldsymbol{S} \tag{1.16}$$

6. 真空中麦克斯韦方程

真空中,当自由电荷密度 ρ 和电流密度 $\boldsymbol{J}$ 为零时,麦克斯韦方程组化为

$$\begin{aligned} \oint_C \boldsymbol{E} \cdot \mathrm{d}\boldsymbol{l} &= -\iint_A \frac{\partial \boldsymbol{B}}{\partial t} \cdot \mathrm{d}\boldsymbol{S} \\ \oint_C \boldsymbol{B} \cdot \mathrm{d}\boldsymbol{l} &= \mu_0 \varepsilon_0 \iint_A \frac{\partial \boldsymbol{E}}{\partial t} \cdot \mathrm{d}\boldsymbol{S} \\ \oiint_A \boldsymbol{E} \cdot \mathrm{d}\boldsymbol{S} &= 0 \\ \oiint_A \boldsymbol{B} \cdot \mathrm{d}\boldsymbol{S} &= 0 \end{aligned} \tag{1.17}$$

从方程组(1.17)看到,除方程右边的系数外,方程组具有高度的对称性,即电场和磁场的变化会相互影响。矢量场满足高斯散度定理和斯托克斯(Stokes)旋度定理

$$\oint_A \boldsymbol{A} \cdot d\boldsymbol{S} = \iiint_V \nabla \cdot \boldsymbol{A} dV$$
$$\oint_C \boldsymbol{A} \cdot d\boldsymbol{l} = \iint_A \nabla \times \boldsymbol{A} \cdot d\boldsymbol{S} \tag{1.18}$$

应用矢量场的高斯散度定理和 Stokes 旋度定理，麦克斯韦积分方程组(1.17)可化为微分方程组

$$\nabla \times \boldsymbol{E} = -\frac{\partial \boldsymbol{B}}{\partial t}$$
$$\nabla \times \boldsymbol{B} = \mu_0 \varepsilon_0 \frac{\partial \boldsymbol{E}}{\partial t}$$
$$\nabla \cdot \boldsymbol{E} = 0$$
$$\nabla \cdot \boldsymbol{B} = 0 \tag{1.19}$$

式中，$\nabla = i\frac{\partial}{\partial x} + j\frac{\partial}{\partial y} + k\frac{\partial}{\partial z}$ 为哈密顿算符；i、j、k 为直角坐标系 x、y、z 方向的单位矢量。麦克斯韦积分方程给出的是电场和磁场在有限空间中的关系，而微分方程给出了电场和磁场在每一空间位置的关系。

例 1.1 证明麦克斯韦方程组第一式成立 $\nabla \times \boldsymbol{E} = -\frac{\partial \boldsymbol{B}}{\partial t}$。

解：由斯托克斯旋度定理

$$\oint_C \boldsymbol{A} \cdot d\boldsymbol{l} = \iint_A \nabla \times \boldsymbol{A} \cdot d\boldsymbol{S}$$

方程(1.17)第一等式右边为

$$\oint_C \boldsymbol{E} \cdot d\boldsymbol{l} = \iint_A (\nabla \times \boldsymbol{E}) \cdot d\boldsymbol{S}$$

则有

$$\oint_C \boldsymbol{E} \cdot d\boldsymbol{l} = \iint_A (\nabla \times \boldsymbol{E}) \cdot d\boldsymbol{S} = -\iint_A \frac{\partial \boldsymbol{B}}{\partial t} \cdot d\boldsymbol{S}$$

由于上式对任一面积 A 内的积分对成立，故被积函数必须相等，即

$$\nabla \times \boldsymbol{E} = -\frac{\partial \boldsymbol{B}}{\partial t}$$

7. 介质空间麦克斯韦方程*

在介质中，电磁场的变化规律满足麦克斯韦方程

$$\nabla \times \boldsymbol{E} + \frac{\partial \boldsymbol{B}}{\partial t} = 0$$
$$\nabla \cdot \boldsymbol{D} = \rho$$
$$\nabla \times \boldsymbol{H} - \frac{\partial \boldsymbol{D}}{\partial t} = \boldsymbol{J}$$
$$\nabla \cdot \boldsymbol{B} = 0 \tag{1.20}$$

式中，$\boldsymbol{E}$、$\boldsymbol{B}$、$\boldsymbol{D}$、$\boldsymbol{H}$、$\boldsymbol{J}$ 和 ρ 分别为电场强度矢量、磁场矢量(磁感应强度矢量)、电位移矢量、磁矢量、电流密度矢量和电荷密度。

介质在电磁场作用下,电流密度矢量和电位移矢量与电场强度矢量、磁感应强度矢量与磁矢量满足一定的特性关系,即物质方程。在各向同性,物体彼此相对静止或运动相对非常缓慢时,物质方程为

$$J = \sigma E$$
$$D = \varepsilon_0 \varepsilon_r E \quad (1.21)$$
$$B = \mu_0 \mu_r H$$

式中,σ 为电导率;ε_0 和 μ_0 分别为真空介电常数和真空磁导率;ε_r 和 μ_r 分别为相对介电常量和相对磁导率。电导率 σ 的大小决定了介质的导电特性。介质的电磁学性质由相对介电常量 ε_r 和相对磁导率 μ_r 决定。

*1.1.2 介质性质突变处的边界条件

光学中,经常要研究介质的性质有突变时光的传播性质,如光的反射、折射等。在两个不同介质的交界面上,麦克斯韦方程中描述的 E、B、D 和 H 变成不连续量,采用积分形式的麦克斯韦方程来分析有突变条件的电磁场。

设有介电常量和磁导率突变的界面,如图 1.7 所示。电流密度和电荷密度退化为面电流密度 $\hat{j}$ 和面电荷密度 $\hat{\rho}$,它们分别定义为

$$\lim_{\delta h \to 0} \int \rho \mathrm{d}v = \int \hat{\rho} \mathrm{d}A \quad (1.22)$$

$$\lim_{\delta h \to 0} \int j \mathrm{d}v = \int \hat{j} \mathrm{d}A \quad (1.23)$$

式中,δh 和 δA 分别为图 1.7 中圆柱体的高和上下底面积。在式(1.20)中第二、四式对空间积分,利用高斯定理得

$$\iiint_V \nabla \cdot D \mathrm{d}v = \iint_S D \cdot n \mathrm{d}S = \iiint_V \rho \mathrm{d}v \quad (1.24)$$

$$\iiint_V \nabla \cdot B \mathrm{d}v = \iint_S B \cdot n \mathrm{d}S = 0 \quad (1.25)$$

当圆柱体的面元 δA 和高度 δh 足够小,并利用面电荷定义式(1.22),在 $\delta h \to 0$ 时,式(1.24)、式(1.25)化为

$$n_{12} \cdot (D_1 - D_2) = \hat{\rho} \quad (1.26)$$

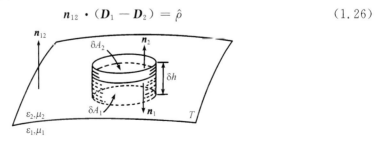

图 1.7 B 和 D 法向边界条件,n_1、n_2 和 n_{12} 分别是 A_1、A_2 以及交界面的法向单位矢量

$$\boldsymbol{n}_{12} \cdot (\boldsymbol{B}_1 - \boldsymbol{B}_2) = 0 \tag{1.27}$$

式(1.26)表明,当突变界面存在面电荷时,电位移通过此面,其法线分量发生改变。式(1.27)表示磁感应强度在突变界面的法线分量是连续的。

在突变界面取图1.8所示的长方形平面S,设$\boldsymbol{b}$为垂直该平面的单位矢量。在面元S上,对式(1.20)第一、三式进行面积分,并应用斯托克斯定理有

$$\iint_S \nabla \times \boldsymbol{E} \cdot \boldsymbol{b} \mathrm{d}S = \oint_C \boldsymbol{E} \cdot \mathrm{d}\boldsymbol{r} = -\iint_S \frac{\partial \boldsymbol{B}}{\partial t} \cdot \boldsymbol{b} \mathrm{d}S \tag{1.28}$$

$$\iint_S \nabla \times \boldsymbol{H} \cdot \boldsymbol{b} \mathrm{d}S - \iint_S \frac{\partial \boldsymbol{D}}{\partial t} \cdot \boldsymbol{b} \mathrm{d}S = \oint_C \boldsymbol{H} \cdot \mathrm{d}\boldsymbol{r} - \iint_S \frac{\partial \boldsymbol{D}}{\partial t} \cdot \boldsymbol{b} \mathrm{d}S = \iint_S \hat{\boldsymbol{j}} \cdot \boldsymbol{b} \mathrm{d}S \tag{1.29}$$

当面元S很小,且$\delta h \to 0$时,有

$$\boldsymbol{n}_{12} \times (\boldsymbol{E}_1 - \boldsymbol{E}_2) = 0 \tag{1.30}$$

$$\boldsymbol{n}_{12} \times (\boldsymbol{H}_1 - \boldsymbol{H}_2) = \hat{\boldsymbol{j}} \tag{1.31}$$

式(1.30)和式(1.31)是电场强度和磁场切向分量在突变界面满足的关系式,与式(1.26)、式(1.27)构成电磁场在突变界面处的边界条件。当交界面不存在自由电荷和传导电流时,电磁场在交界面满足的边界条件为

$$\begin{gathered} \boldsymbol{n}_{12} \cdot (\boldsymbol{D}_1 - \boldsymbol{D}_2) = 0 \\ \boldsymbol{n}_{12} \times (\boldsymbol{E}_1 - \boldsymbol{E}_2) = 0 \\ \boldsymbol{n}_{12} \cdot (\boldsymbol{B}_1 - \boldsymbol{B}_2) = 0 \\ \boldsymbol{n}_{12} \times (\boldsymbol{H}_1 - \boldsymbol{H}_2) = 0 \end{gathered} \tag{1.32}$$

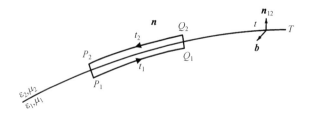

图1.8 $\boldsymbol{E}$和$\boldsymbol{H}$为切向边界条件,$\boldsymbol{b}$是面元$P_1Q_1Q_2P_2$法向单位矢量,$\boldsymbol{t}$为交界面的切向单位矢量

1.2 电磁场波动方程与简谐光波

1.2.1 波动方程和光速

在自由空间中(不存在自由电荷和传导电流),由麦克斯韦方程(1.19),简单矢量运算电磁场满足波动方程

$$\nabla^2 \boldsymbol{E} - \frac{1}{v^2} \frac{\partial^2 \boldsymbol{E}}{\partial t^2} = 0, \qquad \nabla^2 \boldsymbol{B} - \frac{1}{v^2} \frac{\partial^2 \boldsymbol{B}}{\partial t^2} = 0 \tag{1.33}$$

式中，$v = 1/\sqrt{\varepsilon_0\mu_0}$，$\nabla^2$ 为拉普拉斯算子(Laplacian)，在直角坐标系下 $\nabla^2 = \frac{\partial^2}{\partial x^2} + \frac{\partial^2}{\partial y^2} + \frac{\partial^2}{\partial z^2}$，它作用在电场和磁场每一个分量上，式(1.33)化为 6 个分量方程

$$\left.\begin{array}{l}\dfrac{\partial^2 E_x}{\partial x^2} + \dfrac{\partial^2 E_x}{\partial y^2} + \dfrac{\partial^2 E_x}{\partial z^2} = \dfrac{1}{v^2}\dfrac{\partial^2 E_x}{\partial t^2} \\[6pt] \dfrac{\partial^2 E_y}{\partial x^2} + \dfrac{\partial^2 E_y}{\partial y^2} + \dfrac{\partial^2 E_y}{\partial z^2} = \dfrac{1}{v^2}\dfrac{\partial^2 E_y}{\partial t^2} \\[6pt] \dfrac{\partial^2 E_z}{\partial x^2} + \dfrac{\partial^2 E_z}{\partial y^2} + \dfrac{\partial^2 E_z}{\partial z^2} = \dfrac{1}{v^2}\dfrac{\partial^2 E_z}{\partial t^2}\end{array}\right\} \quad (1.34)$$

$$\left.\begin{array}{l}\dfrac{\partial^2 B_x}{\partial x^2} + \dfrac{\partial^2 B_x}{\partial y^2} + \dfrac{\partial^2 B_x}{\partial z^2} = \dfrac{1}{v^2}\dfrac{\partial^2 B_x}{\partial t^2} \\[6pt] \dfrac{\partial^2 B_y}{\partial x^2} + \dfrac{\partial^2 B_y}{\partial y^2} + \dfrac{\partial^2 B_y}{\partial z^2} = \dfrac{1}{v^2}\dfrac{\partial^2 B_y}{\partial t^2} \\[6pt] \dfrac{\partial^2 B_z}{\partial x^2} + \dfrac{\partial^2 B_z}{\partial y^2} + \dfrac{\partial^2 B_z}{\partial z^2} = \dfrac{1}{v^2}\dfrac{\partial^2 B_z}{\partial t^2}\end{array}\right\} \quad (1.35)$$

方程组(1.34)、方程组(1.35)表明，电磁场的每个分量都满足标量的齐次波动方程

$$\nabla^2 U = \frac{1}{v^2}\frac{\partial^2 U}{\partial t^2} \quad (1.36)$$

式(1.36)描述电磁场的每一分量都是一列传播的波，其传播速度为 v。将真空中的介电常数和磁导率常数代入 v 中得到传播速度

$$v = \frac{1}{\sqrt{\varepsilon_0\mu_0}} \approx 3\times 10^8 \text{m/s} \quad (1.37)$$

该值与 Fizeau 在 1849 年测量的光速(3.153×10^8 m/s)非常接近。麦克斯韦利用这一结果，预言电磁波的存在：

"The velocity (i.e., his theoretical prediction) is so nearly that of light, that it seems we have strong reason to conclude that light itself (including radiant heat, and other radiations if any) is an electromagnetic disturbance in the form of waves propagated through the electromagnetic field according to electromagnetic laws."

这一结论从实验上得到证实，同时，赫兹实验证明光即为电磁波，从而创立了光的电磁场理论。以后，我们采用 c 来表示真空中的电磁波传播速度，在 1983 年巴黎召开的第 17 届国际计量大会上，确定光速 $c = 2.99792458\times 10^8$ m/s。

在均匀介质中，同样可以获得与式(1.33)相同的电磁场波动方程，只是这时电磁波的传播 v 为

$$v = 1/\sqrt{\varepsilon\varepsilon_0\mu\mu_0} = \frac{c}{n} \quad (1.38)$$

式中，$n = \sqrt{\varepsilon\mu}$ 为介质中绝对折射率，定义为

$$n = \frac{c}{v} \quad (1.39)$$

一般光学材料磁导率 $\mu=1$,此时折射率 $n=\sqrt{\varepsilon}$,即 n 与介质介电常数的平方根成正比。一般情况下,介电常数与光的颜色,即光的频率有关。对某些物质,如结构简单的气体,介电常数可近似为常数,折射率 $n=\sqrt{\varepsilon}$ 是很好的近似。例如,空气对黄光折射率 $n=1.00029$,$\sqrt{\varepsilon}=1.000295$。一些固体和液体的折射率与 $\sqrt{\varepsilon}$ 的偏差较大。例如,水对黄光的 $n=1.333$,而 $\sqrt{\varepsilon} \approx 9.0$。

例 1.2 证明真空中电磁场的波动方程满足:$\nabla^2 \boldsymbol{E} - \dfrac{1}{c^2}\dfrac{\partial^2 \boldsymbol{E}}{\partial t^2} = 0$。

解:麦克斯韦微分方程(1.19)第一式叉乘哈密顿算子 ∇,有

$$\nabla \times (\nabla \times \boldsymbol{E}) = -\nabla \times \frac{\partial \boldsymbol{B}}{\partial t} = -\frac{\partial \nabla \times \boldsymbol{B}}{\partial t}$$

将方程(1.19)第二式 $\nabla \times \boldsymbol{B} = \mu_0 \varepsilon_0 \dfrac{\partial \boldsymbol{E}}{\partial t}$ 代入上式,有

$$\nabla \times (\nabla \times \boldsymbol{E}) = -\nabla \times \frac{\partial \boldsymbol{B}}{\partial t} = -\frac{\partial}{\partial t}\left(\mu_0 \varepsilon_0 \frac{\partial \boldsymbol{E}}{\partial t}\right) = \mu_0 \varepsilon_0 \frac{\partial^2 \boldsymbol{E}}{\partial t^2}$$

又由式(A7)(见附录 A)

$$\nabla \times (\nabla \times \boldsymbol{E}) = \nabla(\nabla \cdot \boldsymbol{E}) - \nabla^2 \boldsymbol{E}, \quad 及 \nabla \cdot \boldsymbol{E} = 0$$

则有

$$\nabla^2 \boldsymbol{E} - \mu_0 \varepsilon_0 \frac{\partial^2 \boldsymbol{E}}{\partial t^2} = \nabla^2 \boldsymbol{E} - \frac{1}{c^2}\frac{\partial^2 \boldsymbol{E}}{\partial t^2} = 0$$

1.2.2 平面波和球面波

波动方程(1.36)代表电场和磁场矢量每一直角分量满足的齐次波动方程

$$\nabla^2 U - \frac{1}{v^2}\frac{\partial^2 U}{\partial t^2} = 0 \tag{1.40}$$

数学上,式(1.40)在一定的边界条件和初始条件下,可求得波动方程的严格解。这里只给出和讨论波动方程(1.40)的两个最简单、最重要的特解——简谐平面波(简称平面波)和简谐球面波解(简称球面波)。

1. 平面波

式(1.40)最简单的解之一是平面波

$$U(\boldsymbol{r},t) = A\cos(\omega t - \boldsymbol{k} \cdot \boldsymbol{r} + \varphi_0) \tag{1.41}$$

式中,A 为平面波的振幅;φ_0 为初位相;$\boldsymbol{r}$ 为空间某一点的位置矢量;$\boldsymbol{k}$ 为一固定的方向矢量,即波矢量,其绝对值为 $k = \dfrac{2\pi}{\lambda}$;$\lambda$ 为空间周期即波长;ω 为时间角频率,与频率 f 的关系为 $\omega = 2\pi f$。将式(1.41)代入波动方程(1.40),可得 k 满足

$$|\boldsymbol{k}| = \sqrt{k_x^2 + k_y^2 + k_z^2} = k = \frac{\omega}{v} = \frac{n\omega}{c} \tag{1.42}$$

进而有

$$\lambda = \frac{2\pi c}{n\omega} = \frac{c}{nf} = \frac{\lambda_0}{n}, \quad \lambda_0 = \frac{c}{f} \tag{1.43}$$

波的传播速度与波长、频率满足

$$v = \lambda f \tag{1.44}$$

波函数(1.41)代表以速度 v 传播的波,在某一时刻 t,在与 $\boldsymbol{k}$ 矢量垂直的每一个面上:$\boldsymbol{k} \cdot \boldsymbol{r} = \mathrm{const}$,$U$ 都是常量,因此称式(1.41)所表示的函数为平面波(平面简谐波,严格地讲平面波与平面简谐波是有区别的)。

2. 球面波

若式(1.40)的解只与空间位置的大小 $r = |\boldsymbol{r}|$ 有关,则式(1.40)可化为球坐标下的波动方程

$$\frac{\partial^2}{\partial r^2}(rU) - \frac{1}{v^2}\frac{\partial^2}{\partial t^2}(rU) = 0 \tag{1.45}$$

式(1.45)的一个最简单解为球面波(简谐球面波)解

$$U(\boldsymbol{r},t) = \frac{a}{r}\cos(\omega t \mp kr + \varphi_0) \tag{1.46}$$

式中,正、负号分别表示汇聚和发散球面波,余弦函数中各参数的物理意义与平面波的相同。

1.2.3 波函数的复数表示与共轭波

为了理论分析和运算方便,常将式(1.41)和式(1.46)的简谐波函数形式,变换为复指数函数形式

$$\widetilde{U}(\boldsymbol{r},t) = a(\boldsymbol{r})\mathrm{e}^{\mathrm{i}(S(\boldsymbol{r})-\omega t)} = \widetilde{U}(\boldsymbol{r})\mathrm{e}^{-\mathrm{i}\omega t}, \quad \widetilde{U}(\boldsymbol{r}) = a(\boldsymbol{r})\mathrm{e}^{\mathrm{i}S(\boldsymbol{r})} \tag{1.47}$$

式中,$S(\boldsymbol{r})$ 代表简谐波函数中与位矢量相关的相位项。复数的模对应波函数的振幅,复数的幅角对应相位 $S(\boldsymbol{r}) - \omega t$。简谐波函数 $U(\boldsymbol{r},t)$ 是 $\widetilde{U}(\boldsymbol{r},t)$ 的实部,即 $U(\boldsymbol{r},t) = \Re\{\widetilde{U}(\boldsymbol{r},t)\}$。若一运算算符 T 是线性的,则 $U(\boldsymbol{r},t)$ 在 T 作用下的结果,就是复函数 $\widetilde{U}(\boldsymbol{r},t)$ 在 T 作用下的结果再取其实部。

$\widetilde{U}(\boldsymbol{r})$ 称为复振幅,值得注意的是,由式(1.47)定义的指数函数所表示的波函数,沿坐标轴正方向传播时,相位增加,这与式(1.41)、式(1.46)定义的波函数相位相反,即与实际中波在往前传播中相位是落后的定义相反。

复振幅 $\widetilde{U}(\boldsymbol{r}) = a(\boldsymbol{r})\mathrm{e}^{\mathrm{i}S(\boldsymbol{r})}$ 中,相位 $S(\boldsymbol{r}) =$ 常数的面是波场中存在的等相位面,波场中的这些系列等相位面称做波面,如平面波 $S(\boldsymbol{r}) = \boldsymbol{k} \cdot \boldsymbol{r} =$ 常数的面为平面,平面波是等相位面为平面的波。最初人们将跑在最前面的波面称为波前。在现代光学中,称测量平面(xy)上的光场 $\widetilde{U}$,即复振幅函数波前函数为波前,此时波前函数不一定是等相位,它是一个广义的波前概念。

1. 平面波和球面波的复振幅表示

平面波的复数表示为

$$\widetilde{U}(\boldsymbol{r},t) = A e^{i(\boldsymbol{k}\cdot\boldsymbol{r} - \omega t + \varphi_0)} \tag{1.48}$$

其复振幅为

$$\widetilde{U}(\boldsymbol{r}) = A e^{i\boldsymbol{k}\cdot\boldsymbol{r}} = A\exp[i(k_x x + k_y y + k_z z)] = A e^{ik(x\cos\alpha + y\cos\beta + z\cos\gamma)} \tag{1.49}$$

式中，α、β、γ 为波矢 $\boldsymbol{k}$ 的方向余弦。平面波相位函数为 $S(\boldsymbol{r}) = \boldsymbol{k}\cdot\boldsymbol{r}$，是场点位置的线性函数。

球面波的复数表示为

$$\widetilde{U}(\boldsymbol{r},t) = A e^{i(\boldsymbol{k}\cdot\boldsymbol{r} - \omega t + \varphi_0)} \tag{1.50}$$

复振幅为

$$\widetilde{U}(p) = \frac{a}{r} e^{\pm ikr} = \frac{a}{\sqrt{x^2 + y^2 + z^2}} \exp(\pm ik\sqrt{x^2 + y^2 + z^2}) \tag{1.51}$$

式中，加号表示点源在原点的发散球面波，减号表示汇聚球面波，汇聚点表示原点。点源在 $Q(x_0, y_0, z_0)$ 处或汇聚于 $Q(x_0, y_0, z_0)$ 的球面波为

$$\widetilde{U}(p) = \frac{a}{r} e^{\pm ikr}, \qquad r = \sqrt{(x-x_0)^2 + (y-y_0)^2 + (z-z_0)^2} \tag{1.52}$$

2. 平面波和球面波的共轭波函数

复振幅波函数 $\widetilde{U}$ 的共轭波函数，定义为它的复共轭

$$\widetilde{U}'(\boldsymbol{r}) = \widetilde{U}^*(\boldsymbol{r}) \tag{1.53}$$

但在波前分析中，一般约定光波传播的主方向总是由左向右，因此，将复振幅波函数作复共轭运算后，再以 xy 平面为对称面，进行反演变换（z 坐标反转），即是共轭波函数。

考虑一列平面波，传播方向平行 (xz) 平面，与 z 轴夹角为 θ，如图 1.9 所示，其波函数为

$$\widetilde{U}(x,y,z) = A e^{i(k\sin\theta x + k\cos\theta z)} \tag{1.54}$$

由定义，复共轭波函数为

$$\widetilde{U}^*(x,y,z) = A e^{-i(k\sin\theta x + k\cos\theta z)} \tag{1.55}$$

即复共轭平面波是原平面波传播方向相反的波，将式(1.55)以 xy 平面为对称面，进行反演变换（z 坐标反转），得到共轭波函数（图(1.9)）

$$\widetilde{U}^*(x,y,z) = A e^{i(-k\sin\theta x + k\cos\theta z)} \tag{1.56}$$

设有一坐标位置为 $(x_0, y_0, -R)$ 的发散球面波，复振幅波函数形式为

$$\widetilde{U}(p) = \frac{a}{r} e^{ikr}, \qquad r = \sqrt{(x-x_0)^2 + (y-y_0)^2 + (z+R)^2} \tag{1.57}$$

其复共轭波函数为

$$\widetilde{U}^*(p) = \frac{a}{r} e^{-ikr}, \qquad r = \sqrt{(x-x_0)^2 + (y-y_0)^2 + (z-R)^2} \tag{1.58}$$

式(1.58)表示坐标在 (x_0, y_0, R) 的汇聚球面波（图(1.10)）。

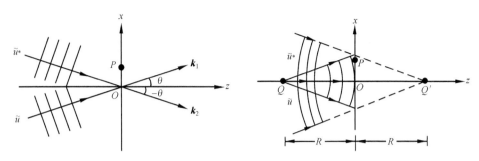

图 1.9 平面波及共轭平面波波前函数　　图 1.10 球面波及共轭波波前函数

例 1.3 分别给出式(1.54)、式(1.56)描述的平面波：

(1)波矢量；

(2)在 $z=0$ 面上的复振幅表达式。

解：(1)由式(1.54)

$$\widetilde{U}(x,y,z) = A\mathrm{e}^{\mathrm{i}(k\sin\theta x + k\cos\theta z)}$$

其波矢量为

$$\boldsymbol{k} = \hat{i}k\sin\theta x + \hat{k}k\cos\theta z$$

由式(1.56)

$$\widetilde{U}^*(x,y,z) = A\mathrm{e}^{-\mathrm{i}(k\sin\theta x + k\cos\theta z)}$$

其波矢量为

$$\boldsymbol{k} = -\hat{i}k\sin\theta x + \hat{k}k\cos\theta z$$

(2) 令 $z=0$，有：

与式(1.54)对应的复振幅为

$$\widetilde{U}(x,y,z) = A\mathrm{e}^{\mathrm{i}k\sin\theta x}$$

与式(1.56)对应的复振幅为

$$\widetilde{U}(x,y,z) = A\mathrm{e}^{-\mathrm{i}k\sin\theta x}$$

1.3　矢量简谐波与光的偏振

1.2 节讨论了电磁场的一个分量的波函数解，即标量波，给出了最简单的平面波和球面波解。这里以平面波为例，讨论光波作为矢量波的传输特性和偏振性质。

1.3.1　矢量平面波函数

根据 1.2 节的讨论，在自由空间中，电磁场每一个分量波函数都具有如式(1.41)所示的平面波函数形式，故电磁场的矢量平面波函数形式为

$$\boldsymbol{E} = \boldsymbol{E}_0\cos(\boldsymbol{k}\cdot\boldsymbol{r}-\omega t+\varphi_{E0}), \quad \boldsymbol{B} = \boldsymbol{B}_0\cos(\boldsymbol{k}\cdot\boldsymbol{r}-\omega t+\varphi_{B0}) \qquad (1.59)$$

E_0 和 B_0 为常矢量,利用式(1.19)第一、二式

$$\nabla \times E = -\frac{\partial B}{\partial t}, \quad \nabla \times B = \mu_0 \varepsilon_0 \frac{\partial E}{\partial t}$$

将式(1.59)代入式(1.19),简单运算得

$$E = -c\hat{k} \times B, \quad B = \frac{1}{c}\hat{k} \times E \tag{1.60}$$

式中,$\hat{k}$ 为波矢量 k 的单位矢量。式(1.60)点乘矢量 $\hat{k}$,有

$$E \cdot \hat{k} = B \cdot \hat{k} = 0 \tag{1.61}$$

由式(1.60)可知,电场矢量、磁场矢量和波矢量的方向相互正交,三者构成右手正交矢量系统,并且有

$$\varphi_{B0} = \varphi_{E0} = \varphi_0, \quad |E| = c|B| \tag{1.62}$$

式(1.60)表明,电磁波具有横波性质,即光波是横波,电场和磁场矢量处在传播方向的垂直平面上,如图 1.11 所示。

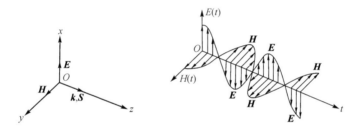

图 1.11 电磁场矢量与波矢构成右手正交系,电磁波为横波

例 1.4 设一平面波沿 y 方向传播,波矢量大小为 k,频率为 ω。电场振幅为 E_0,振动方向沿 x 轴。

(1)写出电场的波函数;
(2)求磁场的波函数。

解:(1)由题目条件电场波函数为

$$E(x,y,z) = \hat{i}E_0\cos(ky - \omega t) \quad \text{或} \quad E(x,y,z) = \hat{i}E_0 e^{i(ky-\omega t)}$$

(2)设平面波磁场的波函数形式为

$$B = B_0\cos(k \cdot r - \omega t)$$

由(1)有电场波函数的 y 和 z 分量为零

$$E_y = E_z = 0$$

将函数 $E_y = E_z = 0$ 代入麦克斯韦方程 $\nabla \times E = -\frac{\partial B}{\partial t}$ 的分量形式中

$$\left(\frac{\partial E_z}{\partial y} - \frac{\partial E_y}{\partial z}\right)\hat{i} = -\frac{\partial B_x}{\partial t}\hat{i}$$

$$\left(\frac{\partial E_x}{\partial z} - \frac{\partial E_z}{\partial x}\right)\hat{j} = -\frac{\partial B_y}{\partial t}\hat{j}$$

$$\left(\frac{\partial E_y}{\partial x} - \frac{\partial E_x}{\partial y}\right)\hat{k} = -\frac{\partial B_z}{\partial t}\hat{k}$$

有

$$B_{0x} = B_{0y} = 0$$

$$kE_0 \sin(ky - \omega t) = -\omega B_{0z} \sin(ky - \omega t)$$

即

$$B_{0z} = -\frac{k}{\omega}E_0 = -\frac{1}{c}E_0$$

磁场的波函数为

$$\boldsymbol{B} = -\hat{k}\frac{1}{c}E_0 \cos(\boldsymbol{k} \cdot \boldsymbol{r} - \omega t)$$

1.3.2 电磁场的能量密度和能流密度

1. 电磁场的能量密度

电磁波的能量密度可以类比电容的电场储能,电感的磁场储能概念给出。面积为 A 的平行平板电容,当平板相距 d,外加电压 V 时,其电容为 $C = \frac{\varepsilon_0 A}{d}$,电场能量密度为

$$w_E = \frac{\frac{1}{2}CV^2}{Ad} = \frac{1}{2}\varepsilon_0 E^2$$

长度为 l、横截面为 A 的线圈,其电感 $L = \mu_0 N^2 lA$,加载电流 I 时,线圈中的磁场为 $B = \mu_0 NI$,线圈中的磁场能量密度为

$$w_B = \frac{\frac{1}{2}LI^2}{Al} = \frac{1}{2}\frac{(\mu_0 N^2 Al)\left(\frac{B}{\mu_0 N}\right)^2}{Al} = \frac{1}{2\mu_0}B^2$$

以上描述电场和磁场的能量密度公式,可以推广到普遍的电磁场能量密度描述中,即在有电磁场存在的自由空间,其电场和磁场的能量密度为

$$w_E = \frac{\varepsilon_0}{2}E^2, \quad w_B = \frac{1}{2\mu_0}B^2 \tag{1.63}$$

自由空间电磁场总的能量密度为

$$w = w_E + w_B = \frac{\varepsilon_0}{2}E^2 + \frac{1}{2\mu_0}B^2 \tag{1.64}$$

由式(1.62) $E = cB = \frac{1}{\sqrt{\varepsilon_0 \mu_0}}B$,有 $w_E = w_B$,式(1.64)可表示为

$$w = \varepsilon_0 E^2 = \frac{1}{\mu_0}B^2 \tag{1.65}$$

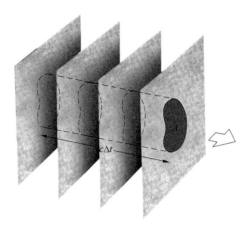

图 1.12　Δt 时间内通过面积 A 能量 $wc\Delta tA$

2. 电磁场的能流密度

电磁波的能量传播特性是描述电磁场的重要参数,人们定义单位时间单位面积流过的电磁场能量为能流密度 S。根据定义,电磁场传播速度为 c,在 Δt 时间内通过面积 A 的能量为 $wc\Delta tA$,如图 1.12 所示,利用式(1.65)和 $E=cB$,能流密度为

$$S = \frac{wc\Delta tA}{\Delta tA} = wc = \frac{1}{\mu_0}EB \tag{1.66}$$

能流密度的传播方向与电磁场传播方向(波矢方向)相同,根据式(1.60)和图 1.11,电场矢量和磁场矢量的叉积 $\boldsymbol{E}\times\boldsymbol{B}$ 的方向,为能量密度传播方向,即能流密度的矢量形式为

$$\boldsymbol{S} = \frac{1}{\mu_0}\boldsymbol{E}\times\boldsymbol{B} \quad \text{或} \quad \boldsymbol{S} = c^2\varepsilon_0\boldsymbol{E}\times\boldsymbol{B} \tag{1.67}$$

式(1.67)即坡印亭矢量(Poynting vector)。利用 $E=cB$,式(1.67)可化为

$$\boldsymbol{S} = c\varepsilon_0 E^2 \hat{k} = cw\hat{k} \tag{1.68}$$

式(1.68)表明能流密度的大小为光波的传播速度乘以能量密度,传播方向沿波矢方向。将平面波电磁场波函数(1.59)

$$\boldsymbol{E} = \boldsymbol{E}_0\cos(\boldsymbol{k}\cdot\boldsymbol{r}-\omega t+\varphi_{E0}), \quad \boldsymbol{B} = \boldsymbol{B}_0\cos(\boldsymbol{k}\cdot\boldsymbol{r}-\omega t+\varphi_{B0})$$

代入式(1.67)得

$$\boldsymbol{S} = c^2\varepsilon_0\boldsymbol{E}\times\boldsymbol{B} = c^2\varepsilon_0\boldsymbol{E}_0\times\boldsymbol{B}_0\cos^2(\boldsymbol{k}\cdot\boldsymbol{r}-\omega t+\varphi_0) \tag{1.69}$$

3. 辐射强度

物理测量中,人们获得的是电磁场辐射能量在一定时间内的积累,实际应用中,将一定面积内的辐射强度 I 定义为坡印亭矢量的一定时间 τ 的平均

$$I = \langle S\rangle_\tau \tag{1.70}$$

对平面波情形,将式(1.67)代入式(1.70)得

$$I = \langle S\rangle_\tau = \langle|\boldsymbol{S}|\rangle_\tau = c^2\varepsilon_0|\boldsymbol{E}_0\times\boldsymbol{B}_0|\langle\cos^2(\boldsymbol{k}\cdot\boldsymbol{r}-\omega t+\varphi_0)\rangle_\tau \tag{1.71}$$

电磁波的周期非常短，如光波的振动周期约为 $T=10^{-14}$ s 量级，与测量时间毫秒比有 $\tau \gg T$，在此条件下有：$\langle \cos^2(\boldsymbol{k} \cdot \boldsymbol{r} - \omega t + \varphi_0) \rangle_\tau = \frac{1}{2}$，得

$$I = \langle S \rangle_\tau = \frac{c\varepsilon_0}{2} E_0^2 \tag{1.72}$$

即辐射强度与电场强度的平方成正比。

各向同性均匀线性的介质空间，辐射强度为

$$I = \frac{\varepsilon\varepsilon_0 v}{2} E_0^2 \tag{1.73}$$

由于电场是对电子的作用力和做功的主要因素，一般用电场表示光场，通常采用式(1.73)表示光强。一般情况下，在光学中所涉及的介质的相对磁导率满足 $\mu = 1$，这时式(1.73)表示为

$$I = \frac{1}{2} \sqrt{\frac{\varepsilon_0}{\mu_0}} \sqrt{\varepsilon} E_0^2 = \frac{1}{2} \sqrt{\frac{\varepsilon_0}{\mu_0}} n E_0^2 \tag{1.74}$$

在只关心相对光强的情况下，光强可以简单表述为

$$I = nE_0^2 \tag{1.75}$$

例 1.5 求 $\langle \cos^2(\boldsymbol{k} \cdot \boldsymbol{r} - \omega t + \varphi_0) \rangle_\tau$ 长时间的平均值。

解：令

$$\tau = \boldsymbol{k} \cdot \boldsymbol{r} - \omega t + \varphi_0$$

则

$$\mathrm{d}\tau = -\omega \mathrm{d}t$$

有

$$\langle \cos^2(\boldsymbol{k} \cdot \boldsymbol{r} - \omega t + \varphi_0) \rangle_\tau = \frac{1}{T} \int_{t_0}^{t_0+T} \cos^2(\boldsymbol{k} \cdot \boldsymbol{r} - \omega t + \varphi_0) \mathrm{d}t$$

$$= -\frac{1}{\omega T} \int_{\tau_0}^{\tau_0 - \omega T} \cos^2 \tau \mathrm{d}\tau = -\frac{1}{\omega T} \int_{\tau_0}^{\tau_0 - \omega T} \frac{1}{2} \cos^2 \tau \mathrm{d}\tau$$

$$= -\frac{1}{\omega T} \int_{\tau_0}^{\tau_0 - \omega T} \frac{1}{2}(1 - \cos 2\tau) \mathrm{d}\tau$$

$$= \frac{1}{2} - \frac{1}{4\omega T}(\sin 2(\tau_0 - \omega T) - \sin 2\tau_0)$$

当在长时间 T 内取平均时，上式为

$$\langle \cos^2(\boldsymbol{k} \cdot \boldsymbol{r} - \omega t + \varphi_0) \rangle_\tau = \frac{1}{2}$$

例 1.6 设某一电场为：$\boldsymbol{E} = \hat{i} E_0 \mathrm{e}^{i(kz - \omega t)}$，其中 $E_0 = 10 \mathrm{V/m}$，$\omega = 2 \times 10^{15} \mathrm{rad/s}$，$k = 10^7 \mathrm{rad/m}$，求：

(1) 电场波传播速度及磁场；

(2) 该电磁场的辐射强度（即光强）。

解:(1) 由式(1.42),传播速度为
$$v = \frac{\omega}{k} = \frac{2 \times 10^{15}\,\text{rad/s}}{10^7\,\text{rad/m}} = 2 \times 10^8\,\text{m/s}$$

磁场为
$$\boldsymbol{B} = \frac{1}{v}\hat{k} \times \boldsymbol{E} = \frac{1}{v}\hat{k} \times (\hat{i}E_0 e^{i(kz-\omega t)})$$
$$= \frac{10\,\text{V/m}}{2 \times 10^8\,\text{m/s}}\hat{j} e^{i(kz-\omega t)} = 5 \times 10^{-8}\,(\text{T})(\hat{j} e^{i(kz-\omega t)})$$

(2) 由式(1.73),该电磁场辐射强度为
$$I = \frac{\varepsilon\varepsilon_0 v}{2}E_0^2 = \frac{n^2 \varepsilon_0 v}{2}E_0^2 = \frac{\left(\frac{c}{v}\right)^2 \varepsilon_0 v}{2}E_0^2$$
$$= \frac{1.5^2 \cdot (8.85\,\text{C}^2/\text{N}\cdot\text{m}^2)(2 \times 10^8\,\text{m/s})}{2}(10\,\text{N/C}) = 0.2\,\text{W/m}^2$$

4. 电磁场的能量密度和能流严格理论*

电磁场理论把场的能量通量定义为光的强度。由麦克斯韦方程和物质方程可得电磁场的能量定律

$$\iiint_V \left(\boldsymbol{E}\cdot\frac{\partial\boldsymbol{D}}{\partial t} + \boldsymbol{H}\cdot\frac{\partial\boldsymbol{B}}{\partial t}\right)\mathrm{d}v + \iiint_V \boldsymbol{J}\cdot\boldsymbol{E}\,\mathrm{d}v + \oiint_S (\boldsymbol{E}\times\boldsymbol{H})\cdot\boldsymbol{n}\,\mathrm{d}S = 0 \quad (1.76)$$

在光学中,一般情况下讨论各向同性介质,此时电磁场满足物质方程(1.21),式(1.76)化为

$$\frac{\mathrm{d}W}{\mathrm{d}t} + \iiint_V \boldsymbol{J}\cdot\boldsymbol{E}\,\mathrm{d}v + \oiint_S (\boldsymbol{E}\times\boldsymbol{H})\cdot\boldsymbol{n}\,\mathrm{d}S = 0 \quad (1.77)$$

式中

$$W = \iiint_V (w_E + w_B)\mathrm{d}v$$
$$w_E = \frac{1}{2}\boldsymbol{E}\cdot\boldsymbol{D}, \quad w_B = \frac{1}{2}\boldsymbol{H}\cdot\boldsymbol{B} \quad (1.78)$$

式中,W 代表积分体内总的电磁场能量;w_e 与 w_m 的和代表电磁场能量密度,w_e 和 w_m 分别表示电场能密度和磁场能密度。若将电流密度分解为传导电流和运流电流,可以看出,式(1.77)中第二项表示单位时间内系统中电场对带电粒子所做的功以及电阻的能量消耗(焦耳热)。

式(1.77)中第三项被积函数为坡印亭矢量
$$\boldsymbol{S} = \boldsymbol{E} \times \boldsymbol{H} \quad (1.79)$$

式(1.79)表示在垂直 $\boldsymbol{E}$ 和 $\boldsymbol{H}$ 方向上,单位面积单位时间通过的能量,即能流密度。光学中,坡印亭矢量代表光的传播方向,其大小表示光的强度。

由电磁场能量密度定义式(1.78)及物质方程(1.21),可得电磁场能量密度
$$w = \frac{1}{2}(\boldsymbol{E}\cdot\boldsymbol{D} + \boldsymbol{H}\cdot\boldsymbol{B}) = \frac{1}{2}(\varepsilon_0\varepsilon E^2 + \mu_0\mu H^2) = \varepsilon_0\varepsilon E^2 = \mu_0\mu H^2 \quad (1.80)$$

利用电场矢量、磁场矢量和波矢量三者的正交性,由式(1.79),得坡印亭矢量

$$\boldsymbol{S} = \boldsymbol{E} \times \boldsymbol{H} = EH\hat{k} = \varepsilon\varepsilon_0 \frac{c}{n}E^2\hat{k} = \mu\mu_0 \frac{c}{n}H^2\hat{k} \tag{1.81}$$

比较式(1.80)、式(1.81),有

$$\boldsymbol{S} = \frac{c}{n}w\hat{k} = vw\hat{k} \tag{1.82}$$

式(1.82)表明能流密度的大小为光波的传播速度乘以能量密度,传播方向沿波矢方向。

1.3.3 光的偏振性质

在笛卡儿坐标系中,若设波矢 $\hat{k}$ 方向沿 z 轴方向,由于 $\boldsymbol{E}\cdot\hat{k} = \boldsymbol{B}\cdot\hat{k} = 0$,则电磁场只有 x 和 y 方向分量。一般以电矢量端点所描绘的曲线的性质,定义光的偏振状态。平面波电矢量在 x 和 y 轴的分量可写为

$$E_x = a_1\cos(\varphi+\varphi_1), \quad E_y = a_2\cos(\varphi+\varphi_2) \tag{1.83}$$

式中,φ 表示相位因子,$\varphi = \omega t - \boldsymbol{k}\cdot\boldsymbol{r}$,$\varphi_1$ 和 φ_2 为初位相。简单的运算,消除与 φ 有关的因子,可得 E_x 和 E_y 满足如下方程

$$\left(\frac{E_x}{a_1}\right)^2 + \left(\frac{E_y}{a_2}\right)^2 - 2\frac{E_xE_y}{a_1a_2}\cos\varphi = \sin^2\varphi \tag{1.84}$$

式中,$\varphi = \varphi_2 - \varphi_1$,由于

$$\begin{vmatrix} \dfrac{1}{a_1^2} & -\dfrac{\cos\varphi}{a_1a_2} \\ -\dfrac{\cos\varphi}{a_1a_2} & \dfrac{1}{a_1^2} \end{vmatrix} = \frac{\sin^2\varphi}{a_1^2a_1^2} \geqslant 0 \tag{1.85}$$

所以式(1.84)为椭圆方程。φ 取不同的值,电场矢量在 x、y 轴上分量表示不同相位差,式(1.84)表示光的不同偏振态。

例 1.7 求证式(1.84)。

解:将式(1.83)改写为

$$\frac{E_x}{a_1} = \cos\varphi\cos\varphi_1 - \sin\varphi\sin\varphi_1, \quad \frac{E_y}{a_2} = \cos\varphi\cos\varphi_2 - \sin\varphi\sin\varphi_2$$

将第一个等式两边乘 $\sin\varphi_2$、第二等式两边乘 $\sin\varphi_1$,两式相减得

$$\frac{E_x}{a_1}\sin\varphi_2 - \frac{E_y}{a_2}\sin\varphi_1 = \cos\varphi\sin(\varphi_2 - \varphi_1)$$

将第一个等式两边乘 $\cos\varphi_2$、第二等式两边乘 $\cos\varphi_1$,两式相减得

$$\frac{E_x}{a_1}\cos\varphi_2 - \frac{E_y}{a_2}\cos\varphi_1 = \sin\varphi\sin(\varphi_2 - \varphi_1)$$

将得到的两式平方,相加得

$$\left(\frac{E_x}{a_1}\right)^2 + \left(\frac{E_y}{a_2}\right)^2 - 2\frac{E_xE_y}{a_1a_2}\cos(\varphi_2-\varphi_1) = \sin^2(\varphi_2-\varphi_1)$$

1. 线偏振光

当

$$\varphi = \varphi_2 - \varphi_1 = m\pi, \quad m = 0, \pm 1, \pm 2, \cdots \tag{1.86}$$

时，式(1.84)退化为

$$\frac{E_y}{E_x} = (-1)^m \frac{a_2}{a_1} \tag{1.87}$$

此时，电场矢量的端点在空间的变化轨迹是一条直线，即 E 为线偏振，如图 1.13(a) 所示。

2. 圆偏振光

当

$$a_1 = a_2$$
$$\varphi = \varphi_2 - \varphi_1 = m\frac{\pi}{2}, \quad m = \pm 1, \pm 3, \pm 5, \cdots \tag{1.88}$$

时，式(1.84)化为圆方程 $E_x^2 + E_y^2 = a^2$，表示电场矢量端点的轨迹在半径为 a 的圆上，此时光的偏振态称圆偏振。由式(1.83)，当 m 为正奇数时，合成结果为右旋偏振；当 m 为负奇数时，合成结果为左旋偏振，如图 1.13(b)(c)所示。

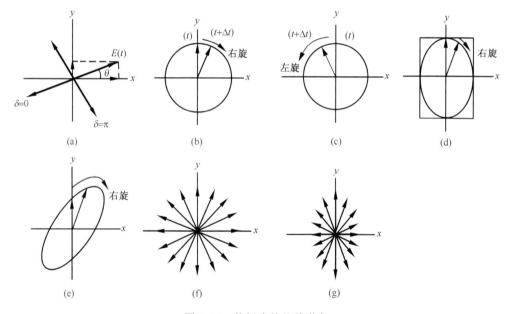

图 1.13　偏振光的几种形态

3. 椭圆偏振光

若初相位差满足式(1.88)，只是 x、y 分量不相等，这时偏振为正椭圆偏振光，左右旋条件与圆偏振光条件相同。当 $\varphi \neq m\frac{\pi}{2}(m = \pm 1, \pm 3, \pm 5, \cdots)$ 时，式(1.83)表示任意的斜椭圆偏振光，如图 1.13(d)(e)所示。

4. 自然光

大量不同取向、彼此无关的线偏振光的集合称为自然光,如图 1.13(f)所示。若这些线偏振光的集合在某一方向有较强的线偏振光,如图 1.13(f)、(g)所示,称为部分偏振光。

5. 马吕斯定律

一束线偏振光通过一张偏振片,若光的电场方向与偏振片透振方向夹角为 α,如图 1.14 所示,则透射光强马吕斯定律为

$$I_p = (E_0 \cos \alpha)^2 \quad \text{或} \quad I_p = I_0 \cos^2 \alpha \tag{1.89}$$

式中,E_0 表示入射光的振幅。当自然光通过偏振片时,每一方向的透射强度都满足马吕斯定律,总的透射强度应是各方向之和的平均

$$I_p = I_0 \frac{1}{2\pi} \int_0^{2\pi} \cos^2 \alpha \, d\alpha = \frac{1}{2} I_0 \tag{1.90}$$

由马吕斯定律和式(1.90),偏振片旋转一周,透射最大光强值 I_M 和最小光强值 I_m 发生交替变化,当入射光为线偏振光时,最小光强值为零,当入射光为自然光时,透射强度不发生改变。人们通过定义偏振度

$$p = \frac{I_M - I_m}{I_M + I_m} \tag{1.91}$$

来描述光的偏振态。偏振度不能完全区分光的偏振状态,如自然光与圆偏振光、椭圆偏振与部分偏振光等。

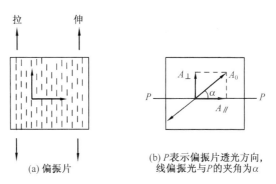

图 1.14 光通过偏振片时的方向选择性

1.4 光子与电磁场谱

1.4.1 光子

18 世纪前,对光传播的三个基本定律(均匀介质直线传播定律、反射和折射定律)的理解,分别提出过建立在经典力学基础上的完全相对的两种唯象理论:牛顿的光的微粒说和以惠更斯与胡克为代表的光的波动说。19 世纪初,杨氏双孔干涉实验和菲涅耳的衍射理论,使得光的波动理论得到了认可。1865 年,麦克斯韦建立了电磁场理论,使

得人们对光的波动性本质的认识建立在坚实的物理理论基础之上,也为人们深入研究光的传播以及光与物质相互作用提供了方法。20世纪初,人们又发现了光的波动理论解释不了的实验现象——光电效应,对光电效应的解释产生了爱因斯坦的光量子理论。

1. 光电效应及光量子

光照射在金属表面产生电子的现象称为光电效应。图 1.15(a)给出光电效应实验原理图,利用光电效应做成的器件为光电管,如光电倍增管(图 1.15(b))等。光电效应实验装置主要由阳极 E 和阴极 C 组成,E 和 C 封装在真空玻璃管内,两极之间加以偏置电压,通过偏置电压取得减小电子运动速度的作用,提供了一个遏制电势,通过测量遏制电势而得到由光作用产生的电子的动能。

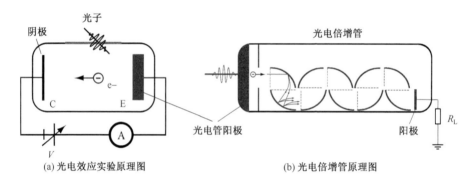

(a) 光电效应实验原理图　　(b) 光电倍增管原理图

图 1.15　光电效应

根据电磁场理论,由式(1.72) $I = \dfrac{c\varepsilon_0}{2}E_0^2$,人们预想,如果增加光强,将获得更大的电场强度,金属中的电子受到更大的电场力作用,从而具有更大的动能,实验上应观测到更大的遏制电压。但实验结果是:增加光强只是增加了电路中电流,而遏制电势没有变化;遏制电势与入射光的频率成线性减小的关系。这表明,增加光强只能增加被光打出的电子,而不能增加打出的电子的初始动能,光的电磁场理论无法解释这一实验现象。1905 年,爱因斯坦提出了光的粒子(particle)或量子(quanta)概念,后来定义为光子(photon)。爱因斯坦的光子基本物理图像是,光具有的能量是量子化的,每一光子的能量 E 为

$$E = hf \tag{1.92}$$

式中,f 为光的频率;h 为普朗克常量

$$h = 6.626 \times 10^{-34} \text{J} \cdot \text{s} = 4.136 \times 10^{-15} \text{eV} \cdot \text{s}$$

式(1.92)表明,光是量子化的,光束由光子组成,每一个光子的能量不能再细分。根据爱因斯坦光量子理论,增加入射的光强,只是增加了光子通量,从而增加了溢出的电子通量,即增加了光电流。由于光子的能量是确定的,故溢出电子的初始动能是确定的。爱因斯坦因为其光量子理论对光电效应的完美解释,而获得 1921 年诺贝尔物理学奖。

根据狭义相对论理论,光子没有静止质量,具有非零动量,光子的动量 p 与能量 E

满足如下关系

$$p = \frac{E}{c} \tag{1.93}$$

由式(1.92),有

$$p = \frac{hf}{c} = \frac{h}{\lambda} = \hbar k \tag{1.94}$$

式中,$\hbar = h/2\pi$。因为光的能流方向为光的传播方向,即光子运动方向,故光子的动量方向也是光的传播方向。因此,将光子动量写为矢量形式

$$\boldsymbol{p} = \hbar \boldsymbol{k} \tag{1.95}$$

2. 光压

光束被物体反射或吸收时,其光子束的动量将传给物体,而产生光辐射压力——光压。光强为 I 光束,光子通量为 $\frac{I}{hf}$,当该光束被物体反射时,产生光压为

$$P = \frac{I}{hf}\left(2\frac{h}{\lambda}\right) = \frac{2I}{c} \tag{1.96}$$

被物体完全吸收时,光压为

$$P = \frac{I}{hf}\left(\frac{h}{\lambda}\right) = \frac{I}{c} \tag{1.97}$$

历史上光压表达式最早是通过经典电磁场理论得到的。

例 1.8 设一束功率为 10 mW 的单色光,求波长分别为红外 $10\mu m$ 和伽马射线 0.1 nm 时的光子通量。

解:由光子能量公式:$E = hf = \frac{hc}{\lambda}$,这两种波长条件下的光子能量分别为

$$E_1 = \frac{hc}{\lambda} = \frac{4.136 \times 10^{-15}(\text{eV} \cdot \text{s})(2.998 \times 10^8 \text{m/s})}{10^{-5} \text{m}} = 0.124 \text{eV}$$

$$E_2 = \frac{hc}{\lambda} = \frac{4.136 \times 10^{-15}(\text{eV} \cdot \text{s})(2.998 \times 10^8 \text{m/s})}{10^{-10} \text{m}} = 1.24 \times 10^4 \text{eV}$$

对应的光子通量分别为

$$N_1 = \frac{P}{E_1} = \frac{10^{-2} \text{J/s}}{(1.602 \times 10^{-19} \text{J/eV})(0.124 \text{eV})} = 5 \times 10^{17} \text{photon/s}$$

$$N_2 = \frac{P}{E_2} = \frac{10^{-2} \text{J/s}}{(1.602 \times 10^{-19} \text{J/eV})(1.24 \times 10^4 \text{eV})} = 5 \times 10^{12} \text{photon/s}$$

伽马射线的光量子能量比红外光子能量大得多。

1.4.2 电磁波谱

根据电磁波波长或频率,将电磁波分为雷达区、微波区、红外区、可见区、紫外区、X射线和γ射线等区域(图 1.16)。

雷达谱区(radio waves)。波长在毫米量级以上电磁波为雷达区,相应的频率范围为 $0 \sim 10^{10}$ Hz,光子能量为 $0 \sim 10^{-3}$ eV。一般又将波长从毫米到米量级的电磁波称为微波。这一波段广泛应用于微波通信、广播(AM、FM)和电视信号的传播。

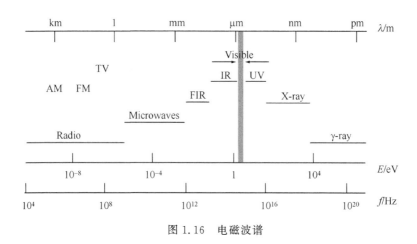

图 1.16 电磁波谱

红外波段(infrared radiation——IR)。红外波段波长范围在 $1\mu m$ 到小于微波波长,光子能量为 $10^{-3} \sim 1 eV$。在红外波段区间又分为近红外($1\sim 3\mu m$)、中红外($3\sim 5\mu m$)、远红外($6\sim 10\mu m$)以及超远红外($10\sim 1000\mu m$)区。室温下,热体辐射光子波长一般小于 $10\mu m$。红外光电探测器在红外成像中获得广泛应用。

可见波段(visible radiation)。可见光波段波长范围为 $0.4\sim 0.7\mu m$,光子能量为 $1\sim 3 eV$,是人眼感光区。

紫外区(ultra violet,UV)。紫外区波长小于可见光波长,光子能量为 $4\sim 100 eV$,其光子能量可以对生物活体组织产生破坏。

X 射线(X-ray)。X 射线为光子能量在 $100\sim 10^4\, eV$ 的电磁辐射,X 射线通过原子内壳层电子跃迁产生。

伽马射线(gamma ray,γ-ray)。伽马射线是光子能量大于 $10^4\, eV$ 的电磁辐射,其辐射由原子核转换产生。X 射线和伽马射线对生物活体组织可产生严重破坏,另一方面它们为基因突变提供了辐射源。

1.5 光波在介质界面的传播

宏观上,光的传播通过几何光线进行直观描述。在电磁场理论建立之前,认为光沿假设的光线传输,光传播的定律通过几何学的语言来描述,即几何光学。人们通过实验获得了光线在介质面界间传播的反射和折射定律。17 世纪法国数学家费马提出了现称为费马原理假设:光线在空间两点间传播时,沿时间最短路径传播。通过费马原理可以推导出光线传播的反射、折射等几何光学的基本定律。根据光的电磁场理论,几何光学是波长 $\lambda \to 0$ 的极限情况的光学研究分支,光线传播方向与坡印亭矢量一致,坡印亭矢量的轨迹即为光线。

在本节中,根据电磁场介质界面所满足的关系式,给出光波在界面的反射和折射定律以及反射和折射时振幅、相位和偏振态的变化规律。主要介绍菲涅耳公式以及通过菲涅耳公式给出的反射、折射光波的主要特性。

1.5.1 介质界面的电磁波

光波通过不同折射率的介质交界面时,产生反射波和透射波(图 1.17)。假设两种介质是均匀各向同性的线性介质且电导率为零,并且我们主要讨论光波段,其介质磁导率 $\mu=1$。选择入射光的基元成分为线偏振单色平面波

$$E_1(r,t) = E_{10} e^{i(k_1 \cdot r - \omega_1 t)}, \tag{1.98}$$

相应的反射光和折射光也是线偏振平面波

$$E'_1(r,t) = E'_{10} e^{i(k'_1 \cdot r - \omega'_1 t)}, \tag{1.99}$$

$$E_2(r,t) = E_{20} e^{i(k_2 \cdot r - \omega_2 t)}, \tag{1.100}$$

式(1.98)~式(1.100)中 E_{10}、E'_{10}、E_{20} 分别为入射波、反射波、折射波的振幅,在后面我们将知道,某些条件下由于反射和折射波相对入射波的相位变化,其振幅可能为复数矢量;k_1、k'_1、k_2 分别为入射波、反射波、折射波的波矢;ω_1、ω'_1、ω_2 分别为入射波、反射波、折射波的频率;位置矢量 r 是在界面任一点为坐标原点,指向入射光与界面交点的位矢(图 1.17)。

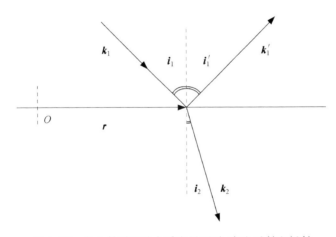

图 1.17 光入射到两种介质交界面时,产生反射和折射

根据 1.1 节给出的介质交界面的电磁场的边界条件:方程组(1.32)第二个等式 $n_{12} \times (E_1 - E_2) = 0$,入射波、反射波和折射波沿界面切向分量满足

$$E_{1t}(r,t) + E'_{1t}(r,t) - E_{2t}(r,t) = 0 \tag{1.101}$$

上式恒成立,与坐标原点即位置矢量和时间无关。因此,入射光、反射光和折射光的波函数,在交界面交点处必须满足:①是时间恒等函数;②同时是空间的恒等函数。即入射波、反射波和折射波在式(1.98)~式(1.100)中所含时间和空间指数因子必须为恒等,必定有

$$\omega_1 = \omega_1' = \omega_2 \tag{1.102}$$

和

$$\boldsymbol{k}_1 \cdot \boldsymbol{r} = \boldsymbol{k}_1' \cdot \boldsymbol{r} = \boldsymbol{k}_2 \cdot \boldsymbol{r} \tag{1.103}$$

入射波、反射波、折射波的振幅 $\boldsymbol{E}_{10}$、$\boldsymbol{E}_{10}'$、$\boldsymbol{E}_{20}$ 之间满足的关系,可由电磁场的边界条件求得,这将在后面讨论。

式(1.102)表明光波通过不同的线性介质时,其频率不会改变。由分析式(1.103),可知三个波矢 $\boldsymbol{k}_1$、$\boldsymbol{k}'$、$\boldsymbol{k}_2$ 在同一平面内,这个平面定义为入射面。采用图 1.17 所示位置矢量,式(1.103)化为标量积

$$rk_1 \sin i_1 = rk_1' \sin i_1' = rk_2 \sin i_2 \tag{1.104}$$

入射波和反射波在相同介质中,有 $k_1 = k_1'$,因此有

$$\sin i_1 = \sin i_1' \quad \text{或} \quad i_1 = i_1' \tag{1.105}$$

即入射角等于反射角。利用 $k = 2\pi/\lambda = n(2\pi/\lambda_0)$,由式(1.104)右边等式,有

$$n_1 \sin i_1 = n_2 \sin i_2 \tag{1.106}$$

这里应用入射光、反射光和折射光的波函数是时空恒等函数条件,得到光的反射定律和折射定律(式(1.105)、式(1.106)),这两个定律描述了光线的波矢方向所满足的关系。

1.5.2 菲涅耳公式

应用介质界面电磁场的边界条件和反射折射定律,讨论入射光、反射光和折射光复振幅 $\boldsymbol{E}_{10}$、$\boldsymbol{E}_{10}'$、$\boldsymbol{E}_{20}$ 满足的方程,即菲涅耳公式。

为了描述方便,建立如图 1.18 所示的坐标系,光的入射面取为 xy 平面,z 轴垂直入射面。假设入射光为线偏振光,任一入射线偏振光振幅矢量 $\boldsymbol{E}_{10}$,分解为相互垂直的两个分量:s 分量 E_{1s} 和 p 分量 E_{1p}。E_{1s} 对应垂直入射面的分量,E_{1p} 表示平行入射面的分量,如图 1.18 所示。同样反射波振幅 $\boldsymbol{E}_{10}'$ 分解为垂直入射面的分量 E_{1s}' 和平行入射面的分量 E_{1p}';折射波振幅 $\boldsymbol{E}_{20}$ 分解为垂直入射面的分量 E_{2s} 和平行入射面的分量 E_{2p}。理论上可以证明光在反射和折射过程中,s 分量和 p 分量不会出现交叠。

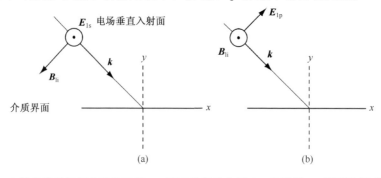

图 1.18 入射光线的振幅分解为垂直 xy 平面的振动分量 $\boldsymbol{E}_{1s}$ 和平行 xy 平面的振动分量 $\boldsymbol{E}_{1p}$

1. 入射光偏振垂直入射面

假设入射光偏振垂直入射面，即只含 s 分量 E_{1s}，如图 1.18 所示。由 $\boldsymbol{B} = \dfrac{1}{c}\hat{k} \times \boldsymbol{E}$，磁场平行于入射平面，图 1.19 显示了磁场矢量的振动方向，同时给出了反射波和折射波的三个矢量 $\boldsymbol{E}$、$\boldsymbol{B}$、$\boldsymbol{k}$ 的方向。由电磁场交界面的边界条件

$$\begin{aligned}\boldsymbol{n}_{12} \times (\boldsymbol{E}_1 - \boldsymbol{E}_2) &= 0 \\ \boldsymbol{n}_{12} \times (\boldsymbol{H}_1 - \boldsymbol{H}_2) &= 0\end{aligned} \tag{1.107}$$

并利用物质方程 $\boldsymbol{B} = \mu\mu_0 \boldsymbol{H}$，考虑光波介质的磁导率 $\mu = 1$，得到电场和磁场沿界面切向分量应满足

$$\widetilde{E}_{1s} + \widetilde{E}'_{1s} = \widetilde{E}_{2s} \tag{1.108}$$

$$-\widetilde{B}_{1i}\cos i_1 + \widetilde{B}_{1r}\cos i_1 = \widetilde{B}_{2t}\cos i_2 \tag{1.109}$$

根据式(1.62) $B = \dfrac{E}{v} = \dfrac{n}{c}E$，上式化为

$$n_1(\widetilde{E}_{1s} - \widetilde{E}'_{1s})\cos i_1 = n_2 \widetilde{E}_{2s} \cos i_2 \tag{1.110}$$

将等式(1.108)和式(1.110)除以 $\widetilde{E}_{1s}$，得到

$$\dfrac{\widetilde{E}'_{1s}}{\widetilde{E}_{1s}} - \dfrac{\widetilde{E}_{2s}}{\widetilde{E}_{1s}} = 1 \tag{1.111}$$

$$n_1 \cos i_1 \dfrac{\widetilde{E}'_{1s}}{\widetilde{E}_{1s}} + n_2 \cos i_2 \dfrac{\widetilde{E}_{2s}}{\widetilde{E}_{1s}} = n_1 \cos i_1 \tag{1.112}$$

由式(1.111)和式(1.112)，求得

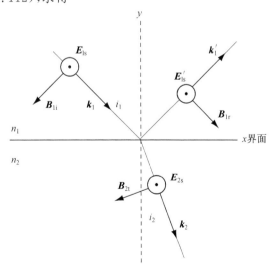

图 1.19 入射光的偏振垂直入射面时，入射、反射和折射光波三个矢量 $\boldsymbol{E}$、$\boldsymbol{B}$、$\boldsymbol{k}$ 的方向关系

$$\tilde{r}_s = \frac{\widetilde{E}'_{1s}}{\widetilde{E}_{1s}} = \frac{n_1 \cos i_1 - n_2 \cos i_2}{n_1 \cos i_1 + n_2 \cos i_2} = \frac{\sin(i_2 - i_1)}{\sin(i_1 + i_2)} \tag{1.113}$$

$$\tilde{t}_s = \frac{\widetilde{E}_{2s}}{\widetilde{E}_{1s}} = \frac{2n_1 \cos i_1}{n_1 \cos i_1 + n_2 \cos i_2} = \frac{2\cos i_1 \sin i_2}{\sin(i_1 + i_2)} \tag{1.114}$$

方程(1.113)、方程(1.114)给出了垂直入射面条件下,光的反射和折射复振幅与入射光的复振幅的关系。

2. 入射光偏振平行入射面

当入射光的偏振平行入射面时,图1.20给出了入射、反射和折射光波的电场矢量、磁场矢量和波矢量—— E、B、k 的方向关系。与前一种情况的讨论方法一样,应用介质界面的边界条件、物质方程和 $B = \frac{E}{v} = \frac{n}{c} E$,得到入射波平行偏振方向并平行入射面条件下,光的反射和折射复振幅与入射光的复振幅的关系

$$\tilde{r}_p = \frac{\widetilde{E}'_{1p}}{\widetilde{E}_{1p}} = \frac{n_2 \cos i_1 - n_1 \cos i_2}{n_2 \cos i_1 + n_1 \cos i_2} = \frac{\tan(i_1 - i_2)}{\tan(i_1 + i_2)} \tag{1.115}$$

$$\tilde{t}_p = \frac{\widetilde{E}_{2p}}{\widetilde{E}_{1p}} = \frac{2n_1 \cos i_1}{n_2 \cos i_1 + n_1 \cos i_2} \tag{1.116}$$

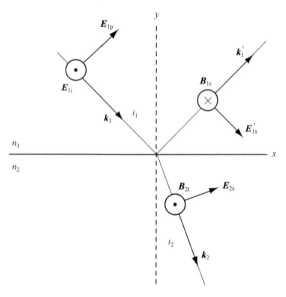

图 1.20　入射光的偏振平行入射面时,入射、反射和折射光波三个矢量 E、B、k 的方向关系

方程(1.113)~方程(1.116)即为菲涅耳公式,它描述了光在两种不同媒质的交界面传播时,入射波、反射波和折射波复振幅关系。由式(1.113)~式(1.116)可知,s 和 p 分量在交界面反射折射时不会发生交混,即入射光只有 s 分量或 p 分量时,反射和折射光也只有 s 分量或 p 分量。

例 1.9 验证在入射光的偏振平行入射面时，反射和折射光的复振幅与入射光的复振幅的关系式(1.115)和式(1.116)。

解：入射光、反射光和折射光的电场在介质交界面切向方向分量分别为 $\tilde{E}_{1p}\cos i_1$、$\tilde{E}'_{1p}\cos i_1$ 和 $\tilde{E}_{2p}\cos i_2$，其磁场切向分量为：$\tilde{B}_{1s}$、$\tilde{B}'_{1s}$ 和 $\tilde{B}_{2s}$。

由边界条件，介质交界面上下表面的切向分量的电场、磁场满足

$$\tilde{E}_{1p}\cos i_1 - \tilde{E}'_{1p}\cos i_1 - \tilde{E}_{2p}\cos i_2 = 0$$

$$\tilde{B}_{1s} + \tilde{B}'_{1s} - \tilde{B}_{2s} = 0$$

由电场和磁场大小满足：$B = \dfrac{n}{c}E$，电场方程为

$$n_1\tilde{E}_{1p} - n_1\tilde{E}'_{1p} - n_2\tilde{E}_{2p} = 0$$

由以上电场和磁场满足的方程，即可得到反射和折射光的复振幅与入射光的复振幅的关系式(1.115)和式(1.116)。

例 1.10 证明式(1.115)中 $\dfrac{n_2\cos i_1 - n_1\cos i_2}{n_2\cos i_1 + n_1\cos i_2} = \dfrac{\tan(i_1 - i_2)}{\tan(i_1 + i_2)}$。

解：由折射定理：$n_1\sin i_1 = n_2\sin i_2$，有

$$n_2\cos i_1 - n_1\cos i_2 = \frac{n_1}{\sin i_2}(\sin i_1\cos i_1 - \sin i_2\cos i_2)$$

$$n_2\cos i_1 + n_1\cos i_2 = \frac{n_1}{\sin i_2}(\sin i_1\cos i_1 + \sin i_2\cos i_2)$$

由三角函数公式

$$\sin(i_1 - i_2)\cos(i_1 + i_2) = (\sin i_1\cos i_2 - \cos i_1\sin i_2)(\cos i_1\cos i_2 - \sin i_1\sin i_2)$$
$$= (\sin i_1\cos i_1 - \sin i_2\cos i_2)$$

$$\sin(i_1 + i_2)\cos(i_1 - i_2) = (\sin i_1\cos i_2 + \cos i_1\sin i_2)(\cos i_1\cos i_2 + \sin i_1\sin i_2)$$
$$= (\sin i_1\cos i_1 + \sin i_2\cos i_2)$$

因此

$$\frac{n_2\cos i_1 - n_1\cos i_2}{n_2\cos i_1 + n_1\cos i_2} = \frac{\dfrac{n_1}{\sin i_2}(\sin i_1\cos i_1 - \sin i_2\cos i_2)}{\dfrac{n_1}{\sin i_2}(\sin i_1\cos i_1 + \sin i_2\cos i_2)}$$

$$= \frac{\sin(i_1 - i_2)\cos(i_1 + i_2)}{\sin(i_1 + i_2)\cos(i_1 - i_2)} = \frac{\tan(i_1 - i_2)}{\tan(i_1 + i_2)}$$

1.5.3 光强的反射率和透射率

1. 光强反射率、透射率与布儒斯特角

由 1.3.2 电磁场的能量密度和能流密度节光强公式(1.75) $I = E^2 = nE_0^2$，从复振幅反射率和透射率式(1.113)~式(1.116)，可求得光在介质面的光强反射率 R_p、R_s 和透射率 T_p、T_s。

$$\left.\begin{aligned}R_s &= \frac{I'_{1s}}{I_{1s}} = \frac{n_1 (\widetilde{E}'_{1s})^2}{n_1 (\widetilde{E}_{1s})^2} = r_s^2 = \left|\frac{n_1 \cos i_1 - n_2 \cos i_2}{n_1 \cos i_1 + n_2 \cos i_2}\right|^2 \\ T_s &= \frac{I_{2s}}{I_{1s}} = \frac{n_2 (\widetilde{E}_{2s})^2}{n_1 (\widetilde{E}_{1s})^2} = \frac{n_2}{n_1} t_s^2 = \frac{n_2}{n_1}\left|\frac{2 n_1 \cos i_1}{n_1 \cos i_1 + n_2 \cos i_2}\right|^2 \\ R_p &= \frac{I'_{1p}}{I_{1p}} = \frac{n_1 (\widetilde{E}'_{1p})^2}{n_1 (\widetilde{E}_{1p})^2} = r_p^2 = \left|\frac{n_2 \cos i_1 - n_1 \cos i_2}{n_2 \cos i_1 + n_1 \cos i_2}\right|^2 \\ T_p &= \frac{I_{2p}}{I_{1p}} = \frac{n_2 (\widetilde{E}_{1p})^2}{n_1 (\widetilde{E}_{1p})^2} = \frac{n_2}{n_1} t_p^2 = \frac{n_2}{n_1}\left|\frac{2 n_1 \cos i_1}{n_2 \cos i_1 + n_1 \cos i_2}\right|^2\end{aligned}\right\} \quad (1.117)$$

式中，$r_{s,p} = |\widetilde{r}_{s,p}|$，$t_{s,p} = |\widetilde{t}_{s,p}|$。

2. 布儒斯特角

以空气（折射率 $n=1$）和光学玻璃（折射率 $n=1.5$）为例，计算光由空气入射玻璃和由玻璃入射到空气介质时，介质界面的光强反射率和透射率随入射角的变化曲线，如图 1.21(a)，(b)所示。光强反射率曲线表明，存在一个使 p 光反射为零的特殊入射角，这个入射特殊角 i_B 称做布儒斯特角。

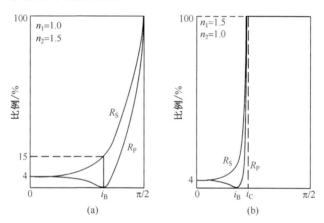

图 1.21 光强在空气/玻璃与玻璃/空气介质界面反射率和入射率随入射角的变化曲线

由菲涅耳式(1.115)可知，当入射角和折射角满足

$$i_1 + i_2 = \frac{\pi}{2}$$

时，$r_p=0$ 或 $R_p=0$，满足上式 $i_1 + i_2 = \frac{\pi}{2}$ 的入射角即为布儒斯特角。根据折射定律，$n_1 \sin i_1 = n_2 \sin i_2$，利用式 $i_1 + i_2 = \frac{\pi}{2}$，给出布儒斯特角公式

$$\tan i_B = \frac{n_2}{n_1} \quad (1.118)$$

空气（$n_1=1$）/玻璃（$n_2=1.5$）或玻璃/空气介质界面的布儒斯特角分别为 $i_B \approx 56°18'$ 和 $33°42'$。

激光器中利用布儒斯特角的性质,设计一种谐振腔叫布儒斯特窗,其腔镜以布儒斯角度倾斜,如图 1.22 所示,使反射光只有 s 分量,从而在激光谐振腔中只有一特定偏振方向的光束得到放大。

图 1.22　激光器中的布儒斯特窗产生偏振激光

由图 1.21(b)可知,当入射角大于一定值时,光波的 s 分量和 p 分量的反射均为 1,此时,光发生了全反射。

3. 斯托克斯倒逆关系

利用光传输的可逆性,设计如图 1.23 所示理想实验,可获得光在 n_1/n_2 与 n_2/n_1 介质界面之间的复振幅反射率 r/r' 和折射率 t/t' 关系式。如图 1.23 从不同方向入射三束光,设第一束振幅为 1 的光,从 n_1 介质入射到分界面,反射光和折射光振幅分别为 r 和 t;第二束振幅为 r 的光束,沿第一束光的反射光的逆向射向界面,相应的反射振幅为 rr、折射光振幅为 rt;第三束振幅为 t 的光束,沿第一束光的折射光的逆向射向界面,相应的反射和折射光振幅分别为 $r't$ 和 $t't$。此条件下,第一束光波的反射波和折射波与相应的入射波抵消,则另外两个方向的合成光束,即 (1、rr、tt')的合成光束为零,(rt、$r't$)合成光束为零,即

$$\begin{aligned} 1-(rr+r't) &= 0 \\ rt+r't &= 0 \end{aligned} \quad (1.119)$$

或

$$\begin{aligned} r^2+r't &= 1 \\ r' &= -r \end{aligned} \quad (1.120)$$

式(1.120)称做斯托克斯倒逆关系,在该表达式中省略复数符号和角下标((p、s)表示对 p 光和 s 光均成立)。

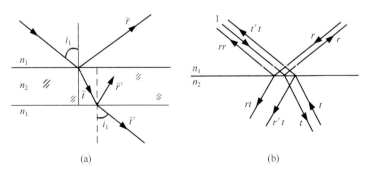

图 1.23　斯托克斯倒逆关系理想实验图

例 1.11 分别求从空气(折射率 $n=1$)正入射到玻璃(折射率 $n=1.5$)和从玻璃正入射空气时的 r_s、t_s、r_p 和 t_p,并验证斯托克斯倒逆关系。

解:正入射 $i_1 = i_2 = 0$,由菲涅耳公式(1.113)~式(1.116),有

$$r_s = \frac{n_1 - n_2}{n_1 + n_2}, \qquad t_s = \frac{2n_1}{n_1 + n_2}$$

$$r_p = \frac{n_2 - n_1}{n_1 + n_2}, \qquad t_p = \frac{2n_1}{n_1 + n_2}$$

光束从空气正入射到玻璃介质时

$$r_s = \frac{n_1 - n_2}{n_1 + n_2} = \frac{1 - 1.5}{1 + 1.5} = -0.2, \quad t_s = \frac{2n_1}{n_1 + n_2} = \frac{2}{2.5} = 0.8$$

$$r_p = \frac{n_2 - n_1}{n_1 + n_2} = \frac{0.5}{2.5} = 0.2, \qquad t_p = \frac{2n_1}{n_1 + n_2} = 0.8$$
(T1)

光束从玻璃介质正入射到空气介质时

$$r_s = \frac{n_1 - n_2}{n_1 + n_2} = \frac{1.5 - 1}{1.5 + 1} = 0.2, \quad t_s = \frac{2n_1}{n_1 + n_2} = \frac{3}{2.5} = 1.2$$

$$r_p = \frac{n_2 - n_1}{n_1 + n_2} = \frac{-0.5}{2.5} = -0.2, \qquad t_p = \frac{2n_1}{n_1 + n_2} = 1.2$$
(T2)

由以上计算结果,有

$$r_s^2 + t_s' t_s = (0.2)^2 + 1.2 \times 0.8 = 1$$

$$r_p^2 + t_p' t_p = (0.2)^2 + 1.2 \times 0.8 = 1$$

$$r_s = -r_s', \quad r_p = -r_p'$$

满足斯托克斯倒逆关系。

1.5.4 界面反射光的相位变化

光在不同光学性能介质界面间的传播,将导致光波场的突变,反射光相位变化尤其突出和重要,如反射光的半波损失。光波在介质面的反射特性,仍然采用菲涅耳公式进行分析。复振幅反射率表达式(1.113)、式(1.115),形式上也可表示为

$$\tilde{r}_p = r_p \exp i\delta_p = \frac{\tilde{E}_{1p}'}{\tilde{E}_{1p}} = \frac{n_2 \cos i_1 - n_1 \cos i_2}{n_2 \cos i_1 + n_1 \cos i_2} = \frac{\tan(i_1 - i_2)}{\tan(i_1 + i_2)} \quad (1.121)$$

$$\tilde{r}_s = r_s \exp i\delta_s = \frac{\tilde{E}_{1s}'}{\tilde{E}_{1s}} = \frac{n_1 \cos i_1 - n_2 \cos i_2}{n_1 \cos i_1 + n_2 \cos i_2} = \frac{\sin(i_2 - i_1)}{\sin(i_1 + i_2)} \quad (1.122)$$

式中,r_p 和 r_s 为对应复反射率的模、相移因子 δ_p 和 δ_s 为反射和入射波在介质表面的相位差

$$\delta_p = \varphi_{1p}' - \varphi_{1p}, \quad \delta_s = \varphi_{1s}' - \varphi_{1s}$$

1. 相移 δ_p 和 δ_s 的变化规律

1) 光疏介质到光密介质($n_1 < n_2$)

两种介质折射率的相对大小,决定了相移因子 δ_p 和 δ_s 的不同变化规律。对 $n_1 < n_2, i_1 - i_2 > 0$,当入射角小于布儒斯特角时,有 $i_1 + i_2 < \dfrac{\pi}{2}$,由式(1.121) $\tilde{r}_p = \dfrac{\tan(i_1 - i_2)}{\tan(i_1 + i_2)}$ 可知,p 分量复振幅反射率是大于零的实数,相移因子 $\delta_p = 0$。

当入射角大于布儒斯特角时,$i_1 + i_2 > \dfrac{\pi}{2}$,由式(1.121)可知,光复振幅反射率为小于零的实数,由于 $\tilde{r}_p = r_p \exp i\delta_p = -r_p = r_p \mathrm{e}^{i\pi}$ 即相移因子 $\delta_p = \pi$。因此,入射角大于布儒斯特角时,反射 p 光有 π 的相移。对 s 分量,由于 $n_1 < n_2, i_1 - i_2 > 0$,由式(1.122) $\tilde{r}_s = r_s \exp i\delta_s = \dfrac{\sin(i_2 - i_1)}{\sin(i_1 + i_2)}$ 可知,随入射角变化,s 光复振幅反射率总是小于零的实数,相当于 s 光反射总有 π 的相移。图 1.24(a)给出了 $n_1 < n_2$ 条件下,反射光的 p 和 s 偏振分量的相位变化量。

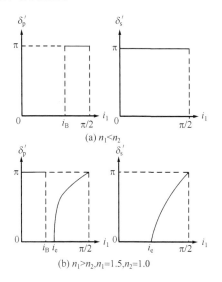

图 1.24 相移 δ_p 和 δ_s 的变化规律

2) 光从光密介质到光疏介质 ($n_1 > n_2$)

当光从光密介质到光疏介质 ($n_1 > n_2$) 界面传输时,除了特别关注入射角满足布儒斯特角时的情况外,由于 $n_1 > n_2$,当入射角 i_1 大于某一角 i_c 时,$\sin i_2 = \dfrac{n_1}{n_2} \sin i_1 > 1$ (折射定律)无解,从图 1.21(b)可看到,这时入射光全部被全反射,入射角 i_c 称为全反角。因此,分析光从光密介质到光疏介质 ($n_1 > n_2$) 界面的反射光相位变化,必须根据入射角大小进行讨论。

以 $n_1 = 1.5, n_2 = 1.0$ 为例,讨论光从光密介质到光疏介质反射光的相位变化。此时,其布儒斯特角和全反角分别为

$$i_B = \arctan\left(\frac{1}{1.5}\right) = 33.69°$$

$$i_C = \arcsin\left(\frac{1}{1.5}\right) = 41.81°$$

即 $i_B < i_C$。当光波入射角满足 $i_1 < i_B$ 时,由于 $i_1 - i_2 < 0, i_1 + i_2 < \frac{\pi}{2}$,由式(1.21) $\tilde{r}_p = \frac{\tan(i_1 - i_2)}{\tan(i_1 + i_2)}$ 可知,p 分量复振幅反射率是小于零的实数,即 p 分量的反射光波产生了相位移动,$\delta_p = \pi$。

当光波入射角满足 $i_B < i_1 < i_C$ 时,由于 $i_1 - i_2 < 0$ 且 $i_1 + i_2 > \frac{\pi}{2}$,由式(1.21)可知,p 分量复振幅反射率是大于零的实数,即无相位移动,$\delta_p = 0$。

当入射角小于全反射角时,由式(1.122) $\tilde{r}_s = r_s \exp i\delta_s = \frac{\sin(i_2 - i_1)}{\sin(i_1 + i_2)}$ 可知,s 光的复振幅反射率总为大于零的实数,即 s 分量的反射光波的相移为零。

当光波入射角 $i_1 > i_C$ 时,由于式(1.21)最右边的等式不再成立,由折射定律得

$$\cos i_2 = \sqrt{1 - \sin^2 i_2} = i\sqrt{\left(\frac{n_1}{n_2}\sin i_1\right)^2 - 1} \tag{1.123}$$

将式(1.123)代入式(1.121)、式(1.122)

$$\tilde{r}_p = \frac{n_2 \cos i_1 - i n_1 \sqrt{\left(\frac{n_1}{n_2}\sin i_1\right)^2 - 1}}{n_2 \cos i_1 + i n_1 \sqrt{\left(\frac{n_1}{n_2}\sin i_1\right)^2 - 1}} = \frac{a_1 - i b_1}{a_1 + i b_1} = r_p \exp i\delta_p$$

$$\tilde{r}_s = \frac{n_1 \cos i_1 - i n_2 \sqrt{\left(\frac{n_1}{n_2}\sin i_1\right)^2 - 1}}{n_1 \cos i_1 + i n_2 \sqrt{\left(\frac{n_1}{n_2}\sin i_1\right)^2 - 1}} = \frac{a_2 - i b_2}{a_2 + i b_2} = r_s \exp i\delta_s$$

产生的相移为

$$\delta_p = -2\arctan\left(\frac{b_1}{a_1}\right), \quad \delta_s = -2\arctan\left(\frac{b_2}{a_2}\right) \tag{1.124}$$

式中,$a_1 = n_2 \cos i_1, b_1 = n_1 \sqrt{\left(\frac{n_1}{n_2}\sin i_1\right)^2 - 1}, a_2 = n_1 \cos i_1, b_2 = n_2 \sqrt{\left(\frac{n_1}{n_2}\sin i_1\right)^2 - 1}$。由于 1.2.3 节中复振幅的定义方式与实际相位超前为负的定义相反,因此,实际相位差应该是式(1.24)取负

$$\delta_p = 2\arctan\left(\frac{b_1}{a_1}\right), \quad \delta_s = 2\arctan\left(\frac{b_2}{a_2}\right) \tag{1.125}$$

根据以上分析可知,图 1.24(b)的左图和右图,分别给出了 $n_1 > n_2$ 时,p 分量和 s 分量反射光波相移因子的变化规律。

2. 隐失波(evanescent wave)

由电磁场在介质界面边界条件可知电磁场在界面是连续的；光从光密介质传播到光疏介质($n_1 > n_2$)，当入射角大于 i_c 时，折射光光强为零。其中的物理本质分析如下：

设 xy 平面在入射面内，如图 1.25 所示，折射波函数为

$$\boldsymbol{E}_2(\boldsymbol{r},t) = \widetilde{E}_{20}\exp(\mathrm{i}(\boldsymbol{k}_2 \cdot \boldsymbol{r} - \omega_2 t)) \tag{1.126}$$

式中，波矢有关的相位项可表示为

$$\boldsymbol{k}_2 \cdot \boldsymbol{r} = k_{2x}x + k_{2y}y \tag{1.127}$$

式中，$k_{2x} = k_2 \sin i_2$、$k_{2y} = k_2 \cos i_2$，由折射定律和式(1.123)得

$$k_{2x} = k_2 \frac{n_1}{n_2}\sin i_1, \qquad k_{2y} = \mathrm{i}\sqrt{\left(\frac{n_1}{n_2}\sin i_1\right)^2 - 1} \tag{1.128}$$

故当 $i_1 > i_c$ 时，折射光波函数为

$$\boldsymbol{E}_2(\boldsymbol{r},t) = \widetilde{E}_{20}\exp\left(-y\sqrt{\left(\frac{n_1}{n_2}\sin i_1\right)^2 - 1}\right)\exp\left(\mathrm{i}\left(k_2 \frac{n_1}{n_2}\sin i_1 \cdot x - \omega_2 t\right)\right) \tag{1.129}$$

式中，右边第一个指数项沿 y 方向，即垂直入射表面方向，光波迅速衰减。式(1.129)表示折射波是沿 x 方向传播，在 y 方向衰减的隐失波。隐失波的传播深度为波长量级。

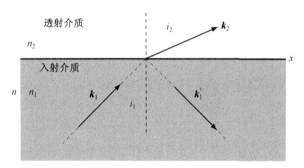

图 1.25 光从光密介质入射，入射角大于全反角

实验证实隐失波存在最简单的方法，如图 1.26 所示，将两块光学玻璃棱镜($n \approx 1.5$)斜边相对放置，光束垂直棱镜的一直角边入射，入射光在棱镜斜边处的入射角大于全反射角($i_C \approx 41.81°$)，当两棱镜相对位置较大时，入射光被第一个棱镜斜边完全反射；当两棱镜间的距离足够小时，由于隐失波的存在，第二块棱镜将隐失波引入该棱镜中，有部分光从第二个棱镜透射。

3. 反射光的相位突变

复振幅反射相移因子的变化规律，是以图 1.19 和图 1.20 所定义的方向关系得到的。在实际应用中，例如，在讨论入射光与反射光的干涉时，需要比较入射光和反射光的线偏振状态变化，即相位是否发生突变。从图 1.19 和图 1.20 可看到，当入射光以任一角度入射时，由于入射光 p 振动和反射光 p 振动不在同一方向，比较入射光和反射光

的线偏振状态失去意义。但在正入射和掠入射时,入射光和反射光的 p(s)振动在相同方向上,所以讨论反射光相位突变时,一般主要分析入射角接近零度或 90°的情形。

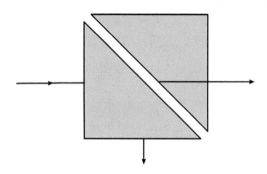

图 1.26　当两棱镜间距在波长范围内时,隐失波被导引出

根据相移因子变化曲线,分别分析 $n_1 < n_2$ 和 $n_1 > n_2$ 光正入射时,p(s)振动方向关系。正入射条件下,$i_1 = i_2 = 0$,有

$$\widetilde{E}'_{1p} = \frac{n_2 - n_1}{n_2 + n_1} \widetilde{E}_{1p} \quad 或 \quad \widetilde{r}_p = \frac{n_2 - n_1}{n_2 + n_1} \tag{1.130}$$

$$\widetilde{E}'_{1s} = \frac{n_1 - n_2}{n_2 + n_1} \widetilde{E}_{1s} \quad 或 \quad \widetilde{r}_s = \frac{n_1 - n_2}{n_2 + n_1} \tag{1.131}$$

$$\widetilde{E}_{2s} = \widetilde{E}_{2p} = \frac{2n_1}{n_1 + n_2} \widetilde{E}_{1s} \quad 或 \quad \widetilde{t}_{2s} = \widetilde{t}_{2p} = \frac{2n_1}{n_1 + n_2} \tag{1.132}$$

当 $n_1 < n_2$ 时,由式(1.130),$\widetilde{r}_p > 0$,即 $\delta_p = 0$,表示反射 p 光的振动方向与设定的反射 p 光振动方向一致,与入射 p 光的振动方向相反,如图 1.27(a)所示;对于 s 光,由式(1.131),$\widetilde{r}_s < 0$,$\delta_s = \pi$,表示反射 s 光的振动方向与设定的反射 s 光的振动方向相反,与入射 s 光的振动方向亦相反,如图 1.27(a)所示。从图 1.27(a)看到,反射光 p 分量和 s 分量的振动方向,与入射光对应分量的振动方向相反,因此,光从光疏媒质正入射光密媒质时,其反射光发生相位 π 的突变,即有半波损失。

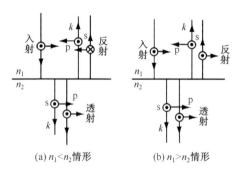

(a) $n_1 < n_2$ 情形　　　　(b) $n_1 > n_2$ 情形

图 1.27　正入射复振幅反射时半波损失图示

当 $n_1 > n_2$ 时,同样的分析,得到反射光的 p 分量的振动方向、s 分量的振动方向如

图 1.27(b)所示,即光从光密媒质正入射光疏媒质时,其反射光无相位变化。

光掠入射介质界面时,入射角接近 90°,由反射光相移因子变化曲线图 1.24,可知在 $n_1 < n_2$ 和 $n_1 > n_2$ 情况下,反射光的 s 分量和 p 分量都产生 π 的相位移动,即反射光 s 和 p 分量的振动方向与假设方向相反,如图 1.28 所示,因此与入射光的 s 和 p 分量的振动方向也相反。故掠入射光的反射发生总相位 π 的突变,均有半波损失。

图 1.28 掠入射时的半波损失图示

对光的一般斜入射情形,在实际应用中有意义的是经薄膜上下表面反射光 1 和 2 之间的相位差,是否有相位 π 的突变,如图 1.29 所示。以 $n_1 < n_2 > n_3$ 为例,假设入射角小于布儒斯特角情况下,比较光线 1、2 的 p 光和 s 光的振动方向是否发生改变。由菲涅耳公式,透射 p 光和 s 光相位不发生改变,即透射光的振动方向与设定方向一致,因此只需分析反射时相位的变化。采用与前面一样的分析方法,由反射光相移因子曲线,得到经介质薄膜上下表面反射光线 1、2 的 p 光和 s 光的振动方向,如图 1.29 所示。比较光线 1、2 的 p 光和 s 光的振动方向,经薄膜上下表面反射光产生了 π 的相位差。同样可以分析得到,当薄膜折射率 n_2 满足 $n_1 > n_2 < n_3$ 时,薄膜上下表面反射光产生了 π 的相位差;当薄膜折射率 n_2 满足 $n_1 < n_2 < n_3$ 和 $n_1 > n_2 > n_3$ 时,薄膜上下表面反射光无相位突变。

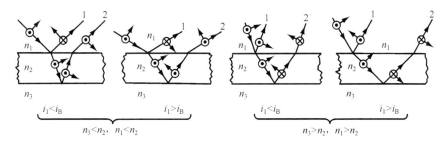

图 1.29 介质上下表面反射光之间的半波损失

习　题

1.1　人眼敏感的波长范围大约从 600nm(红光)到 400nm(蓝光),计算这两个波长所对应的频率以及这两个波长的红光和蓝光所对应的光子能量。

1.2　光在玻璃 ($n = 1.5$) 中传输时,平面电磁波可以表示为 $E_x = E_z = 0, E_y = 2\cos\left[2\pi \times 10^{14}\left(t - \dfrac{z}{c}\right) + \dfrac{\pi}{2}\right]$,请写出:

(1)该电磁波的频率、波长、振幅和原点初相位;

(2)波的传播方向和电矢量的振动方向;

(3)相应的磁场 B 的表达式。

1.3 介质的折射率(n)乘以介质的几何厚度(d)定义为光程(nd),计算光在真空和玻璃($n=1.5$)中传播 1m 几何距离时的光程以及传播所用的时间。

1.4 设一脉冲激光最大的输出功率为 10^7 W,假设激光强度均匀分布。

(1)若激光光束直径为 10cm,求最大电场和磁场振幅;

(2)若将激光聚焦到 $10\mu m$ 的焦点上,求此时的最大电场和磁场振幅值。

1.5 光束直径为 2mm,功率为 100W 的激光束正入射到介质表面,设介质对光吸收 40%、反射 60%,求激光对该介质的作用力。

1.6 写出一个沿 z 轴正方向传播的平面电磁波的电场和磁场,该电磁波的线偏振面和 yz 之间成 45°夹角。

1.7 自然光投射到叠在一起的两块偏振片上,则两偏振片的偏振化方向夹角为多大才能使:

(1)透射光强为入射光强的 1/3;

(2)透射光强为最大透射光强的 1/3(均不计吸收)。

1.8 自然光中的振动矢量呈各向同性分布,合成矢量的平均值为零。为什么光强度却不为零?

1.9 用偏振片观察下列各种光,初步判断它们的偏振态:

(1)直射的阳光;

(2)经玻璃板反射和透射的阳光;

(3)不同方位的天空散射光;

(4)白云散射的光;

(5)月光;

(6)彩虹。

1.10 设太阳在地球表面的照度约为 $0.09W/cm^2$,若把阳光看做是波长为 600nm 的单色光,试计算投射到地球表面的太阳光的电场强度($\mu_0 = 4\pi \times 10^{-7}$ m·kg/C²)。

1.11 太阳徐徐升起在平静的湖面上,当它在水面上所成的像完全由平行于水面的线偏振光组成时,此时阳光的入射角为多少? 并说明反射光中电矢量的振动方向(水的折射率为 1.33)。

1.12 试分析线偏振光经全反射后的偏振态。

1.13 设一单色电磁波其光束的功率为 2.0mW,求该电磁辐射波长为如下两种波长的光子通量:

(1) 可见光波长 $0.53\mu m$;

(2) X 射线波长 1nm。

1.14 正入射条件下,求从空气到金刚石($n=2.42$)、金刚石到空气的 $\tilde{r}_s$、$\tilde{r}_p$、$\tilde{t}_s$ 和 $\tilde{t}_p$,并求 30°入射条件下相应的 $\tilde{r}_s$、$\tilde{r}_p$、$\tilde{t}_s$ 和 $\tilde{t}_p$。

1.15 求光束从空气到金刚石($n=2.42$)和金刚石到空气的布儒斯特角以及光束从金刚石到空气的全反射角。

1.16 求光束以 50°角从空气入射到光学玻璃($n=1.5$)时反射光 E_s 和 E_p 的位相变化量。求相同条件下光束从水($n=1.33$)入射到光学玻璃($n=1.5$)时反射光 E_s 和 E_p 的位相变化量。光线从光疏介质射入光密介质($n_1 < n_2$),反射 P 和 S 光相位变化如文中图 1.24(a)所示。试分析正入射和掠射时的相位变化。

第 2 章 光 的 干 涉

干涉现象是光具有波动性的直接证据。1801 年,Young 首次观察到了光的干涉,从而证明了光的波动性。在日常生活中可以发现很多光的干涉现象。例如,阳光下肥皂泡薄膜呈现出的多彩条纹就属于白光的薄膜干涉现象。本章将从波的叠加原理出发,研究光波叠加形成干涉条纹的必要条件,在此基础上介绍典型的干涉装置及干涉场特征的分析方法,同时给出基于干涉原理的测量仪器在实际科研和工作中的应用实例。

2.1 光波干涉的基本概念

2.1.1 波的叠加原理

如第 1 章所述,光波属于电磁波,满足方程

$$\nabla^2 \boldsymbol{E} - \frac{1}{v^2}\frac{\partial^2 \boldsymbol{E}}{\partial t^2} = 0 \tag{2.1}$$

由数学知识可知该方程是线性的,也就是说,如果光波场 $\boldsymbol{E}_1(\boldsymbol{r},t)$ 和 $\boldsymbol{E}_2(\boldsymbol{r},t)$ 满足方程(2.1),则光场 $\boldsymbol{E}_t(\boldsymbol{r},t) = \boldsymbol{E}_1(\boldsymbol{r},t) + \boldsymbol{E}_2(\boldsymbol{r},t)$ 也满足方程(2.1),这就是光波叠加原理的数学基础。

因此,光波的叠加原理是指,在两列或多列波的交叠区域,波场中某点 $P(\boldsymbol{r})$ 的振动 $\boldsymbol{E}_t(\boldsymbol{r},t)$ 等于各个波单独存在时在该点所产生的振动之和 $\boldsymbol{E}_1(\boldsymbol{r},t) + \boldsymbol{E}_2(\boldsymbol{r},t)$,如图 2.1 所示。

光波的叠加分为非相干叠加和相干叠加两种情况,非相干叠加是指叠加场的光强可以直接等于参与叠加的两列波的强度和,即

$$I_t(\boldsymbol{r}) = I_1(\boldsymbol{r}) + I_2(\boldsymbol{r}) \tag{2.2}$$

相干叠加是指叠加场的光强不等于参与叠加的两列波的强度和

$$I_t(\boldsymbol{r}) = I_1(\boldsymbol{r}) + I_2(\boldsymbol{r}) + \Delta I(\boldsymbol{r}) \tag{2.3}$$

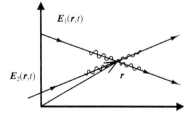

图 2.1 波的叠加原理

相干叠加的结果使叠加区域产生明暗相间的干涉条纹,或者说,使光强产生了重新分布,其中 $\Delta I(\boldsymbol{r})$ 为干涉项,不为 0。一般来讲,如果两束或多束光实现了相干叠加且叠加场强度分布不随时间变化,则称这两束或多束光之间是相干的。

那么,当两列波叠加后,每列波各自的偏振态、频率、传播方向等是否会由于波的叠加而出现变化呢?实际上,在线性介质中,当两列波或多列波在同一波场中传播时,每

一列波的传播方式都不因其他波的存在而受到影响，每列波仍然保持原有的特性（频率、振动方向、传播方向等），这就是线性介质中波的独立传播原理。

在通常光强条件下，一般的光学介质为线性介质，光的独立传播原理和光的叠加原理是成立的，基于波的叠加原理而建立的理论是线性光学理论。如无特别说明，本书均在线性光学的理论框架内介绍波的干涉与衍射。光波在非线性介质中的传输会产生频率、传播方向等特性的改变，也会产生许多奇异的现象和特殊的应用，这些都是非线性光学的研究内容。

下面举两个简单的波叠加的例子，以便为我们认识波的叠加场特性提供具体的物理图像。为简单起见，假设参与叠加的波列偏振方向相同，因此波函数采用标量波的表达式。

(1) 沿 z 轴传播的同频率、相同偏振方向简谐平面波的叠加

波列 1
$$U_1(z,t) = \tilde{U}(z)e^{-i\omega t} = A_1 \exp(i(k \cdot z - \omega t + \varphi_{10})) \tag{2.4}$$

波列 2
$$U_2(z,t) = \tilde{U}(z)e^{-i\omega t} = A_2 \exp(i(k \cdot z - \omega t + \varphi_{20})) \tag{2.5}$$

式中，$\varphi_{10}, \varphi_{20}$ 分别为波列 1 和波列 2 的初位相。

叠加场
$$U_t(z,t) = U_1(z,t) + U_2(z,t) = (A_1 \exp(i\varphi_{10}) + A_2 \exp(i\varphi_{20}))e^{i(k \cdot z - \omega t)} \tag{2.6}$$

通过式(2.6)可以看出，叠加场的波矢和频率都与参与叠加的简谐波相同，但复振幅的幅值和初始相位发生了变化。令

$$\begin{aligned}\tilde{U}_t &= A_1 e^{i\varphi_{10}} + A_2 e^{i\varphi_{20}} \\ &= (A_1 \cos\varphi_{10} + A_2 \cos\varphi_{20}) + i(A_1 \sin\varphi_{10} + A_2 \sin\varphi_{20}) \\ &= A_t e^{i\varphi_{t0}}\end{aligned} \tag{2.7}$$

不难求出，叠加场的振幅和初相位分布分别为

$$A_t = (A_1^2 + A_2^2 + 2A_1 A_2 \cos(\varphi_{20} - \varphi_{10}))^{1/2} \tag{2.8}$$

$$\varphi_{0t} = \arctan\left(\frac{A_1 \sin\varphi_{10} + A_2 \sin\varphi_{20}}{A_1 \cos\varphi_{10} + A_2 \cos\varphi_{20}}\right) \tag{2.9}$$

当 $A_1 = A_2$ 时，叠加场

$$U_t(z,t) = 2A_1 \cos\left(\frac{\varphi_{20} - \varphi_{10}}{2}\right)\exp\left(i\left(k \cdot z - \omega t + \frac{\varphi_{20} + \varphi_{10}}{2}\right)\right) \tag{2.10}$$

图 2.2 给出了 $A_1 = A_2 = 1, \varphi_{10} = 0, \varphi_{20} = \dfrac{\pi}{2}, \omega = 2\pi f = 6.28 \times 10^{14} \text{Hz}, t = 2 \times 10^{-14}$ s 时刻的波列 1 波列 2 和叠加后的场沿传输方向的分布 $U_1(z,t), U_2(z,t)$ 和 $U_t(z,t)$。

(2) 沿 z 轴传播的不同频率、相同偏振方向简谐平面波的叠加

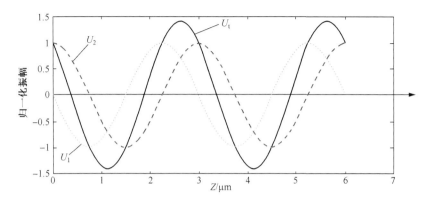

图 2.2 相同频率、振幅、偏振方向两列波的叠加场

波列 1

$$U_1(z,t) = \widetilde{U}(z)e^{-i\omega_1 t} = A_1 e^{i(k\cdot z - \omega_1 t + \varphi_{10})} \tag{2.11}$$

波列 2

$$U_2(z,t) = \widetilde{U}(z)e^{-i\omega_2 t} = A_1 e^{i(k\cdot z - \omega_2 t + \varphi_{20})} \tag{2.12}$$

经过与前面相同的数学运算可得到叠加场的波函数

$$U_t(z,t) = 2A_1 \cos\left(\frac{\Delta k}{2}z - \frac{\Delta \omega}{2}t + \frac{\Delta \varphi_0}{2}\right) e^{i(\bar{k}\cdot z - \bar{\omega}t + \bar{\varphi}_0)} \tag{2.13}$$

式中

$$\Delta k = k_2 - k_1, \qquad \bar{k} = (k_2 + k_1)/2$$
$$\Delta \omega = \omega_2 - \omega_1, \qquad \bar{\omega} = (\omega_2 + \omega_1)/2$$
$$\Delta \varphi_0 = \varphi_2 - \varphi_1, \qquad \bar{\varphi}_0 = (\varphi_{20} + \varphi_{10})/2$$

由式(2.13)可见,不同频率标量场叠加形成的波函数其振幅项随传播距离和时刻发生变化,即形成了振幅受调制的行波,其等效频率为 $\bar{\omega}$,等效初位相为 $\bar{\varphi}_0$。图 2.3 给出了参与叠加的标量波与叠加场的波形示意图。

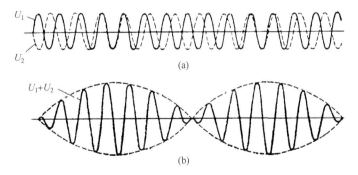

图 2.3 不同频率光波叠加产生的拍频现象

当 $\Delta \omega = \omega_2 - \omega_1$ 较小、低于光电探测器的响应频率时,可以探测出叠加场低频部分

的强度 $I_{\mathrm{t}} = U_{\mathrm{t}} U_{\mathrm{t}}^* = 4A_1^2 \cos^2\left(\frac{\Delta k}{2}z - \frac{\Delta \omega}{2}t + \frac{\Delta \varphi_0}{2}\right)$ 随时间的变化,如图 2.4 所示。但对于高频部分 $\mathrm{Re}\{\mathrm{e}^{\mathrm{i}(\bar{k}\cdot z - \bar{\omega}t + \bar{\varphi}_0)}\} = \cos(\bar{k}\cdot z - \bar{\omega}t + \bar{\varphi}_0)$,强度 $I_{\mathrm{h}} = \cos^2(\bar{k}\cdot z - \bar{\omega}t + \bar{\varphi}_0) = (1 + \cos(2(\bar{k}\cdot z - \bar{\omega}t + \bar{\varphi}_0)))/2$,光频段 $\bar{\omega}$ 一般在 10^{15} Hz 量级,而现有的光电探测器响应时间一般慢于纳秒(10^{-9} s)量级,现在最快的光电探测器响应时间是皮秒(10^{-12} s)量级,在纳秒积分响应时间探测到的实际上是 10^6 个振荡周期能量积累的平均值,因此,光电探测器无法分辨出高频部分的光强随时间的变化。

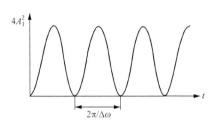

在电子学中,将高频部分 $\mathrm{e}^{\mathrm{i}(\bar{k}\cdot z - \bar{\omega}t + \bar{\varphi}_0)}$ 叫做"载波",低频部分 $\cos\left(\frac{\Delta k}{2}z - \frac{\Delta \omega}{2}t + \frac{\Delta \varphi_0}{2}\right)$ 称为"调制波"。探测器探测到的信号频率为差频 $\Delta \omega$,这个频率称为"拍频"。这种由两个频率相近的行波叠加产生差频信号的现象称为"拍频现象",利用这一原理制成的光学外差干涉检验仪器在长度和振动量的精密测量方面具有很广泛的应用。

图 2.4 光电探测器得到的拍频信号曲线

2.1.2 波叠加实现相干的基本条件

由式(2.13)可知,当参与叠加的两束光波频率不同但频差较小时,形成的叠加场强度是随时间变化的。那么如何使叠加场强度不随时间变化呢?本节从波叠加原理出发,由数学推导给出实现稳定的叠加场所需满足的基本条件。

考察时刻 t 两束单色线偏振光光波场 $\boldsymbol{E}_1(\boldsymbol{r},t)$ 和 $\boldsymbol{E}_2(\boldsymbol{r},t)$ 在空间位置 $P(\boldsymbol{r})$ 处叠加,为了矢量运算的方便,这里的波函数采用类似式(1.41)的三角函数表示

波列 1
$$\boldsymbol{E}_1(\boldsymbol{r},t) = \boldsymbol{E}_{10}\cos(\boldsymbol{k}\cdot\boldsymbol{r} - \omega_1 t + \varphi_{10}) \tag{2.14}$$

波列 2
$$\boldsymbol{E}_2(\boldsymbol{r},t) = \boldsymbol{E}_{20}\cos(\boldsymbol{k}\cdot\boldsymbol{r} - \omega_2 t + \varphi_{20}) \tag{2.15}$$

空间位置 $P(\boldsymbol{r})$ 处的叠加场光强为
$$I(\boldsymbol{r}) = \langle(\boldsymbol{E}_1 + \boldsymbol{E}_2)\cdot(\boldsymbol{E}_1 + \boldsymbol{E}_2)\rangle^2 = I_1(\boldsymbol{r}) + I_2(\boldsymbol{r}) + 2\langle\boldsymbol{E}_1\cdot\boldsymbol{E}_2\rangle \tag{2.16}$$

式中,干涉项
$$2\langle\boldsymbol{E}_1\cdot\boldsymbol{E}_2\rangle = \boldsymbol{E}_{10}\cdot\boldsymbol{E}_{20}\{\cos\langle(\boldsymbol{k}_1+\boldsymbol{k}_2)\cdot\boldsymbol{r} + (\varphi_{20}+\varphi_{10}) - (\omega_2+\omega_1)t\rangle$$
$$+ \cos\langle(\boldsymbol{k}_2-\boldsymbol{k}_1)\cdot\boldsymbol{r} + (\varphi_{20}-\varphi_{10}) - (\omega_2-\omega_1)t\rangle\} \tag{2.17}$$

式中,第一项为和频项,其时间平均值为 0;第二项中,如果频差较小,可以出现拍频信号,但干涉场的强度随时间变化。因此,为了获得稳定的叠加场分布,必须满足
$$\omega_2 = \omega_1 \tag{2.18}$$

从式(2.17)可以看出,实现相干叠加,干涉项必须不为零,则要求
$$\boldsymbol{E}_{10}\cdot\boldsymbol{E}_{20} \neq 0 \tag{2.19}$$

即要求参与相干叠加的两列光波具有相同的偏振分量。在本章后面的学习中,规定参与相干叠加的光场具有相同的偏振分量,这一规定的合理性在于我们研究的干涉场是近轴区域内的干涉场,参与叠加的两束光偏振方向之间夹角非常小,可认为是具有相同的偏振分量。

此外,为使干涉场强不随时间变化,即获得稳定的干涉场分布,还需要初位相差

$$\varphi_{20} - \varphi_{10} = 常数 \tag{2.20}$$

式(2.18)、(2.19)、(2.20)的三个条件称为"相干条件"或"干涉条件"。满足这三个条件的光束称为"相干光束"。

2.1.3 干涉场的衬比度

1. 两束平行光的干涉场

首先,考察两束平行光在 $z=0$ 的平面处的干涉场分布。如图 2.5 所示,与 z 轴夹角为 θ_1 的平面波,由于 $z=0$,代入式(1.54)得到其波前函数为 $\widetilde{U}_1(x,y) = A_1 \exp(\mathrm{i}(k\sin\theta_1 x + \varphi_{10}))$;与 z 轴夹角为 $-\theta_2$ 的平面波,其波前函数为 $\widetilde{U}_2(x,y) = A_2 \exp(\mathrm{i}(-k\sin\theta_2 x + \varphi_{20}))$(这里的波前函数略去了高频项 $\mathrm{e}^{-\mathrm{i}\omega t}$,这是因为高频项的强度($\cos^2 \omega t$)时间平均值为常数,不影响干涉场的相对强度分布)。

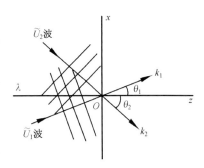

图 2.5 两束平行波的叠加

则叠加场的复振幅为

$$\widetilde{U}_1(x) = \widetilde{U}_1(x,y) + \widetilde{U}_2(x,y) \tag{2.21}$$

干涉场强分布

$$I(x,y) = (\widetilde{U}_1(x,y) + \widetilde{U}_2(x,y))(\widetilde{U}_1(x,y) + \widetilde{U}_2(x,y))^*$$
$$= I_1 + I_2 + 2\sqrt{I_1 I_2} \cos \Delta\varphi \tag{2.22}$$

式中,$I_1 = \widetilde{U}_1(x,y)\widetilde{U}_1^*(x,y) = A_1^2, I_2 = A_2^2, \Delta\varphi(x,y) = -k(\sin\theta_1 + \sin\theta_2)x + (\varphi_{20} - \varphi_{10})$。

由式(2.22)可知,在 $z=0$ 处,即 xOy 平面上光强分布与 x 坐标有关,而与 y 无关,干涉条纹为平行于 y 轴的直条纹。

设位置 x_1 处满足等式 $\Delta\varphi(x_1,y) = 2m\pi$($m$ 为某一整数),此时干涉条纹强度取最大值,即

$$\Delta\varphi(x_1,y) = -k(\sin\theta_1 + \sin\theta_2)x_1 + (\varphi_{20} - \varphi_{10}) = 2m\pi \tag{2.23}$$

同样有位置 x_2 处满足 $\Delta\varphi(x_2,y) = 2(m+1)\pi$,干涉条纹强度取最大值

$$\Delta\varphi(x_2,y) = -k(\sin\theta_1 + \sin\theta_2)x_2 + (\varphi_{20} - \varphi_{10}) = 2(m+1)\pi \tag{2.24}$$

得到双光束干涉场的条纹间距公式为

$$\Delta x = x_2 - x_1 = \frac{\lambda}{\sin\theta_1 + \sin\theta_2} \tag{2.25}$$

在干涉场分析中,将 m 对应的空间位置处的条纹称为第 m 级干涉条纹。

实际上,如果将式(2.23)中的 m 和 x 作为变量,等式两边分别对 x、m 求导,可得到

$$\Delta x = x_2 - x_1 = \frac{\lambda}{\sin\theta_1 + \sin\theta_2}\Delta m \tag{2.26}$$

Δm 的变化步长为 1,说明干涉级每变化一级,对应的空间位置变化 Δx,即条纹间距。条纹间距的倒数被定义为空间频率(计为 f,单位:mm^{-1})

$$f = 1/\Delta x \tag{2.27}$$

"空间频率"也是物理光学中经常用到的概念,代表了物理量的空间周期性。

例 2.1 假设参与相干叠加的两束平面波的波函数中,$\theta_1 = \theta_2 = 30°$,$\lambda = 632.8nm$,$A_1 = A_2 = 1$,$\varphi_{20} = \varphi_{10}$,求 xOy 平面上干涉条纹间距和空间频率。

解: 将所给参数代入式(2.22),有

$$I(x,y) = 2(1 + \cos kx) \approx 2(1 + \cos(10^7 x))$$

可见,在这种条件下,干涉条纹沿 x 方向的周期为 $2\pi \times 10^{-7}$ m,约为 $0.63\mu m$,即相邻两个亮条纹间距 $\Delta x = 0.63\mu m$。

空间频率 $f = 1/\Delta x = 1/(0.63 \times 10^{-6}\text{m}) = 1587\text{mm}^{-1}$。

通过例 2.1 可以看出,在这种条件下形成的干涉条纹间距非常小,在 1mm 范围内有 1587 个条纹,人眼难以区分,必须借助高空间分辨率的 CCD 相机才能分辨。现代干涉测量仪器一般采用 CCD 相机来探测干涉条纹分布,再经由计算机进行处理和显示。图 2.6(a)、(b)分别给出了干涉条纹光强沿 x 轴的分布和 xOy 平面上的干涉条纹光强分布的灰度图(以 A_1 作为归一化因子)。

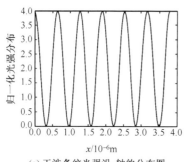
(a)干涉条纹光强沿 x 轴的分布图

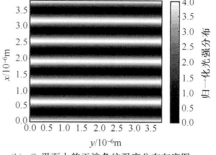
(b) xOy 平面上的干涉条纹强度分布灰度图

图 2.6 两束平行光的干涉场

2. 衬比度的概念

从式(2.22)可以看出,干涉场强在 $\Delta\varphi = 2m\pi$ 时有最大值

$$I_{\max} = I_1 + I_2 + 2\sqrt{I_1 I_2} \tag{2.28}$$

干涉场强在 $\Delta\varphi = (2m+1)\pi$ 时有最小值

$$I_{\min} = I_1 + I_2 - 2\sqrt{I_1 I_2} \tag{2.29}$$

定义干涉条纹的衬比度

$$\gamma = \frac{I_{\max} - I_{\min}}{I_{\max} + I_{\min}} \tag{2.30}$$

干涉条纹的衬比度 γ 最大值为 1,最小值为 0。在实际干涉测量应用中,衬比度用于定量评价干涉条纹的清晰度。例如,在例 2.1 所给参数下,干涉场的衬比度为 1,表明干涉条纹最清晰。如果 $A_1=1, A_2=0.16$,则衬比度约为 0.18,图 2.7(a)、(b) 分别给出了此时干涉条纹光强沿 x 轴的分布和 xOy 平面上的干涉条纹光强分布的灰度图(以 A_1 作为归一化因子)。

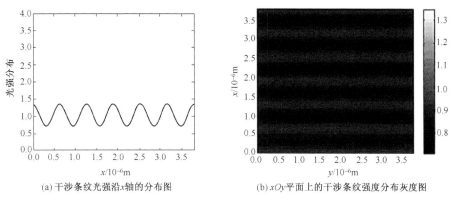

(a) 干涉条纹光强沿 x 轴的分布图　　(b) xOy 平面上的干涉条纹强度分布灰度图

图 2.7　两束平行光的干涉场,$A_1=1, A_2=0.16$

干涉场的衬比度 γ 除了作为评价干涉条纹清晰度的指标外还具有很重要的理论意义。干涉场的衬比度 γ 也反映了参与叠加的两个光波之间的相干程度,$\gamma=1$ 为完全相干;$\gamma=0$ 为完全非相干;$0<\gamma<1$ 为部分相干。

2.2　分波前干涉

2.2.1　普通光源实现相干叠加的方法

在激光出现之前,干涉实验采用钠灯、汞灯等作为光源,光源发出的光是由大量微观粒子(如原子、分子)的自发辐射形成的,因此这些光源发光具有断续性和独立性。

(1) 断续性。指每个微观粒子每次自发辐射发出的光波持续时间 τ 是有限的,τ 一般为 10^{-10} s 量级,这一量级远大于光波的振动周期 $T(10^{-14}$ s 量级),在 τ 内发出的光波具有波列长度 $l=c\tau$,如图 2.8 所示。

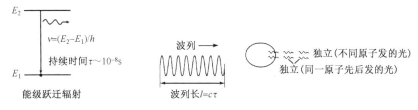

图 2.8　普通光源的发光特点

(2) 独立性。光源中存在大量的微观粒子,不同微观粒子之间辐射出的光场初始相位是随机变化、无规的;即使是同一微观粒子,不同时刻发射的两个波列之间的初始相位也是随机变化的。

可见,直接使用普通光源进行光的干涉实验时,由于光源的以上特性不满足相位差恒定的相干条件,无法获得清晰稳定的干涉条纹。为保证干涉叠加区具有稳定的相位差,通常采用两种方法:

(1)分波前法。如图2.9(a)所示,采用小孔光阑,截取光源上的一点形成点光源,点光源产生的球面波的波前分别被两个小孔截取,形成两个新的球面波,这两个球面波再进行叠加即可形成稳定的干涉场分布。这种将一个波前先进行分割再叠加的方法称为分波前干涉法。由于参与叠加的光场来自于同一波前,因此保证了参与叠加的光场具有相同的初始位相,在叠加区位相差恒定。

(2)分振幅干涉法。如图2.9(b)所示,使一束光经过部分反射后分为两束或多束光,再进行叠加,这种方法是将光的能量分为几个部分,而光的能量与其振幅成正比,所以被称为分振幅干涉法。分振幅干涉法使参与叠加的两束或多束光波来自于同一波列,因此也保证了位相差的恒定。

分波前的方法只利用了入射光的一小部分,其余的能量都被遮挡掉了,所以效率比较低,虽然在物理上有较好的意义,但多数情况并不实用。实际应用的分波前干涉装置多是在杨氏干涉实验装置的基础上改进的;而分振幅干涉装置由于有相当大的一部分光能量用以产生干涉,可以充分利用入射光的能量,所以在实际中有极广泛的应用。

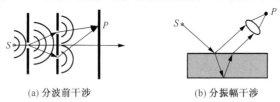

(a) 分波前干涉　　　　　(b) 分振幅干涉

图 2.9　实现相干叠加的两种方法

以上两种方法在激光出现之前较好地解决了干涉实验中无法获得相干光源的困难。1960年,梅曼研制出世界上第一台红宝石激光器,激光是一种相干光源,由受激辐射产生,经过激光谐振腔的振荡放大和选模,不同微观粒子之间受激辐射产生的光波具有相同的初相位、频率和偏振方向。激光具有亮度高、方向性好、单色性好、相干度高的特点,因此,激光的出现使得干涉测量装置有了很好的相干光源。使用激光作为光源,很容易产生清晰稳定的干涉场分布,干涉测量的应用范围得到了极大的扩展。

2.2.2　杨氏双孔干涉实验:两个球面波的干涉

1801年,Young设计了双孔干涉实验,通过质朴而巧妙的分波前干涉方法,利用非相干光源观察到了光的干涉图样,证明了光具有波动性。杨氏双孔干涉实验装置如图2.10所示。

在准单色面光源(如钠光灯)前放置小孔光阑,在面光源照明下通过小孔的光波可以看做是以小孔中心 Q 点为球心的发散球面波;在与 Q 点距离 R 处再放置开有两个小孔的光阑(所在平面以 Σ 表示),两小孔中心分别为 Q_1、Q_2 点,两小孔间距 d,这两个小孔分别截取 Q 点发出的球面波的一部分,分别发出新的球面波,这两个新的球面波在空间交叠的区域内即可发生干涉。在较远距离处放置观察屏 Π,其上即可观察到干涉条纹。

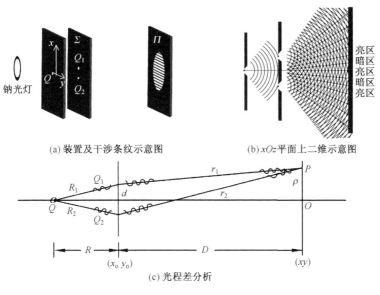

(a) 装置及干涉条纹示意图　　(b) xOz 平面上二维示意图

(c) 光程差分析

图 2.10　杨氏双孔干涉实验

为更好理解分波前干涉图样的特点,先考虑一般情况,即两个点源发出的球面波的干涉场分布。空间任意一点 $P(x,y,z)$,设以 Q_1、Q_2 为球心的两球面波在 P 点的偏振方向相同,表示为

波列 1
$$U_1(P) = \frac{A_1}{r_1} e^{i(kr_1 - \omega t + \varphi_{10})}$$

波列 2
$$U_2(P) = \frac{A_2}{r_2} e^{i(kr_2 - \omega t + \varphi_{20})}$$

式中,A_1、A_2 分别是点光源 Q_1、Q_2 的源强度,$k = \dfrac{2\pi}{\lambda}$。

干涉场强分布
$$\begin{aligned} I(P) &= (U_1(P) + U_2(P))(U_1(P) + U_2(P))^* \\ &= I_1(P) + I_2(P) + 2\sqrt{I_1 I_2} \cos(k_0 \Delta L + \varphi_{20} - \varphi_{10}) \end{aligned} \quad (2.31)$$

式中,$I_1(P) = (A_1/r_1)^2$、$I_2(P) = (A_2/r_2)^2$ 分别是光源 Q_1、Q_2 单独到达 P 点的光强。这里的 $k_0 = 2\pi/\lambda_0$ 为光在真空中的传播常数,$\Delta L = n(r_2 - r_1)$ 为光程差。在观察屏远离光源的情况下,$I_1(P)$ 和 $I_2(P)$ 近似相等,因此,干涉场的等强度面即等光程面。光程差

$$\Delta L = n(r_2 - r_1) = n\left(\sqrt{\left(x+\frac{d}{2}\right)^2 + y^2 + z^2} - \sqrt{\left(x-\frac{d}{2}\right)^2 + y^2 + z^2}\right) \tag{2.32}$$

式(2.32)可以简化为

$$\frac{x^2}{(\Delta L/2n)^2} - \frac{y^2 + z^2}{(d/2)^2 - (\Delta L/2n)^2} = 1 \tag{2.33}$$

因此,两个点源形成的干涉场强度分布是一个以 ΔL 为参数、以 x 轴为旋转轴的旋转双曲面,不同的光程差 ΔL 代表了不同的空间位置 P,因此,两个球面波形成的干涉场在不同的空间位置处有不同的强度分布,在满足 $\Delta L = n(r_2 - r_1) = m\lambda$ 的空间位置处干涉条纹强度具有极大值。图 2.11 给出了 $\Delta L = n(r_2 - r_1) = m\lambda$,$m$ 取不同整数时的双曲面,这些面上的点是干涉条纹强度极大值点所在的曲面。由上述理论分析可见,杨氏双孔干涉实验中,在空间的任意位置放置观察屏都有可能观察到干涉条纹;但在实际装置中,经由两个小孔 Q_1、Q_2 发出的两束光波,其可探测的能量所占据的区域还是集中在 z 轴附近,因此,如图 2.10 杨氏实验装置所示,在垂直于 z 轴位置放置观察屏最容易观察到干涉条纹。

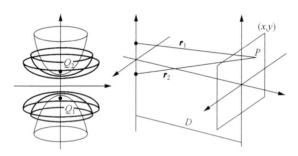

图 2.11 双孔干涉条纹等强度面的空间分布

下面具体分析一下杨氏双孔干涉实验装置所得干涉条纹的分布特征。设观察屏 Π 与 Σ 面距离为 D,P 为观察屏 Π 面上任意一点 $P(x,y)$。

如图 2.10 所示,令 $R_1 = R_2$,则 $\varphi_{20} - \varphi_{10} = 0$,$A_1 = A_2 = A_0$,当 $D \gg d$ 时,$r_1 \approx r_2$,则 $I_1(P) \approx I_2(P) = I_0$,由式(2.31)可知,此时

$$I(x,y) = 2I_0(1 + \cos(k_0 \Delta L)) \tag{2.34}$$

考察 $k_0 \Delta L = k_0 n(r_2 - r_1)$,尽管 $D \gg d$ 时有 $r_1 \approx r_2$,但由于 k_0 非常大,r_1 与 r_2 的微弱差别将引起相位项的较大变化,故 $k_0 \Delta L$ 不能为 0。

由 $r_2^2 = \left(x+\frac{d}{2}\right)^2 + y^2 + D^2$,$r_1^2 = \left(x-\frac{d}{2}\right)^2 + y^2 + D^2$,得 $r_2^2 - r_1^2 = 2xd$,则 $r_2 - r_1 = \frac{2xd}{r_2 + r_1} \approx \frac{2xd}{2D} = \frac{d}{D}x$。因此式(2.34)可表示为

$$I(x,y) = 2I_0\left[1 + \cos\left(k_0 n \frac{d}{D} x\right)\right] = 2I_0\left[1 + \cos\left(k \frac{d}{D} x\right)\right] \tag{2.35}$$

这就是在近轴近似下（$D \gg d, r_1 \approx r_2$）杨氏双孔干涉实验在观察屏 Π 面上的干涉条纹强度分布。

式(2.35)在 $k\dfrac{d}{D}x = \dfrac{2\pi}{\lambda}\dfrac{d}{D}x = 2m\pi$ 时取极大值，对应 m 级亮条纹的位置为

$$x_m = m\frac{D}{d}\lambda \tag{2.36}$$

则条纹间距为

$$\Delta x = \lambda \frac{D}{d} \tag{2.37}$$

这表明，双孔间距越小，或观察屏距离双孔越远，则条纹间距越大；波长越长，条纹间距越大。基于这一原理，杨提出光波长的概念，并测量了七种颜色光的波长。可以想象，当使用白光作为实验光源时，将出现彩色条纹，零级为白色，两侧依次由短波到长波分布着蓝、绿、黄、红等颜色。

从杨氏实验可以看到，干涉条纹代表的物理意义是：
(1)干涉条纹代表着光程差的等值线；
(2)相邻两个干涉条纹之间其光程差变化量为一个波长 λ，位相差变化 2π。
这是干涉测量装置进行精密测量的基本原理。

当小孔 Q 移至 z 轴外，$R_1 \neq R_2$ 时，到达观察屏上的两束光的光程差将发生变化。因此，干涉条纹的极大值点将发生移动，但条纹间距不变。这一结论可根据本节相同的推导得出。

杨氏双孔干涉实验中，一般取双孔间距 d 为 mm 量级，双孔距观察屏 D 约为 m 量级，所得条纹间距约为 mm 量级。

还要说明的是，杨氏最初采用双孔干涉实验，后来又改进为双缝干涉实验，以利用更多的光源能量，提高干涉条纹的亮度。为了在提高亮度的同时不降低条纹衬比度，三个狭缝应严格平行。双缝干涉的分析较之双孔干涉更为简单，因为可以视为二维问题，按照图 2.10(c)作光程差计算，将光程差表达式代入式(2.34)，可得到与式(2.35)完全相同的形式。现代使用激光光源作干涉实验，由于激光的高度相干性，不再需要前面的单孔，用激光直接照明双孔即可得到清晰的干涉条纹。

2.2.3 光源宽度对干涉场衬比度的影响[1]

杨氏干涉实验中使用小孔作为点源，但实际中小孔具有一定的尺度，而非一个理想的点源。干涉实验中使用的普通非相干光源总有一定的几何线度或面积，这种具有一定尺寸和体积的大量非相干点源的集合称为扩展光源。扩展光源照明下干涉条纹会发生哪些变化呢？应该如何分析扩展光源照明下的干涉场？实际上可以这样看待扩展光源照明的干涉场：①将扩展光源看成是大量点源的集合，其每一点源经过干涉装置形成一组干涉条纹；②由于各点源之间发光的随机性和独立性，彼此非相干，故观测到的总

---

[1] 钟锡华.2004.现代光学基础.北京：北京大学出版社.

的干涉场是各组干涉条纹场分布的非相干叠加:一般情况下,这一组组干涉条纹并不一致,彼此有错位,非相干叠加结果会使干涉场衬比度 γ 值有所下降,甚至使 γ 值降为零,即干涉场变为均匀照明,无强度起伏;但在个别特殊情况下(如等倾干涉装置),扩展光源各个点源形成的干涉条纹分布可以完全重合,非相干叠加结果不仅不会降低 γ 值,而且会使条纹变得更加清晰明亮,有利于观测计量。

下面针对三种典型形状的扩展光源,分析它们对干涉场衬比度的影响。

1. 两个分离点源照明时的部分相干场

如图 2.12 所示,轴上点源 Q 经 S_1、S_2 后形成干涉条纹,其零级条纹位于轴上。轴外点源 A 相对 Q 点沿 X_0 轴位移 x_0,形成一套新的干涉条纹,新的干涉条纹间距不变,只是零级条纹的位置有所变化。零级条纹的位置即等光程差的位置,满足 $R_1 + r_1 = R_2 + r_2$。

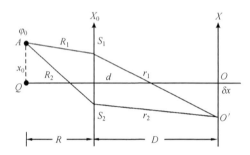

图 2.12 分离点源照明的干涉场分析

由
$$R_1 + r_1 = R_2 + r_2 \Rightarrow R_2 - R_1 = r_1 - r_2 \tag{2.38}$$

使用近轴近似,$x_0, d, x \ll D, R$,可得
$$R_2 - R_1 \approx \frac{d}{R} x_0, \quad r_1 - r_2 \approx \frac{d}{D} \delta x \tag{2.39}$$

代入式(2.38)可得零级条纹的位置为
$$\delta x = \frac{D}{R} x_0 \tag{2.40}$$

已知轴上点源 Q 形成的干涉条纹强度分布为
$$I_Q(x, y) = I_0 \left(1 + \cos\left(k \frac{d}{D} x \right) \right) = I_0 (1 + \cos(2\pi f x)) \tag{2.41}$$

式中,$f = 1/\Delta x = d/(D\lambda)$ 为条纹的空间频率。点源 A 形成的干涉条纹强度分布沿 x 轴向下平移了 δx,则干涉条纹强度分布为
$$\begin{aligned} I_A(x, y) &= I_0 \left(1 + \cos\left(k \frac{d}{D} (x + \delta x) \right) \right) \\ &= I_0 \left(1 + \cos\left(k \frac{d}{D} \left(x + \frac{D}{R} x_0 \right) \right) \right) \\ &= I_0 (1 + \cos(2\pi f x + 2\pi f_0 x_0)) \end{aligned} \tag{2.42}$$

式中,$f_0 = \dfrac{d}{R\lambda}$。由于点源 Q 和 A 非相干,则观察屏上总的光强分布可以直接表示为

$$I(x,y) = I_Q + I_A = 2I_0\left(1 + \cos\dfrac{\varphi_0}{2} \cdot \cos\left(2\pi fx + \dfrac{\varphi_0}{2}\right)\right) \tag{2.43}$$

式中,$\varphi_0 = 2\pi f_0 x_0$。可见两个非相干点源形成的干涉场的峰值光强变为原来的两倍,干涉场条纹间距不变,但衬比度变为

$$\gamma = \left|\cos\dfrac{\varphi_0}{2}\right| \tag{2.44}$$

下面列出了点源 A 形成的干涉条纹移动量变化时,总的干涉场衬比度的变化情况

$$\delta x = \Delta x/4, \quad \varphi_0 = \pi/2, \quad x_0 = R\lambda/(4d), \quad \gamma \approx 0.71$$
$$\delta x = \Delta x/2, \quad \varphi_0 = \pi, \quad x_0 = R\lambda/(2d), \quad \gamma = 0$$
$$\delta x = \Delta x, \quad \varphi_0 = 2\pi, \quad x_0 = R\lambda/(d), \quad \gamma = 1$$

2. 线光源照明时的部分相干场

现在分析如图 2.13 所示宽度为 b 的非相干线光源照明下的双孔干涉条纹的特点。非相干的线光源可以看做是非相干的密集点源的集合。由式(2.42)得到位置 x_0 处的点光源照明下的双孔干涉场分布

$$I_A = I_0(1 + \cos(2\pi fx + 2\pi f_0 x_0))$$

式中,I_0 为点源 A 的强度。再回到线光源的双孔干涉问题,已知线光源上 x_0 处有一微源 $\mathrm{d}x_0$,其双孔干涉场为

$$\mathrm{d}I(x,y) \propto B(1 + \cos(2\pi fx + 2\pi f_0 x_0))\mathrm{d}x_0 \tag{2.45}$$

式中,B 为比例常数;$B\mathrm{d}x_0$ 代表了微源的强度,类似于式(2.42)中的 I_0。

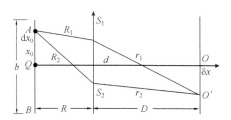

图 2.13 线光源照明的干涉场分析

线光源照明下的干涉场强为

$$I(x,y) = \int_{-b/2}^{b/2}\mathrm{d}I = \int_{-b/2}^{b/2}B(1 + \cos(2\pi fx + 2\pi f_0 x_0))\mathrm{d}x_0$$

积分得到

$$I(x,y) = I_0\left(1 + \dfrac{\sin\pi f_0 b}{\pi f_0 b}\cos 2\pi fx\right) \tag{2.46}$$

式中,$I_0 = Bb$,因此,线光源照明下的双孔干涉场衬比度为

$$\gamma = \left|\dfrac{\sin\pi f_0 b}{\pi f_0 b}\right| = \left|\dfrac{\sin u}{u}\right| \tag{2.47}$$

这是一个 sinc 函数的形式，$u = \pi f_0 b = \pi \dfrac{d}{R\lambda} b$。图 2.14 给出了 u 与 γ 的关系。

观察式(2.47)，可以发现在双孔间隔 d 一定时，当 $u = \pi$，即 $b = \dfrac{R\lambda}{d}$ 时，$\gamma = 0$，此时干涉条纹完全不可分辨。当 $b > b_0$ 时，干涉场的衬比度也远小于 1，条纹难以分辨，因此可定义光源的极限宽度

$$b_0 = \frac{R\lambda}{d} \tag{2.48}$$

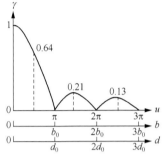

图 2.14 条纹衬比度与光源线度

光源极限宽度的物理意义是，当光源尺度大于极限宽度时，衬比度接近零。同样，当 b 给定时，双孔间距达到

$$d_0 = \frac{R\lambda}{b} \tag{2.49}$$

时，干涉条纹衬比度为 0，这就是使用线光源照明时双孔干涉装置的双孔极限距离。注意，式(2.49)中双孔极限距离表达式中不包含双孔到观察屏的距离 D，虽然干涉条纹的观测是在观察屏上进行的，这说明双孔 S_1、S_2 之间的相干性与观察屏的距离无关，而只是与光源的限度、波长等性质有关，这一概念将在 2.2.4 节做专门的讨论。

3. 面光源照明时的部分相干场

如图 2.15 所示，首先求面光源上位于 (x_0, y_0) 处的微源经过双孔干涉装置形成的干涉场分布。与求两个点源的干涉场一样，先求出零级条纹在观察屏上的位置，即满足 $R_1 + r_1 = R_2 + r_2$ 的位置。在近轴近似条件下，有

$$R_1 = R + \frac{\left(x_0 - \dfrac{d}{2}\right)^2 + y_0^2}{2R}, \quad R_2 = R + \frac{\left(x_0 + \dfrac{d}{2}\right)^2 + y_0^2}{2R}$$

$$r_1 = D + \frac{\left(x - \dfrac{d}{2}\right)^2 + y^2}{2D}, \quad r_2 = D + \frac{\left(x + \dfrac{d}{2}\right)^2 + y^2}{2D}$$

(2.50)

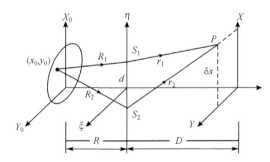

图 2.15 面光源照明的干涉场分析

代入 $R_1 + r_1 = R_2 + r_2$ 中,可得零级条纹位置为

$$\delta x = \frac{D}{R} x_0 \tag{2.51}$$

可见,面光源上任意位置的点源单独照明形成的双孔干涉条纹仅有沿 X 轴的移动,位移量 δx 仅取决于点源沿 X_0 轴偏移的距离 x_0,而与横向偏移距离 y_0 无关。类似式(2.45)的推导,得到位于 (x_0, y_0) 处的微面元形成的干涉条纹强度分布

$$\mathrm{d}I(x,y) \propto B(1+\cos(2\pi fx + 2\pi f_0 x_0))\mathrm{d}\Sigma \tag{2.52}$$

则总的干涉场强为面光源上所有微面元光源形成的干涉条纹强度的累加。对式(2.52)积分,得到面光源照明形成的双孔干涉场强为

$$I(x,y) = \iint_{\Sigma} B(1+\cos(2\pi fx + 2\pi f_0 x_0))\mathrm{d}x_0 \mathrm{d}y_0 \tag{2.53}$$

下面给出根据式(2.53)计算出的几种形状较为简单的面光源照明下双孔干涉场的分布。

矩形光源(沿 X_0 方向边长为 b,沿 Y_0 方向边长为 a)

$$I(x,y) = I_0 \left(1 + \frac{\sin \pi f_0 b}{\pi f_0 b} \cos 2\pi fx \right) \tag{2.54}$$

衬比度 $\gamma = \left|\dfrac{\sin u}{u}\right|$,$u = \pi f_0 b = \pi \dfrac{d}{R\lambda} b$。这一表达式与线光源照明下干涉条纹衬比度表达式是一致的,只是系数 $I_0 = abB$。因此,极限宽度也为 $b_0 = \dfrac{R\lambda}{d}$。

圆盘光源(圆盘直径为 b,半径为 ρ):

对于非相干、均匀发光的圆盘光源,可以将圆盘沿纵向 X_0 轴分割成一系列细长条,宽度为 $\mathrm{d}x_0$,长度为 $2\sqrt{\rho^2 - x_0^2}$,如图 2.16 所示。则面元 $\mathrm{d}\Sigma = 2\sqrt{\rho^2 - x_0^2}\mathrm{d}x_0$,代入式(2.53)可得

$$I(x,y) = \int_{-b/2}^{b/2} B(x_0)(1+\cos(2\pi fx + 2\pi f_0 x_0))\mathrm{d}x_0 \tag{2.55}$$

式中,$B(x_0) = 2B\sqrt{\rho^2 - x_0^2}$。

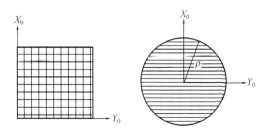

图 2.16 矩形光源与圆盘光源微元取法

这一积分不能得到解析形式。使用数值积分方法可以求出衬比度 γ 随 $f_0 b$ 变化的

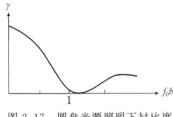

图 2.17 圆盘光源照明下衬比度

关系,如图 2.17 所示。可见,当 $f_0 b=1.1$ 时,衬比度 γ 接近 0。因此,可以得到均匀发光非相干圆盘光源照明时,其极限直径为

$$b_0 = 1.10 \frac{R\lambda}{d} \quad (2.56)$$

与线光源照明相比,其极限尺寸有所提高。

2.2.4 光场的空间相干性

1. 空间相干性的概念

实际光源总是具有一定的尺寸,其发射的光波频率总是具有一定的谱线宽度而非单色波,光场具有空间相干性和时间相干性。空间相干性来源于实际光源为扩展光源,时间相干性来源于光源具有一定的谱线宽度。本节结合 2.2.3 节扩展光源干涉场衬比度的特点来研究光场的空间相干性。我们已经知道,扩展光源照明空间中,横向两个小孔 S_1 和 S_2 作为点光源形成的干涉场衬比度反映了 S_1 和 S_2 两个空间位置处光场的相干程度。扩展光源照明下,双孔干涉条纹的衬比度 $\gamma<1$,这表明 S_1 和 S_2 两个空间位置处的光场是部分相干的(partial coherence);当使用理想点源照明时,双孔干涉条纹的衬比度 $\gamma=1$,这表明 S_1 和 S_2 两个空间位置处的光场是完全相干的。由此可见,空间任意两点处光场的相干程度是与光源密切相关的。

下面从微观角度分析扩展光源照明为何使 S_1 和 S_2 处光场变为部分相干。如图 2.18 所示,S_1 和 S_2 两点的光场都是扩展光源上的各个非相干点源辐射光场在 S_1 和 S_2 点处的叠加。

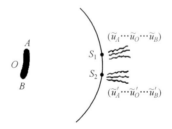

图 2.18 扩展光源照明下空间两点处的非相干叠加

S_1 处的光场

$$\widetilde{U}_1 = \widetilde{U}_A + \cdots + \widetilde{U}_O + \cdots + \widetilde{U}_B + \cdots \quad (2.57)$$

S_2 处的光场

$$\widetilde{U}_2 = \widetilde{U}'_A + \cdots + \widetilde{U}'_O + \cdots + \widetilde{U}'_B + \cdots \quad (2.58)$$

可见,S_1 处的光场与 S_2 处的光场含有来自于同一点源处辐射出的光场,如 u_A 和 $\widetilde{U}'_A$,这两个成分由于来自同一点源的辐射,因此是完全相干的;但 S_1 和 S_2 处的光场 $\widetilde{U}_1$ 和 $\widetilde{U}_2$ 也含有不同点源的辐射,如 u_A 和 $\widetilde{U}'_B$,这两个成分是完全非相干的。相干成分和

非相干成分混杂在一起,使得两个位置处的光场 $\tilde{U}_1$ 和 $\tilde{U}_2$ 为部分相干,因而造成最终双孔干涉条纹的衬比度 $\gamma<1$。由此可见,双孔干涉场的衬比度是空间两点 S_1 和 S_2 处光场相干程度的度量。

综上所述,光场的空间相干性(spatial coherence)是指在光源照明空间中横向任意两点位置处的光场 $\tilde{U}_1$ 和 $\tilde{U}_2$ 之间的相干程度,其相干程度是由光源本身的性质决定的,可以通过干涉场的衬比度 γ 来定量的描述 $\tilde{U}_1$ 和 $\tilde{U}_2$ 之间的相干程度。

2. 相干孔径角和相干面积

在研究线光源照明下的双孔干涉场特点时,得到了光源宽度 b 给定时的双孔极限间隔 $d_0 = \dfrac{R}{b}\lambda$,如果令 $\Delta\theta_0 = \dfrac{d_0}{R}$,可以得到

$$b \cdot \Delta\theta_0 = \lambda \tag{2.59}$$

实际上,$\Delta\theta_0$ 具有明确的几何意义。在近轴近似下,$\Delta\theta_0$ 就是双孔对光源中心的张角,式(2.59)称为空间相干性反比公式,$\Delta\theta_0$ 称为相干孔径角(图2.19)。由式(2.59)可见,光源线度越小,相干孔径角越大。相干孔径角 $\Delta\theta_0$ 的物理意义是:当双孔 S_1、S_2 相对光源中心的张角小于 $\Delta\theta_0$ 时,这两点处的光场是部分相干的;反之则为非相干的。可以想象,保持 b 和双孔间隔 d 不变,移动双孔使之远离光源,则双孔相对光场的张角越来越小,最终会远小于 $\Delta\theta_0$,S_1、S_2 两点处的光场的相干性会变好,这说明光在传播过程中其相干程度会变化。

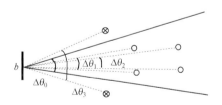

图 2.19 相干孔径角的概念

式(2.47)衬比度的表达式用相干孔径角可表达为

$$\gamma = \left| \mathrm{sinc}\left(\pi \dfrac{\Delta\theta}{\Delta\theta_0} \right) \right| \tag{2.60}$$

值得注意的是,衬比度、光源极限宽度、双孔极限间隔等公式中,都不出现参量 D,这说明空间相干性是与光源相联系的光场的特性;设置双孔实验,旨在将理论上的部分相干光概念体现为一个可观测量——观测平面上的衬比度。

面光源在二维方向都具有一定的线度,此时空间相干范围可用一个立体角 $\Delta\Omega_0$ 来表示,如圆盘光源照明下的相干立体角

$$\Delta\Omega_0 = 4\pi \sin^2 \dfrac{\Delta\theta_0}{4} \tag{2.61}$$

式中，$\Delta\theta_0 \approx 1.1\frac{\lambda}{b}$，$b$ 为圆盘直径，为简单起见，本书计算中圆盘光源的相干孔径角与线光源照明下的相干孔径角统一为 $\Delta\theta_0 \approx \frac{\lambda}{b}$。按照立体角的定义，如图 2.20 所示，与光源相距 R 处对应的面积

$$\Delta S_0 = R^2 \Delta\Omega_0 \approx \frac{\pi}{4}(R\Delta\theta_0)^2 \approx d_0^2 \tag{2.62}$$

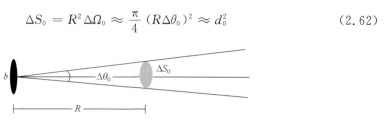

图 2.20　面光源照明下的相干面积

例 2.2　从地球上看太阳，太阳相对地球上观察者的视角 $\Delta\theta_0' \approx 30'' \approx 10^{-2}$ rad，光波长取太阳光谱中出现最强的谱线 $\lambda = 550$ nm，求太阳在地球的相干间隔和相干面积。

解：$\Delta\theta_0'$ 是太阳相对地球上观察者的张角，即 $\Delta\theta_0' = \frac{b}{R}$，$b$ 为太阳直径，R 为日地距离。已知 $b \cdot \Delta\theta_0 = b\frac{d_0}{R} = \lambda$。则使用太阳作双孔干涉时的极限尺寸

$$d_0 = \lambda\frac{R}{b} = \frac{\lambda}{\Delta\theta'} = 55\mu m$$

相干面积

$$\Delta S_0 \approx d_0^2 \approx 3 \times 10^{-3} \text{mm}^2$$

可见，太阳光到达地球上的空间相干性非常差，相干极限间隔只有 $55\mu m$，如果使用太阳作双孔干涉光源，双孔距离必须小于 $55\mu m$，加工如此短距离的双孔在 19 世纪是难以完成的，因而光波的干涉现象难以观测。直到杨使用时间相干性较好的钠光灯作为光源(关于时间相干性将在 2.2.5 节进一步讨论)、使用小孔限制光源尺寸，巧妙地设计了双孔干涉实验，光波的干涉现象才被观察到。

应该说明的是，光场的空间相干性在激光出现之前是非常重要的概念，光源线度或双孔间隔超过了极限尺度将无法获得可分辨的干涉条纹，无法进行精密测量。激光出现后，由于激光本身是很好的相干光源，理论上单模激光束所能到达的任意两点处的光场都是完全相干的，没有极限尺度的限制，只要使用同一激光器发射的激光束照明小孔就非常容易形成清晰的干涉条纹，因此，空间相干性的概念在进行干涉装置的设计时没有以前那么重要了。

在当代激光技术领域开展多束激光相干合成研究中，空间相干性是评价合成光束质量的重要指标。光束相干合成中，各个参与合成的激光束之间尽管是同频的，但相互之间的初相位关系是随机变化的，多束激光相干合成一般采用锁相技术，力图使各个激光束之间的初相位关系固定，才能使合成光束的空间相干性提高。多光束激光相干合成的质量可以采用双孔干涉条纹的衬比度来衡量。

2.2.5 光场的时间相干性

1.谱线宽度

实际光源辐射出的并非理想的单色光,总是存在一定的谱线宽度,表 2.1 给出了几种典型光源的中心波长和谱线宽度。

表 2.1 几种典型光源的中心波长和谱宽度

光源	中心波长 λ_0 / nm	谱线宽度 $\Delta\lambda$ /nm	相干时间 τ_0 /s	相干长度 L_0 /mm	最大干涉级 /m
白炽灯	550	300	3×10^{-15}	0.001	2
汞灯(Hg)	546.1	5	2×10^{-13}	0.06	109
氖灯(Ne)	632.8	0.002	6.7×10^{-10}	200	3.72×10^5
氪灯(^{86}Kr)	605.8	0.0055	2.2×10^{-10}	67	1.1×10^5
镉灯(Cd)	643.8	0.0013	1.1×10^{-9}	320	5×10^5

光源具有一定的谱线宽度,根源于光源发光的断续性。假设某一微观粒子辐射出的光波复振幅可表示为

$$\begin{cases} E(t) = \exp(-i\omega_0 t), & -\dfrac{\tau}{2} < t < \dfrac{\tau}{2} \\ E(t) = 0, & \text{其他时间} \end{cases} \quad (2.63)$$

这是在时域上光振动的表达式,对 $E(t)$ 进行傅里叶变换即可得到该微观粒子在这次辐射持续时间所辐射出的光波振幅随频率的分布

$$\begin{aligned} g(\omega) &= \frac{1}{\sqrt{2\pi}} \int_{-\tau/2}^{\tau/2} E(t) \exp(i\omega t) dt \\ &= \frac{1}{\sqrt{2\pi}} \int_{-\tau/2}^{\tau/2} \exp(-i\omega_0 t) \exp(i\omega t) dt \\ &= \frac{2}{\sqrt{\pi}} \frac{\sin((\omega - \omega_0)\tau/2)}{\omega - \omega_0} \end{aligned} \quad (2.64)$$

则光波强度(功率)随频率的分布为

$$i(\omega) = |g(\omega)|^2 = \frac{4 \sin^2((\omega - \omega_0)\tau/2)}{\pi (\omega - \omega_0)^2} \quad (2.65)$$

$i(\omega)$ 称为功率谱函数,其含义是在频率 ω 处单位频率间隔 $d\omega$ 内辐射出光强所占的比重。发光持续时间及其对应的功率谱函数如图 2.21 所示,其与光强的关系是

$$I = |E(t)|^2 = \int_{-\infty}^{\infty} i(\omega) d\omega \quad (2.66)$$

式中,ω 为角频率,$\omega = 2\pi\nu$,ν 为光频率,光速 $c = \lambda\nu$,ω_0 为中心频率,由 $i(\omega)$ 的曲线可见,当 $\omega = \omega_0 \pm \Delta\omega/2$ 时,$i(\omega) = 0$,$\Delta\omega = \dfrac{2\pi}{\tau}$ 为该辐射光谱宽度。由数学表达式可见,持续时间为 τ、中心频率为 ω_0 的光振动形成了一个具有光谱宽度为 $\Delta\omega$ 的辐射。当 τ

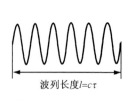 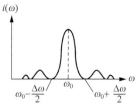

(a) 时域上的光振动产生的波列长度　　(b) 与之相对应的功率谱函数

图 2.21　发光持续时间与功率谱函数的关系

取无穷大时,就对应理想单色光的情况;当 τ 较大以至 $\Delta\omega \ll \omega_0$ 时,就称为准单色光。由 $\Delta\omega = \dfrac{2\pi}{\tau}, \omega = 2\pi\nu$ 可得

$$\Delta\nu \cdot \tau = 1 \tag{2.67}$$

这就是一般情况下发光时间与谱线宽度的简单关系。

功率谱函数 $i(\omega)$ 也可用波长 λ 或波数 k 为变量写为 $i(\lambda), i(k)$ 的形式,准单色光情况时不同变量下谱宽的关系为

$$\Delta\lambda = \frac{1}{c}\lambda_0^2 \Delta\nu$$

$$\Delta k = 2\pi \cdot \frac{\Delta\lambda}{\lambda_0^2} \tag{2.68}$$

式中, λ_0 为准单色波的中心波长。

2. 光源非单色性对条纹衬比度的影响

在研究单色光照明下的杨氏双孔干涉场分布时,式(2.34)给出点 $P(x,y)$ 处的干涉场强为

$$I(x,y) = 2I_0(1 + \cos(k_0 \Delta L))$$

式中, $k_0 = \dfrac{2\pi}{\lambda_0}$。假设光源的功率谱函数为矩形函数

$$i(k) = \begin{cases} i_0, & |k-k_0| < \Delta k/2 \\ 0, & |k-k_0| > \Delta k/2 \end{cases} \tag{2.69}$$

其分布如图 2.22 所示。在波数 k 处附近单位间隔辐射出的光波可以认为是单色波,根据功率谱函数的定义,其辐射出的光强为 $\mathrm{d}I_0 = i(k)\mathrm{d}k$,其形成的干涉场强分布为

$$\mathrm{d}I = \mathrm{d}I_0(1 + \cos k\Delta L) = i(k)(1 + \cos k\Delta L)\mathrm{d}k \tag{2.70}$$

不同波长光波之间的叠加为非相干叠加,故观察屏上总的场强分布为各个不同波长形成的场强分布之和,故

$$I(\Delta L) = \int_0^\infty i(k)(1 + \cos k\Delta L)\mathrm{d}k \tag{2.71}$$

因为 $\displaystyle\int_0^\infty i(k)\mathrm{d}k = I_0$,对式(2.71)积分后得到

$$I(\Delta L) = I_0 + i_0 \int_{k_0-\Delta k/2}^{k_0+\Delta k/2} \cos(k\Delta L) \mathrm{d}k = I_0 \left(1 + \frac{\sin v}{v} \cos k_0 \Delta L\right) \quad (2.72)$$

式中，$v = \frac{\Delta k}{2}\Delta L$。从式(2.72)可见，非单色光照明下干涉场的衬比度为

$$\gamma(\Delta L) = \left|\frac{\sin v}{v}\right| = \left|\frac{\sin \frac{\Delta k}{2}\Delta L}{\frac{\Delta k}{2}\Delta L}\right| \quad (2.73)$$

图 2.23 给出了矩形谱分布的非单色场照明下的干涉场强及衬比度分布与 ΔL 的关系。

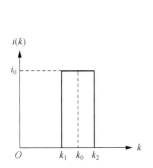

图 2.22 矩形功率谱分布　　图 2.23 矩形谱分布的非单色照明下的干涉场

由式(2.73)可见，干涉场的衬比度随着 ΔL 而变化，当 $\Delta k \cdot \Delta L/2 = \pi$ 时干涉场衬比度为 0，定义此时的光程差为最大光程差 ΔL_M

$$\Delta L_\mathrm{M} = 2\pi/\Delta k = \lambda^2/\Delta\lambda \quad (2.74)$$

也就是说，在非单色光照明下，双孔到达场点 $P(x, y)$ 的距离差超过 ΔL_M 后干涉场衬比度接近 0。由式(2.74)可见，光源的单色性越好，ΔL_M 就越大。当 ΔL_M 一定时

$$k_0 \Delta L_\mathrm{M} = k_0 \frac{d}{D}x = m \cdot 2\pi$$

此时对应的 m 为杨氏双孔干涉装置中可以观察到的最大的干涉级次。表 2.1 列出了不同光源照明下可获得的最大干涉级次。

在 2.2.1 节中给出，持续发光时间为 τ 的光波波列长度 $l = c\tau$，由式(2.67)和式(2.68)可求出 τ 与 $\Delta\lambda$ 的关系为

$$\tau = \frac{1}{\Delta\nu} = \frac{1}{c}\frac{\lambda^2}{\Delta\lambda} \quad (2.75)$$

因此波列长度

$$l = c\tau = \frac{\lambda^2}{\Delta\lambda} = \Delta L_\mathrm{M} \quad (2.76)$$

可见，波列长度与最大光程差实质上来源于同一物理本质，即光源发光时间的有限性引起的光源非单色性。

3. 时间相干性的概念

以上通过数学推导得出了衬比度与光谱宽度的关系，下面结合杨氏双孔干涉的物

理图像进一步阐明时间相干性的概念。如图 2.24 所示,准单色点光源相继发射出一系列波列 a、b、c。图 2.24(a)中,在 P 点处由于光程差 $\Delta L < \Delta L_M$,是同一波列的叠加,因此为相干叠加,P 点附近的区域可观察到干涉条纹;图 2.24(b)中,在 P 点处由于光程差 $\Delta L > \Delta L_M$,非同一波列的叠加,因此是非相干叠加,不能观察到干涉条纹。

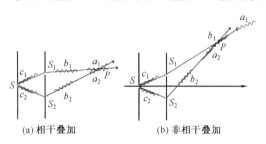

图 2.24 波列长度有限导致的相干叠加和非相干叠加

因此,波列长度 l 以及与其对应的持续发光时间 τ 是决定光场纵向相干性的一个特征量,称 l 为相干长度(coherent length),τ 为相干时间(coherent time)。光场中这类相干性称为时间相干性(temporal coherence)。

在杨氏双孔干涉中,由于观察区域在近轴区域,光程差较小,时间相干性对干涉条纹衬比度的影响不突出,而空间相干性对衬比度的影响较大。在后面的章节中将会看到,迈克耳孙干涉仪等大光程差的分振幅干涉装置中,时间相干性对干涉条纹衬比度的影响较为突出,这直接决定了迈克耳孙干涉仪的有效量程。

2.2.6 分波前干涉装置及其应用

1. 瑞利干涉仪测量气体和液体的折射率

瑞利干涉仪是瑞利根据杨氏实验原理设计的一种新的分波面干涉装置,利用瑞利干涉仪可以测量液体或气体的折射率。

瑞利干涉仪测量气体折射率的原理如图 2.25 所示。使用准单色光源照明狭缝,发出的光波经过透镜 L_1 后成为准平行光到达两个狭缝 S_1 和 S_2 处。A、B 为两个容器,S_1、S_2 发出的光波分别经过容器 A、B 后,又经透镜 L_2 聚焦,那么焦平面上就可以形成 S_1 和 S_2 发出的两束近平行光束的干涉条纹,干涉条纹会随着两路光的光程差的变化而移动。

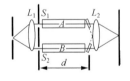

图 2.25 瑞利干涉仪测量气体折射率的原理

在实际测量中,先将 A、B 抽真空,观察干涉条纹,记下干涉条纹中心亮纹的位置 x_1。然后使 A、B 中同时缓慢充入等压的待测气体和已知折射率的气体,由于两路光的光程差发生变化

$$\Delta L = d(n_A - n_B) \tag{2.77}$$

充气完毕,可以观测到所标记的亮条纹位置移动 δx。已知双光束干涉的光程差每变化一个波长 λ 距离,干涉条纹将会移动一个条纹间距 Δx,因此,亮条纹移动距离 δx 与光程差的关系为

$$\delta x = \Delta x \cdot \frac{\Delta L}{\lambda} \tag{2.78}$$

由于实验中干涉条纹非常细密,只能用高倍显微镜观察条纹,观察视场是有限的,当所标记的亮条纹移动范围太大时往往会超过显微镜的视场,这就需要通过数视场中心条纹的移动数目 m 来计算移动量

$$\delta x = m \cdot \Delta x \tag{2.79}$$

在实验中可以测得干涉条纹位移数 m,根据式(2.77)~式(2.79)得到

$$n_A = \frac{m\lambda}{d} + n_B \tag{2.80}$$

例如,已知容器 A、B 长度 $d=20\text{mm}$,波长 $\lambda=589.3\text{nm}$,管 B 中为空气,$n_B=1.000276$,已测得条纹移动数目 $m=20$,可求得待测气体的折射率为 1.0008653。

2. 迈克耳孙星体干涉仪测量双星角距

已知相干孔径角与扩展光源线度关系为 $b \cdot \Delta\theta_0 = \lambda$,其中 $\Delta\theta_0 \approx d/R$,可得

$$d\Delta\beta = \lambda \tag{2.81}$$

式中,$\Delta\beta = b/R$。因此,利用该式可以求得遥远星体相对地球的角径 $\Delta\beta$。具体做法就是以星体为面光源构建双孔干涉装置,不断改变双孔间距 d,直至干涉条纹可见度降为 0,记录此时的 d 即可据式(2.81)求出星体角间隔。

这一原理虽简单,但在实际测量时却有问题。在测星实验中发现 d 的值要增大到米量级干涉条纹衬比度才会趋于零,然而 d 接近 1m 时条纹会变得太密以至于无法分辨,此时再讨论衬比度已经没有意义了。为此,迈克耳孙巧妙的构建了一种干涉仪,如图 2.26 所示。小孔 S_1、S_2 肯定可以分别接收到星体 AB 发射的光,同时小孔 S_1、S_2 经镜面 M_2 M_1、M_3 M_4 的像点分别为 S_1'、S_2',根据费马原理,物与像之间是等光程的,因此 S_1、S_2 两个点源形成的干涉条纹的衬比度与 S_1'、S_2' 两个点源形成的干涉条纹衬比度变化情况是一致的,但此时 S_1、S_2 两个点源形成的干涉条纹却是可分辨的。

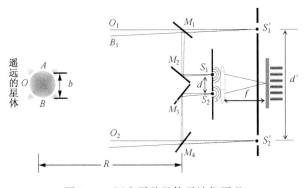

图 2.26 迈克耳孙星体干涉仪原理

在实验中,移动镜面 M_1、M_4,对应的 S_1'、S_2' 之间的距离发生变化,在透镜 f 的焦平

面上观察干涉场衬比度,当衬比度为 0 时记下 S_1'、S_2' 之间的距离 d' 即可由式(2.81)求得星体角径 $\Delta\beta$。

1920 年,迈克耳孙构建了这样一台干涉仪器,测量了猎户座"参宿四"星体的角径,当 M_1、M_4 相距 3.07m 时干涉条纹消失,取星体平均波长 570nm,计算得到该星角径为

$$\Delta\beta = \frac{\lambda}{d} = \frac{570\text{nm}}{3.07\text{m}} = \frac{570 \times 10^{-9}\text{m}}{3.07\text{m}} \approx 2 \times 10^{-7}\text{rad}$$

如果使用天文望远镜来测量如此小的星体角径,根据第 3 章的衍射极限公式,需要一台直径为 3m 的天文望远镜。如此大的天文望远镜造价昂贵,体积庞大,同时建造时间漫长。

迈克耳孙星体干涉仪的巧妙之处就是利用了费马原理,将 S_1'、S_2' 的干涉场与 S_1、S_2 的干涉场衬比度等同起来,即 (S_1',S_2') 与 (S_1,S_2) 是相关联的。迈克耳孙星体干涉仪的问世也成为现代光学相关实验的先导。

2.3 分振幅干涉

分振幅干涉法是一种采用分光元件将一束入射光分为两束光再实现相干叠加的方法,如图 2.27 所示。与分波前干涉法相比,分振幅干涉可以使用扩展光源提高干涉场的亮度,光能量利用充分,也便于放置待测物体,因此,现代干涉仪器大多采用分振幅干涉法构建干涉装置。在日常生活中可以观察到许多分振幅干涉现象。例如,阳光照射下肥皂泡或水面油膜等呈现出绚丽多彩的条纹就是由分振幅干涉造成的。在激光出现之前,人们在很薄的膜层上观察到了分振幅干涉现象,因此分振幅干涉也被叫做薄膜干涉。

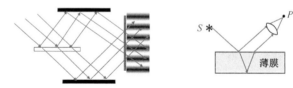

图 2.27 分振幅干涉

分振幅干涉按照实现方式不同又分为等倾干涉和等厚干涉两种,本节将介绍等倾干涉和等厚干涉条纹形成的原理,讨论分振幅干涉条纹的定域特点,介绍基于分振幅干涉原理的现代干涉测量仪器及其在科研、生产中的实际应用。

2.3.1 平行平板的等倾干涉

1. 干涉装置和干涉条纹特点

平行平板的等倾干涉装置如图 2.28(a)所示。使用扩展光源照明,分束镜将扩展光源发射出的光束反射到平行平板上,光束在平行平板上下界面反射后透过分束镜,经透镜汇聚后在焦平面上形成同心的干涉圆环。图 2.28(b)给出了这种干涉装置的原理

图。假设平板厚度为 h，折射率为 n，其上下表面未镀膜，反射率远小于 1。面光源上一点 S 发出的光线 l 在平板的上表面形成反射光线 l_a 和折射光线 l_t，折射光线 l_t 在平板的下表面反射后又经上表面折射，形成透射光线 l_b。反射光线 l_a 和透射光线 l_b 经透镜聚焦在焦平面上的一点 P 叠加。点 S' 为扩展光源上的另外一点，同理，S' 必然也存在一条光线，当这条光线的入射角大小及方向与光线 l 相同时，经平板上下界面反射后形成的两条光线也能在 P 点叠加。这就是说，扩展光源上每一个点光源对于观察屏上点 P 处的叠加光场都有贡献，只要是以相同角度入射的光线在经过透镜聚焦时，都会在焦平面上相同的位置 P 处叠加。

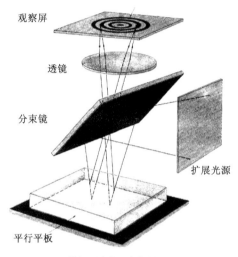
(a) 等倾干涉装置实物图

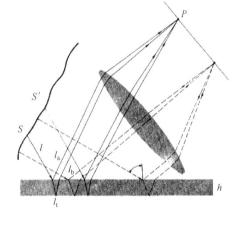
(b) 等倾干涉中入射角对条纹的影响

图 2.28 等倾干涉装置

下面分析以角度 i_1 入射的光线经上下界面反射后，形成的两条光线在 P 点处叠加时，叠加场的强度在什么条件下增强至最大值（出现亮条纹），什么条件下会彼此抵消（出现暗条纹）。由双光束干涉场分析可知，叠加场强主要由两条光线到达叠加场点的相位差决定。如图 2.29(a) 所示，扩展光源上的点光源 S 发出的以角度 i_1 入射的光线经平行平板上下界面反射后，形成两条光线：反射光线 l_a 和透射光线 l_b。两条光线的光程差为

$$\Delta L(P) = n(\overline{AB} + \overline{BC}) - \overline{AD} \tag{2.82}$$

式中

$$\overline{AB} + \overline{BC} = 2\,\overline{AB} = 2\,\frac{h}{\cos i}, \quad \overline{AD} = \overline{AC}\sin i_1 = 2h\tan i\sin i_1 = 2nh\,\frac{\sin i}{\cos i}\sin i$$

代入式 (2.82) 得

$$\Delta L(P) = 2nh\cos i \tag{2.83}$$

可见，当平板厚度及折射率给定时，不同角度的入射光线对应不同的折射角 i，也

就对应有不同的干涉光强度。折射角度 i_m 满足

$$\Delta L(P) = 2nh\cos i_m = m\lambda, \quad m = 0,1,2,\cdots \tag{2.84}$$

的光线形成的是亮条纹。如图 2.28(a)所示,当不同点光源发射出的两条光线入射角 i_1 大小相同,但方向不同时,经图 2.28(a)等倾干涉装置后交汇的位置不同,但处于同一干涉条纹环上;不同点光源发射出的两条光线入射角 i_1 大小与方向相同时,两条光线的交汇位置相同,如图 2.28(b)所示。可见,在这种情况下,照明光源的扩展不但没有降低干涉场的衬比度,反而增加了干涉场的强度,这一点是等倾干涉有别于双孔干涉的优点。

由式(2.84)和上述分析可知,在扩展光源照明平板、使用透镜焦平面作为观察屏构成的等倾干涉装置中,干涉条纹的分布仅与入射光线的方向有关,同一干涉亮环对应的是同一入射倾角的光线在焦平面上的叠加,正因如此这种干涉称为等倾干涉。

由式(2.84)经过计算可以得到等倾干涉条纹的间距及级次。可以发现,厚度 h 给定时,越靠近中心处,入射角 i 越小,光程差越大,条纹级次 m 越高。靠近中心处的干涉条纹较疏,远离中心处的干涉条纹较密。图 2.29(b)给出的是实验拍摄的等倾干涉图样。

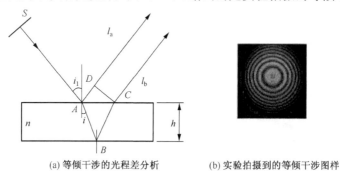

(a) 等倾干涉的光程差分析　　(b) 实验拍摄到的等倾干涉图样

图 2.29　等倾干涉

由于平板上下表面都具有一定的反射系数,实际情况下一条光线入射到平板上,在平板内要经历多次的折射与反射,会形成许多条出射光线,如图 2.30 所示。

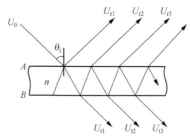

图 2.30　平板的多次反射和透射(设入射光强 $I_0=1$,平板折射率 $n=1.5$)

为何在前面计算干涉场条纹分布时,只取前两条光线计算呢?观察表 2.2 所示的各条光线的强度,由于反射率远小于 1,仅有前两条光线的强度较接近,其余光线强度已经非常微弱,因此计算时可以忽略不计。

表 2.2　各次反射光和透射光的强度

界面反射率	I_{r1}	I_{r2}	I_{r3}	I_{r4}	I_{t1}	I_{t2}	I_{t3}	I_{t4}
0.04(未镀膜)	0.04	0.037	6×10^{-5}	9×10^{-8}	0.92	1.5×10^{-3}	2.4×10^{-6}	3.8×10^{-9}
0.9(镀高反膜)	0.9	9×10^{-3}	7.3×10^{-3}	5.9×10^{-3}	0.01	8.1×10^{-3}	6.6×10^{-3}	5.3×10^{-3}

2. 干涉条纹的定域问题

在研究等倾干涉条纹时,观察面位于透镜的焦平面上,参与叠加的光线是同一点源发出的光线经平板后形成两条平行的光线在焦平面某一点上的叠加。读者是否有疑问:去掉透镜,观察面设置在其他位置是否也有干涉条纹? 下面就研究这种情况下干涉条纹的分布特点,进一步给出干涉条纹定域的概念。

如图 2.31 所示,为简单起见,忽略平板的折射率与环境介质折射率的差别,假设 A、B 为部分反射面。S 为准单色扩展光源,S_A 和 S_B 是扩展光源经反射面 A、B 所成的像,S 上任意一点 M 发射一球面波,M 分别经 A、B 成虚像点 M_A、M_B,那么点源 M 分别经 A、B 反射后在观察屏 Π 上形成的干涉场就可以视为以 M_A、M_B 为球心的球面波的叠加,干涉条纹是一系列同心圆环,圆环中心位于 M_A、M_B 两点连成的直线与观察屏的交点。同理,扩展光源另外一点源 N 通过 A、B 反射后在观察屏上的干涉条纹也是同心圆环,但圆的中心在 N' 点。可以想象扩展光源上所有点源形成的干涉条纹叠加的结果必然会使总的干涉场衬比度小于 1。只有一种情况下扩展光源照明平板形成的干涉条纹衬比度可以接近 1,就是图 2.28 所示的情况:使用透镜,观察屏位于透镜焦平面上,即等价于图 2.31 中观察屏位于无穷远处的情况,此时各个点源形成的同心圆环的圆心接近重合,因此干涉条纹的衬比度接近 1。

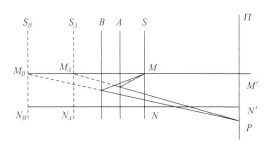

图 2.31　分振幅干涉条纹的定域

由上述分析可知,在单色扩展光源照明平板的分振幅干涉中,干涉条纹的衬比度随观察屏的位置而变化,存在一个位置使衬比度达到最大值,这种衬比度与观察屏位置有关的干涉条纹称为定域条纹,衬比度最大的观察面称为定域面。分振幅干涉都具有定域性,干涉条纹的衬比度随观察位置变化;而前面学习过的分波前双孔干涉中,给定单色扩展光源照明下,干涉条纹的衬比度仅与双孔间距有关,而与观察屏的位置无关,因此条纹是非定域的。

应该注意的是,在激光出现后,采用激光照明的分振幅干涉装置产生的干涉条纹是非定域的。这是由于激光具有很好的时间、空间相干性,如果用稳定腔输出的单模高斯光束作为照明光源,单模高斯光束可以视为一个点源发出的球面波,因此在这种激光束照明下,尽管激光束横截面具有一定的尺度,但分振幅干涉装置的照明光源等价于一个高强度的点光源照明,因此,这种情况下的分振幅干涉条纹为非定域的,这也是激光出现后应用于干涉装置的优点之一。

2.3.2 楔形板的等厚干涉

1. 干涉装置和条纹分布特点

楔形板是由夹角为 α 的两个平面构成的,如图 2.32 所示,使用扩展光源 S 照明楔形板可以形成干涉条纹。同平板的干涉条纹一样,楔形板的干涉条纹也具有定域性,如果光源面积远小于光源到楔形板的距离,且观察区域也远小于光源到楔形板的距离,即保证光源射向楔形板的入射角范围 Δi 较小,此时条纹定域在楔形板附近,因此分析楔形板形成的干涉条纹时可以将楔形板的一个表面作为定域面进行分析。当条纹过于细密以致人眼无法分辨时,可以使用显微镜等光学仪器对条纹进行观察,以楔形板上表面的干涉条纹为物,在成像面上得到放大的条纹图像。关于楔形板定域面的较为详细的讨论可以参见参考文献 5。

为简单起见,考虑点源照明下楔形板形成的干涉条纹分布。由于是在定域面上研究,点源照明下的干涉场分布就代表了入射角范围 Δi 较小时的扩展光源照明下的干涉条纹分布。

如图 2.33 所示,条纹定域在楔形板上表面,研究其上一点 P 的干涉场强度。来自点源 S 的光线 2 直接照射到 P 点,总存在一条光线 1 经楔形板折射后可以到达 P 点,两条光线的光程差为

$$\Delta L_0(P) = n(\overline{AB} + \overline{BP}) - \overline{CP} \tag{2.85}$$

由于楔形板厚度很小,楔角 α 和光线夹角 $\Delta\theta$ 非常小。因此可作近似

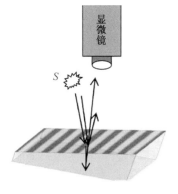

图 2.32 等厚干涉实验装置

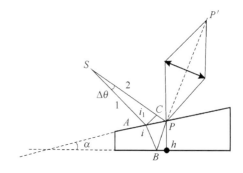

图 2.33 等厚干涉的光程差计算

$$\overline{AB} + \overline{BP} \approx 2\,\overline{AB} \approx 2\,\frac{h}{\cos i}$$

$$\overline{CP} \approx \overline{AP}\sin i_1 \approx 2h\tan i\sin i_1 \approx 2nh\tan i\sin i$$

故光程差

$$\Delta L_0(P) \approx 2nh\cos i \tag{2.86}$$

如果是平行光照明楔形板，相当于点源在无穷远处，式(2.86)也是成立的。构建楔形板干涉装置时，一般采用平行光照明楔形板，这时入射角 i 是一定的，则各点处干涉条纹的明暗只与该点对应的厚度 h 有关，因此这种干涉条纹称为等厚干涉条纹。实际的等厚干涉实验装置一般采用平行光接近垂直照射的方式，此时 $\cos i \approx 1$，光程差

$$\Delta L_0(P) \approx 2nh \tag{2.87}$$

若使用球面波照明，满足 Δi、$\Delta \theta$ 非常小条件下，也可得到近似等厚的干涉条纹，只不过条纹由直线变为弯曲。分析表明，照射到楔形板上的球面波中心相对楔形板两端的孔径角越大，条纹的弯曲越大；相同的照射条件下膜层越厚，弯曲程度越大(图2.43)。因此使用等厚干涉进行精密测量时，膜层越薄，条纹分布与实际厚度的等高线分布越一致。

当然，实际上光在上下表面反射时情况不同：上表面是由光疏介质到光密介质，而下表面是由光密介质到光疏介质，光在这样的两个界面反射时，两反射光束存在半波损失，也就是存在 π 的附加相位差，则式(2.87)需改为

$$\Delta L_0(P) \approx 2nh + \frac{\lambda}{2}$$

但考虑半波损失的附加相位差在实际测量中并无意义，因为并不改变等厚干涉的条纹间距，只是条纹明暗发生了变化，因此在今后计算中并不需要考虑半波损失因素。

由式(2.87)可以得到干涉条纹主要特点：

(1)表面条纹形貌与楔形板或薄膜的等厚线是一致的，图2.34给出了楔形板等厚干涉的条纹分布示意图，图2.35为实际拍摄的图像。满足

$$\Delta L_0(P) \approx 2nh = m\lambda, \quad m = 0,1,2,\cdots$$

位置处的条纹为亮条纹，相邻条纹间的厚度差

$$\Delta h = \frac{\lambda}{2n} \tag{2.88}$$

式中，λ 是真空中的波长而非楔形板中的波长。楔角 α 很小时，对应厚度差 Δh 的表面横向距离(条纹间距)为

$$\Delta x = \frac{\Delta h}{\alpha} = \frac{\lambda}{2n\alpha} \tag{2.89}$$

根据这一公式可以通过测量 Δx 来算出楔角 α。

(2)相邻两个亮条纹对应点处的楔形板厚度相差 $\lambda/2n$，这是干涉精密测量中应用最多的结论，条纹每移动或变化一次，楔形板或薄膜的厚度改变 $\lambda/2n$。由此知道，油膜或肥皂泡表面不同位置有不同的颜色是因为各处的厚度不同造成的。

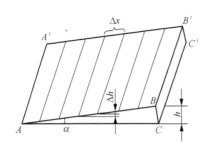
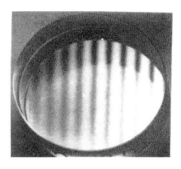

图 2.34 等厚干涉的条纹分布示意图　　图 2.35 实拍等厚干涉图

2. 等厚干涉条纹应用

1）测量细丝直径

如图 2.36 所示，细丝夹在两块玻璃板的一端，压紧另一端，于是两块玻璃之间形成一楔形空气层，在平行光照射下其表面形成一组平直条纹，数出交棱处暗纹到细丝之间的条纹数目 N，即可算出细丝直径 $d = N\lambda/2$。

2）测量机械零件表面粗糙度

如图 2.37 所示，将待测工件置于标准平板下方，工件表面有微小的起伏，与标准平板之间形成厚度不等的空气间隙，使用平行光垂直照明工件，所得干涉条纹的形状就反映了工件表面的起伏。例如，机械加工图上要求工件的某一平面表面最大起伏小于 $3.2\mu m$，但如何确认加工后的零件达到图纸要求呢？构建等厚干涉装置，假设照明光源波长 $0.6\mu m$，那么观察等厚条纹的等高线，只要条纹数小于 10 个就可判断零件表面粗糙度达到要求。

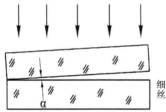
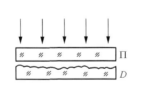

图 2.36 等厚干涉测量细丝直径　　图 2.37 等厚干涉测量工件表面光洁度

3）牛顿环法测量镜面曲率半径和表面形状误差

图 2.38 给出了牛顿环法测量透镜曲率半径的示意图。一曲率半径较大的透镜置于标准平板上，平行光垂直照射下形成以接触点为圆心的同心圆环干涉条纹。透镜与平板紧密接触，则第 m 级暗环半径为 r_m，对应的空气间隙厚度为 h_m，已知

$$\begin{cases} 2h_m = m\lambda \\ r_m^2 = (2R - h_m)h_m \approx 2Rh_m \end{cases} \tag{2.90}$$

则得到

$$r_m = \sqrt{mR\lambda} = \sqrt{m}r_1, \quad r_1 = \sqrt{R\lambda} \tag{2.91}$$

使用读数显微镜读出第 m 级条纹的半径 r_m 就可通过式(2.91)求出透镜曲率半径。当然为提高测量精度在试验上要注意操作细节以及采用合理的试验数据处理方法。

光学零件的表面形状误差通常用光圈数 N 和光圈局部不规则数 ΔN 来表示。加工过程中和加工后的光学零件表面形状误差就是通过牛顿环法构建等厚干涉装置来测量的。图 2.39 给出了牛顿环法测量透镜表面形状误差的示意图。

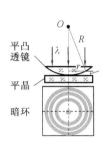

图 2.38 牛顿环测量透镜曲率半径的示意图

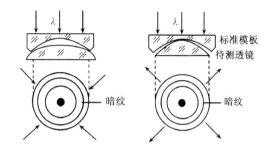

图 2.39 牛顿环法测量透镜表面形状误差

光学表面研磨加工过程中需要不时地检查工件的表面形貌,最简单的方法是使用具有标准曲率半径的光学透镜(标准模板)置于工件之上,用人眼在日光灯照明下即可观察到条纹数,即光圈数 N。光圈数每差一个,工件与标准板之间的厚度相差 $\lambda/2$。

假设普通精度的光学加工要求光圈数 $N<3$,通过观察光圈数就可判断加工是否达到精度要求。此外,通过轻压标准模板,可以观察到条纹的吞吐,如果条纹扩大,则需研磨工件中央,否则需研磨两边。

3. 扩展光源照明下等厚干涉条纹的特点

以上分析的是点光源照明下(平行光照明是点光源照明的特例,等价于点源在无穷远处)的等厚干涉条纹。那么,扩展光源照明的等厚干涉条纹是否会像等倾干涉一样有利于增强干涉场亮度而不降低条纹衬比度呢?

如图 2.40 所示,在扩展光源上的点源 A 照明下,P 处参与叠加的两条光线之间的光程差为

$$\Delta L_0(P) \approx 2nh_P \cos i_A$$

式中,i_A 为折射角。在扩展光源上的点源 B 照明下 P 处参与叠加的两条光线之间的光程差为

$$\Delta L_0'(P) \approx 2nh_P \cos i_B$$

显然,由于 A、B 到达 P 点的入射角不同,$\Delta L_0'(P) \neq \Delta L_0(P)$,也就是说,点源 A 和点源 B 各自形成的干涉条纹是不重合的。借助 2.2.3 节中的分析方法和结论,可以判断扩展光源照明必将使等厚干涉条纹的衬比度下降。当扩展光源两个端点光源 A'、

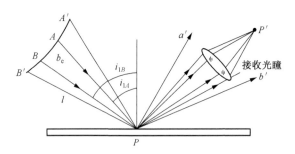

图 2.40　扩展光源和光瞳对条纹可见度的影响

B' 发射的光线经上、下界面反射后到达 P 的光程差之差等于 λ 时，B' 点形成的第一级干涉条纹将与 A' 点形成的第二级干涉条纹重合，此时衬比度降为 0。即

$$\Delta L_{A'}(P) - \Delta L_{B'}(P) = 2nh_P \cos i_{A'} - 2nh_P \cos i_{B'} = \lambda \tag{2.92}$$

利用三角函数和差化积以及 $\sin(i_{A'} - i_{B'}) \approx i_{A'} - i_{B'} = \Delta i$，由式(2.92)可以得到扩展光源的极限角宽度

$$\Delta\theta \approx \frac{\lambda}{2h\cos i} \propto \frac{1}{h} \tag{2.93}$$

式(2.93)表明，楔形板或薄膜越薄，则允许的光源极限角宽度越大或光源线度越大。下面做一数值估算，假设扩展光源中心点源到达 P 点处的入射角为 $i = 45°$，光源表面到达 P 点距离 $l = 20\text{cm}$，薄膜厚度 $h = 50\mu\text{m}$，波长 $\lambda = 500\text{nm}$，由式(2.93)可计算出光源极限角宽度为

$$\Delta\theta \approx 7 \times 10^{-3} \text{rad} \approx 24'$$

光源最大线宽度为

$$b_0 \approx l\Delta\theta \approx 1.4\text{mm}$$

有时人眼在观察薄膜表面的等厚干涉条纹时，即使光源超出极限角宽度的限制仍然可观察到干涉条纹。这是因为人眼光瞳有限(图 2.40)，仅有视角内的一部分光线能成像到视网膜上，而人眼视角之外的光线不能成像在视网膜上，这相当于限制了光源的角宽度，故能观察到具有一定衬比度的干涉花样。

2.3.3　几种分振幅干涉仪及其应用

1. 迈克耳孙(Michelson)干涉仪

1881 年，迈克耳孙为研究光速问题巧妙地设计了一种分振幅干涉装置，其光路如图 2.41 所示。扩展光源发出的光波被分束镜 O 分成两束，光束 2 到达镜面 M_2 后反射，再次通过 O，经透镜后到达观察屏；光束 1 经过补偿镜 C 到达 M_1 反射后再次通过补偿镜 C，经 O 的前表面反射后同样通过透镜到达观察屏。观察该光路可以发现，M_1 经 O 所成的像 M_1' 在 M_2 附近，根据费马原理可知，光束 1 和光束 2 在观察屏上的干涉条纹就可等效为 M_2 和 M_1' 之间的空气薄膜形成的等倾干涉条纹(当 M_2 与 M_1' 平行时)或等厚干涉条纹(当 M_2 与 M_1' 不平行时)。这就是迈克耳孙干涉仪的原理。

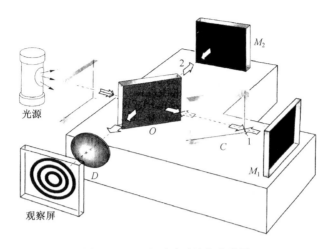

图 2.41 迈克耳孙干涉仪光路图

实际的迈克耳孙干涉仪中,镜面 M_1 和 M_2 的倾角和位置可以通过精密调节镜架来调节。补偿镜 C 的作用是补偿光束 1 和光束 2 由于通过分光镜 O 的次数不同而产生的附加光程差。如果光源是准单色光,相干长度大,补偿镜 C 就不是必需的。现代光学实验通常使用激光作为光源,由于激光的发散角很小,因此倾角 i_m 的变化范围很小,由

$$\Delta L(P) = 2nh\cos i_m = m\lambda, \quad m = 0, 1, 2, \cdots \quad (2.94)$$

可知得到的等倾干涉条纹的数目较小,干涉图样不够丰富,因此有必要使用毛玻璃,使激光束发散角度变大,以便得到环数较多的干涉图样。

图 2.42 给出了 M_2 与 M_1' 平行但距离不同而产生的等倾干涉图样的变化。当 M_2 与 M_1' 平行时,通过平移 M_2,可以调节等效空气膜层的厚度。由式(2.94)可分析图 2.42 的变化。对于同一级条纹 m,空气膜层厚度 h 减小,m 不变,对应的 i_m 必然减小,因此条纹向里收缩;随着空气膜层厚度减为 0,无干涉条纹;接着随着空气薄膜增厚,条纹向外扩展。由式(2.94)可以推出等倾干涉的条纹角间隔

$$\Delta i = \frac{\lambda}{2nh\sin i} \quad (2.95)$$

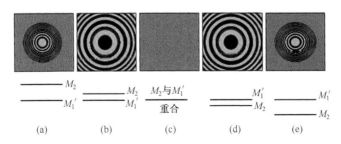

图 2.42 M_2 与 M_1' 平行但距离不同而产生的等倾干涉图样

可见,当厚度减小时,角间隔 Δi 将增大,因此条纹间隔增大;当折射角增大,对应的

条纹角间隔减小。图 2.42(a)、(e)中由于条纹间隔非常密,以致远离中心区域的条纹过密而无法分辨,因此看上去是均匀的光强。

图 2.43 给出的是空气楔厚度不同情况下的等厚干涉条纹的变化规律。使用式(2.84),按照同样的分析方法,可以解释条纹的变化规律。

图 2.43(a)、(e)对应的是膜层太厚、光源的宽度超过极限宽度以致于衬比度为零的情况。

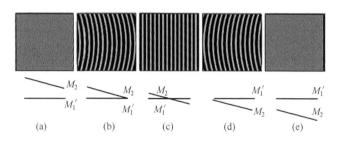

图 2.43 空气楔厚度不同情况下的等厚干涉条纹

迈克耳孙干涉仪的特点是,其光源、两个反射面、接收面在空间上是分开的,因此,便于在光路中安插其他器件,这就为精密检测提供了方便的平台。迈克耳孙干涉仪是一种典型的双光束分臂干涉仪,在物理学的发展史上起过重要的作用,有着广泛的应用,许多分臂式干涉仪就是在迈克耳孙干涉仪的基础上发展起来的。

以下给出迈克耳孙干涉仪用于精密测长的例子:

使 M_2 为动镜,M_2 移动距离 l,两路光束的光程差改变量为 $\Delta L = 2l$,干涉场中某一固定点处的条纹发生强弱变化(或条纹移动)的次数为 N,因此有

$$\Delta L = 2l = N\lambda \tag{2.96}$$

得到 M_2 的移动量为

$$l = N\frac{\lambda}{2} \tag{2.97}$$

可见使用迈克耳孙干涉仪测量长度的精度是波长量级的。现代干涉计量中广泛使用数字条纹细分技术,对条纹移动量的计量可以达到 1/8、1/16、1/32 个条纹的精度,假设条纹细分技术可以精确测到 $\delta N = 1/16$ 个条纹的移动量,则长度测量的精度为

$$\delta l = \delta N\frac{\lambda}{2} = \frac{\lambda}{32} \tag{2.98}$$

当 $\lambda = 640 \mathrm{nm}$ 时,长度的测量精度可以达到 20nm。

当然,迈克耳孙干涉仪也有一个测长量程 l_M,这是由光源的时间相干性决定的

$$l_\mathrm{M} = L_0/2 \tag{2.99}$$

式中,L_0 为波列长度。当动镜 M_2 的移动量超过 l_M,干涉场的衬比度为 0。

2. 菲索(Fizeau)干涉仪

菲索干涉仪是一种用于光学零件面形精密测量的仪器,图 2.44(a)给出了菲索干

涉仪测量平面光学零件的原理图。激光束经过扩束镜 L_0、针孔滤波器 D_1 和准直透镜 L 后成为平行光。镜面 M_1 为标准平板,具有一定的反射率。这样,标准平面 M_1 与待测光学表面 M_2 之间形成的空气膜层经垂直入射的平行光照明下形成等厚干涉条纹。光阑 D_2 为探测平面,此处放置成像系统对空气薄膜处的等厚干涉条纹成像并用高分辨率的 CCD 记录干涉条纹图。

图 2.44(b)给出了测量球面光学零件的原理图。测量球面光学零件时,需要调节 M_1 和 M_2 之间的距离,使平行光束经组合透镜组后形成与待测球面接近的标准球面波。待测球面的球心与干涉仪产生的标准球面波球心重合。这样,在垂直入射的光束照明下 M_1 与 M_2 之间的空气薄膜形成干涉条纹。

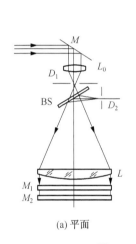 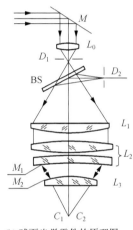

(a) 平面 (b) 球面光学零件的原理图

图 2.44 菲索干涉仪测量原理图

菲索干涉仪是一种用于光学零件面形精密测量的等厚干涉仪器,也可用于气体介质折射率测量等。与牛顿环法测量球面曲率半径相比,其优点在于:采用非接触测量方法,待测零件与标准板之间无接触,可避免零件和样板表面被污染或划伤;与其他干涉仪相比,菲索干涉仪的光路结构简单,所用光学元件较少,因此测量精度较高。目前商品化的菲索干涉仪一般采用高分辨率、高速 CCD 摄像机采集干涉条纹图像,配备自动化的干涉条纹处理软件,可以实时显示待测光学表面的二维干涉条纹灰度图、表面起伏的峰谷值(PV 值)和表面起伏的均方根值(RMS 值)等。图 2.45(a)是一种菲索干涉仪及待测光学零件,图 2.45(b)是使用干涉条纹处理软件对干涉条纹图处理后给出的零件表面形貌参数。目前高精度的菲索干涉仪对面形测量可以达到的技术指标为

PV 值重复性优于 $\lambda/300$,RMS 值重复性优于 $\lambda/10000$,系统分辨率 $>\lambda/8000$。

3. 白光扫描干涉仪(scanning white light interferometric,SWLI)

所谓白光干涉,是指用宽光谱、相干长度很短的低相干光源,利用干涉产生的干涉条纹对参量进行绝对测量。作为干涉技术的一个分支,低相干光源系统具有抗干扰能

(a) 菲索干涉仪及待测光学零件

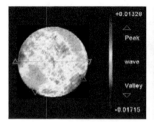

(b) 干涉条纹处理软件对干涉条纹图处理后给出的零件表面形貌参数

图 2.45　菲索干涉仪

力强、结构简单等很多优点。白光扫描干涉仪(又称 3D 表面轮廓仪)将精密位移机构和白光干涉仪集成起来,主要用于表面粗糙度、微小表面起伏等表面微观形貌的测量,在微机电系统(MEMS)、超人工材料(metamaterial)等新型微小结构的制造以及现代航空航天领域的超精密加工等方面有着重要的应用。

图 2.46 给出了一种垂直扫描白光干涉仪的原理图。垂直扫描白光干涉测量利用了双光束白光干涉的特性,即白光干涉时两列相干光波之间的允许光程差极小(约 $3\mu m$),几乎只有在等光程条件下才能观察到白光干涉条纹,而且白光干涉条纹只有为数不多的几条,中央一条为零级条纹,它是光程差为零时的位置(图 2.46(a))。显然零级条纹很容易与其他级次条纹相区别,因此可以利用白光的零级条纹来指示零光程差的位置。

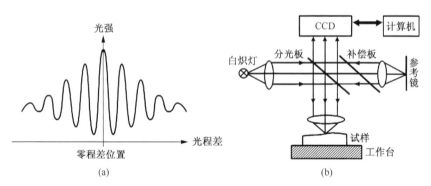

图 2.46　垂直扫描白光干涉仪的原理图

如图 2.46(b)所示,工作台安装在精密电控垂直位移台上,这种位移台使用压电陶瓷驱动,辅以光栅尺反馈微位移信息,位移步长可以达到 0.1nm 的精度。通过精密位移台带动待测表面做扫描运动,而参考光路固定不动,这样待测表面不同高度的各点将依次通过零光程差的位置,在扫描的过程中使用面阵 CCD 记录下各帧图像的干涉图样,也就是每个位移步长时获得的干涉图样;假设在扫描至位置 Z_i 处,干涉图样中光强最大的所有点的集合为

$$\{P_1(X_{i1},Y_{i1}),P_2(X_{i2},Y_{i2}),\cdots,P_m(X_{im},Y_{im})\}$$

这些点与待测表面上的点是一一对应的,这表明待测表面上对应的点集与参考光路是等光程的,计算机记录下这些点和对应的扫描位置 Z_i,这样就获得了待测表面某一高度 Z_i 处的等高线。扫描装置完成一次扫描,待测表面不同高度处的等高线就被绘制出来,再经过计算机处理后即可获得被测试样的表面三维形貌。

白光扫描干涉仪是一种高端精密仪器,价格昂贵,技术难度主要在于精密扫描机构的分辨率和重复性、光源稳定性、白光干涉图样中零级条纹所在点提取的数学模型、测量噪声的抑制等问题。

图 2.47 给出的是国外某型白光扫描干涉仪的实物图以及使用白光干涉仪测量的 MEMS 沟槽图、衍射透镜表面图。该干涉仪纵向(垂直方向)扫描范围为 $150\mu m$,纵向分辨率达到 $0.1nm$。

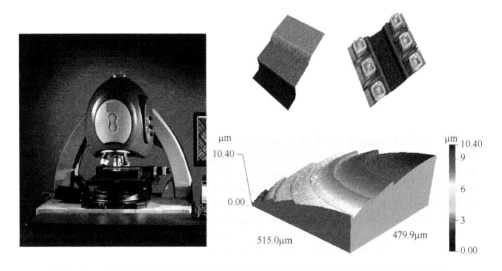

图 2.47 白光扫描干涉仪的实物图和测量所得 MEMS 沟槽图、衍射透镜表面图

4. 傅里叶变换光谱仪(FTS)

傅里叶变换光谱仪是在迈克耳孙干涉仪的基础上发展演变而来的,与传统光谱仪相比其优点主要在于不需要棱镜、光栅等色散分光元件,仅通过一维扫描获得的光强随时间变化的信号就能通过傅里叶变换的数学方法得到光源的光谱分布。图 2.48 给出了傅里叶变换光谱仪的原理图。

设光源的功率谱函数为 $i_0(k)$,令 M_1 和 M_2 的反射率相同。由式(2.71)可知在探测器 D 处两束光进行相干叠加后,干涉场强可以写为

$$I(x) = \int_0^\infty i_0(k)(1+\cos kx)dk = I_0 + \int_0^\infty i(k)\cos kx\, dk \tag{2.100}$$

式中,x 为动镜 M_2 的移动距离 l 的 2 倍,代表了两束光的光程差改变量。假设 M_2 平移速度为 v,则 t 时刻有 $x=2vt$。因此,光强函数实际上是一个以时间为变量的函数。在实际干涉装置中,通过数字信号处理技术滤掉其中直流信号 I_0,得到光强的交变信号

$$\tilde{I}(x) = \tilde{I}(2vt) = \int_0^\infty i(k)\cos kx\,dk \tag{2.101}$$

由式(2.101)可见,干涉场光强的变化函数 $I(x)$ 与光源功率谱函数 $i(k)$ 之间为傅里叶变换的关系。由式(2.101)通过傅里叶逆变换即可得到 $i(k)$ 为

$$i(k) = \frac{2v}{\pi}\int_0^\infty \tilde{I}(2vt)\cos(2kvt)\,dt \tag{2.102}$$

这就是傅里叶变换光谱仪的基本原理。傅里叶变换光谱仪的优点主要有分辨本领高、探测速度快、信噪比高。例如,某型傅里叶变换光谱仪的主要指标:在 700nm 附近分辨率为 0.02nm。动镜扫描速度为 23.5mm/s,采样频率 40kHz,信噪比 1000:1。

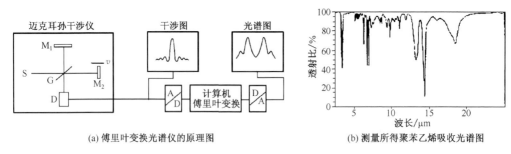

(a) 傅里叶变换光谱仪的原理图　　(b) 测量所得聚苯乙烯吸收光谱图

图 2.48　傅里叶变换光谱仪及光谱

从式(2.102)可以发现,傅里叶变换光谱仪的分辨本领原则上与探测器的采样频率有关,采样频率越高,则对 $I(2vt)$ 随时间变化的光强信号采集失真越小,因而进行傅里叶逆变换后获得的功率谱的分辨本领越高;此外,傅里叶变换光谱仪每次采样都包含了所有光谱的信息,有利于提高信噪比和测量精度,而色散型光谱仪每次只测一个单一光谱成分;此外傅里叶变换光谱仪不使用棱镜、光栅等色散元件,因此使用波段很宽。上述特点决定了傅里叶变换光谱仪非常适合分析光谱结构复杂的气体光谱和远红外谱,在生物、医学、食品安全检测、刑侦等需要进行物质成分分析的领域有着重要应用。

2.4　多光束干涉

现代光电技术中,多层介质高反膜、增透膜、窄带滤波片、超精细光谱分析、激光器选频技术的实现等都包含着多光束干涉现象。与双光束干涉相比,多光束干涉有许多新的特点。

2.4.1　平行平板的反射多光束干涉和透射多光束干涉

1. 多光束干涉场的实现

如图 2.49 所示,折射率为 n 的透明平板厚度为 h,置于折射率为 n_1 的介质中,以入射角 i 入射的光束将在平板上下界面发生多次反射和透射。使用透镜将多束透射光或

反射光聚焦,在焦平面上将发生多光束干涉。下面推导一下反射光和透射光的多光束干涉场分布特点。

设入射光在 n_1 与 n 界面(平板上表面)的振幅反射率为 r,透过率为 t,在 n 与 n_1 界面(平板下表面)振幅反射率为 r',透过率为 t',按照斯托克斯倒逆关系可得到

$$r = -r'$$
$$tt' + r^2 = 1$$

据此可以依次写出反射多光束系列和透射多光束的复振幅

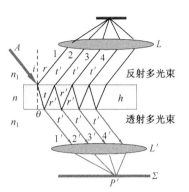

图 2.49 多光束干涉装置原理图

反射多光束　　　　透射多光束

$\tilde{U}_1 = rA_0 = -r'A_0$　　$\tilde{U}'_1 = tt'A_0$

$\tilde{U}_2 = r'(tt')e^{i\delta}A_0$　　$\tilde{U}'_2 = r'^2(tt')e^{i\delta}A_0$

$\tilde{U}_3 = r'^3(tt')e^{i2\delta}A_0$　　$\tilde{U}'_3 = r'^4(tt')e^{i2\delta}A_0$

$\tilde{U}_4 = r'^5(tt')e^{i3\delta}A_0$　　$\tilde{U}'_4 = r'^6(tt')e^{i3\delta}A_0$

　　⋮　　　　　　　　　⋮

式中

$$\delta = \frac{2\pi}{\lambda} 2nh \cos\theta \tag{2.103}$$

为相位因子。从以上复振幅系列中可以发现,各次透射的多光束之间为等比级数,公比为 $r'^2 e^{i\delta}$;各次反射光束之间,除去 $\tilde{U}_1$ 外也是等比级数,公比为 $r'^2 e^{i\delta}$。当反射率远小于 1 时,$tt' \approx 1$,因此,前两次反射光的振幅接近,此后各次反射光的振幅远小于前两次反射光的振幅,在这种情况下可以只考虑前两束反射光而忽略其他反射光对相干叠加场的贡献,这就是薄膜干涉的情况;对于透射多光束情况,$\tilde{U}'_1 \gg \tilde{U}'_2 \gg \tilde{U}'_3 \cdots$,因此透射多光束的干涉场条纹衬比度非常低,不研究透过场的多光束干涉场。

如果反射率较高,$r \approx 1$,$tt' \ll 1$,此时透射多光束的干涉场条纹衬比度很高,而反射多光束干涉场衬比度较低。

2. 多光束干涉场的光强分布特点

由等比级数求和可以得到透射多光束的干涉场

$$\tilde{U}_T(\delta) = \sum_{j=1}^{\infty} \tilde{U}'_j = \frac{1-R}{1-Re^{i\delta}}A_0 \tag{2.104}$$

式中,$R = r^2 = r'^2$ 为界面的光强反射率。

透射多光束干涉场强

$$I_T(\delta) = \tilde{U}_T \cdot \tilde{U}_T^* = \frac{I_0}{1 + \frac{4R}{(1-R)^2}\sin^2\frac{\delta}{2}} \tag{2.105}$$

根据光功率守恒可以由透射场强得到反射场强

$$I_R(\delta) = I_0 - I_T = \frac{I_0}{1 + \frac{(1-R)^2}{4R\sin^2(\delta/2)}} \tag{2.106}$$

图 2.50 给出了不同光强反射率情况下的透射多光束干涉场强与相位差 δ 的关系曲线。由图可见，随着反射率的增加，光强尖峰越来越尖锐。当 $R=95\%$ 时，光强最小值与最大值之比约等于 0.001。

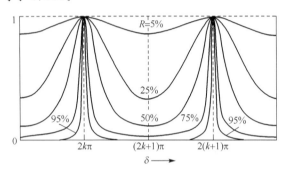

图 2.50 不同光强反射率情况下的透射多光束干涉场强与相位差 δ 的关系

2.4.2 法布里-珀罗干涉仪及其特点

1. 装置特点

法布里-珀罗(Fabry-Perot, FP)干涉仪是一种多光束干涉装置，主要用于超精细谱分析和激光器选模。图 2.51(a) 给出了 FP 的示意图。G_1 与 G_2 为玻璃楔块，相对的内表面镀有高反膜，高反膜之间为空气介质。玻璃楔块外表面与内表面不平行，这样的设计是为了使玻璃楔块内发生的多次反射光不致影响到透射多光束干涉场。使用扩展光源照明，并置于透镜 L 的焦平面上，这样扩展光源上任一点源发出的光经透镜后变为具有一定入射角的平行光。透镜 L' 收集各个角度入射的多光束，在焦平面上形成非常细锐的环状等倾干涉条纹，如图 2.51(b) 所示。

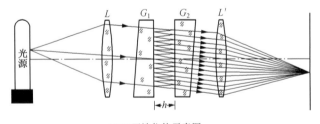

(a) FP 干涉仪的示意图 　　　　　　　　　　(b) FP 透过多光束形成的干涉条纹

图 2.51 FP 干涉仪及干涉条纹形貌

定义 FP 干涉仪条纹强度峰的相位半宽度为

$$I_T\left(\delta_m \pm \frac{\varepsilon}{2}\right) = \frac{1}{2}I_0 \tag{2.107}$$

式中，ε 为亮条纹的相位宽度。根据式(2.105)可以求出

$$\varepsilon \approx \frac{2(1-R)}{\sqrt{R}} \text{rad} \tag{2.108}$$

根据式(2.103)也可用角度半宽度来表示亮条纹的宽度

$$\Delta\theta_m \approx \frac{\lambda}{2\pi nh\sin\theta_m}\frac{(1-R)}{\sqrt{R}}\text{rad} \tag{2.109}$$

由式(2.109)也可看到，光强反射率 R 越接近1，亮条纹宽度越窄，条纹越细锐。

2. FP干涉仪的光谱分辨本领

假设光谱只有双线谱 λ_1、λ_2，$|\lambda_1 - \lambda_2| \ll \lambda_1$，则使用 FP 干涉仪得到的干涉图样有两套干涉环。现在考察两个波长分别形成的第 m 级干涉环之间的角间隔。由 $2nh\cos\theta_m = m\lambda$ 可得到波长改变 $\delta\lambda$ 对应的角度改变量

$$\delta\theta \approx \frac{m\delta\lambda}{2nh\sin\theta_m} \tag{2.110}$$

根据瑞利判据，当 $\delta\theta >$ 亮条纹半值角宽度 $\Delta\theta_m$ 时，双光谱形成的两套条纹之间可以分辨，令 $\delta\theta = \Delta\theta_m$ 为可分辨的临界角，则求出可分辨的最小波长间隔

$$\delta\lambda_m \approx \frac{\lambda}{\pi m}\frac{1-R}{\sqrt{R}} \tag{2.111}$$

光谱仪的一个重要技术指标是它的色分辨本领（或称为分辨率），其定义为

$$Rc = \frac{\lambda}{\delta\lambda_m} \tag{2.112}$$

故 FP 干涉仪的色分辨本领为

$$Rc = \frac{\lambda}{\delta\lambda_m} = \pi m \frac{\sqrt{R}}{1-R} \tag{2.113}$$

3. FP干涉仪的自由光谱范围

由于 FP 干涉仪所用光源为非单色光源，假设光谱范围为 $\lambda_{\min} \sim \lambda_{\max}$，那么形成的等倾干涉条纹中，$\lambda_{\min}$ 的 $m+1$ 级干涉条纹可能与 $\lambda_{\max}$ 的 m 级干涉条纹重叠，FP 干涉仪无法分辨 m 级的各个波长的干涉条纹，此时有

$$m\lambda_{\max} = (m+1)\lambda_{\min}$$

得到

$$\lambda_{\max} - \lambda_{\min} \approx \frac{\bar{\lambda}}{m} \approx \frac{\bar{\lambda}^2}{2nh} \tag{2.114}$$

式中，$\bar{\lambda} = \frac{\lambda_{\max} + \lambda_{\min}}{2}$，$m\bar{\lambda} \approx 2nh$。

称 $\lambda_{\max} - \lambda_{\min}$ 为自由光谱范围，对于给定的 n、h，自由光谱范围是固定的，当入射光谱超过这一范围，FP 干涉仪就无法进行超精细谱的分辨。由式(2.114)可见，FP 越短，

自由光谱范围越大,但由式(2.109)可见,此时干涉条纹的宽度增加,又会降低 FP 干涉仪的分辨率,说明量程增加不可避免会带来分辨率或测量精度的下降。

2.4.3 多光束干涉的应用

1. 激光器选频

如图 2.52 所示,平行光正入射 FP 腔,此时观察屏上各个位置处的光程差都相等,因此尽管是多光束的相干叠加,但不会显示出明暗相间的干涉条纹。在这种特殊情况下,满足

$$2nh = m\lambda_m \tag{2.115}$$

的一系列波长 λ_m 由于相干叠加而增强,这样 FP 腔就可以将入射的连续谱变为透射光的准分立谱 λ_m,这就是 FP 腔的选频作用。由式(2.115)可以得到这些准分立谱的波长与频率为

$$\lambda_m = \frac{2nh}{m}$$

$$\nu_m = \frac{c}{\lambda_m} = m\frac{c}{2nh}$$

透射谱的频率间隔为

$$\Delta\nu = \frac{c}{2nh}$$

被选中的谱线其谱宽为

$$\Delta\lambda_m \approx \frac{\lambda_m^2}{2\pi nh}\frac{(1-R)}{\sqrt{R}} \quad \text{或} \quad \Delta\nu_m \approx \frac{c}{2\pi nh}\frac{(1-R)}{\sqrt{R}} \tag{2.116}$$

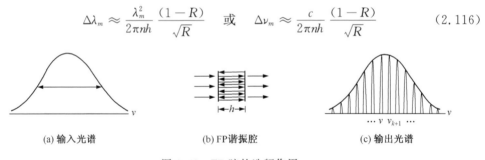

图 2.52 FP 腔的选频作用

激光增益介质中往往存在多个激光振荡能级,或由于各种谱线加宽的原因激光增益介质的谱线宽度较大,此时可用 FP 腔来选频或压缩激光线宽,以获得单谱线、窄线宽的激光输出。如图 2.53 所示,在激光谐振腔内插入 FP 腔,激光增益介质的线宽如图 2.53(b)中虚线所示,FP 腔的透射频率谱如图 2.53(b)实线所示。通过设计 FP 腔的长度 h 和反射率 R 可以调节 FP 腔的透射频谱、谱线间隔和线宽。调节 FP 腔的谱线间隔,使只有一条 FP 的透射谱落在激光增益谱之内,这样激光器就只有一个谱线输出,谱线宽度由式(2.116)决定。

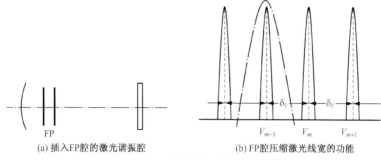

(a) 插入FP腔的激光谐振腔　　(b) FP腔压缩激光线宽的功能

图 2.53　使用 FP 腔进行激光器输出谱线的选择

2. 光学薄膜的设计制作

光学薄膜是指使用物理或化学方法在光学元件上镀制不同材料的单层或多层薄膜,用于控制特定频率范围内光波的透射率、反射率或偏振等特性。光学薄膜设计的理论基础就是多光束干涉。

下面仅以单层介质膜为例说明其中的多光束干涉对光波反射率、透过率的影响。

通过真空镀膜机将折射率为 n_2 的材料汽化后沉淀在光学元件表面即形成单层光学薄膜。如图 2.54 所示,入射光正入射于镀膜后的光学元件表面,设膜层厚度为 d,n_1 为入射面介质折射率,n_3 为光学元件基质材料折射率,各束反射光的复振幅为

$$\tilde{U}_1 = r_{12}A_0$$

$$\tilde{U}_2 = t_{12}r_{23}t_{21}A_0 e^{i\delta}$$

$$\tilde{U}_3 = t_{12}r_{23}r_{21}r_{23}t_{21}A_0 e^{i2\delta} = r_{21}r_{23}\tilde{U}_2 e^{i\delta}$$

$$\tilde{U}_4 = (r_{21}r_{23})^2 \tilde{U}_2 e^{i2\delta}$$

$$\vdots$$

$$\tilde{U}_m = (r_{21}r_{23})^{m-2} \tilde{U}_2 e^{i(m-2)\delta}$$

式中,δ 为光波在薄膜内一次往返传播引入的相位延迟,$\delta = 2kn_2 d$。则反射光的合振幅为

$$\tilde{U}_R = \sum_{m=1} \tilde{U}_m = A_0 r_{12} + \frac{\tilde{U}_2}{1 - r_{12}r_{23}e^{i\delta}} \tag{2.117}$$

则反射系数

$$R = \left|\frac{\tilde{U}_R}{\tilde{U}_0}\right|^2 = 1 - \frac{(1-r_{12}^2)(1-r_{23}^2)}{1 + r_{12}^2 r_{23}^2 + 2r_{12}r_{23}\cos\delta} \tag{2.118}$$

假设 $n_1 = 1$,$n_3 = 1.5$,图 2.55 给出了不同的 δ 情况下得到的膜层反射率。

下面讨论两种境况。

1) $n_1 < n_2 < n_3$ 或 $n_1 > n_2 > n_3$ 制作增透膜

在这种情况下,光波在薄膜上下表面反射时不引入相位突变,因此 r_{12} 和 r_{23} 同号,由式(2.118)可知当 $\delta = 2kn_2 d = N \cdot 2\pi$($N$ 为整数)时,反射率取极大值。利用菲涅耳公式可求出

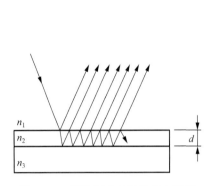

图 2.54　薄膜上下表面的多次反射

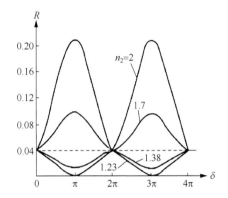

图 2.55　单层膜的反射率曲线

$$R = \left(\frac{r_{12}+r_{23}}{1+r_{12}r_{23}}\right)^2 = \left(\frac{n_1-n_3}{n_1+n_3}\right)^2 \quad (2.119)$$

当 $\delta = 2kn_2d = (2N+1)\pi$（$N$ 为整数）时，反射率取极小值

$$R_m = \left(\frac{r_{12}-r_{23}}{1-r_{12}r_{23}}\right)^2 = \left(\frac{n_2^2-n_1n_3}{n_2^2+n_1n_3}\right)^2 \quad (2.120)$$

由式(2.120)可见，可以适当选择薄膜介质的折射率 n_2 使 $R_m=0$，即为增透膜。可求出膜层材料折射率 n_2 与膜层厚度 d 需满足的关系是

$$\begin{cases} n_2 = \sqrt{n_1 n_3} \\ n_2 d = \dfrac{2N+1}{4}\lambda_0 \end{cases} \quad (2.121)$$

光学系统中增透膜的使用可以最大限度地利用光能量，减小杂散光，提高成像的对比度。例如，潜水艇中潜望镜约有 20 个透镜，每个透镜有两个表面，没有镀膜的光学元件表面反射率为 5%，经过 40 个表面反射后光能量损失将达到 88%；如果镀有增透膜，每个表面反射率降为 1%，光能量损失为 33%；如果反射率降为 0.1%，光能量损失仅为 4%。

2) $n_1 < n_2$ 且 $n_2 > n_3$ 或 $n_1 > n_2$ 且 $n_2 < n_3$ 制作高反膜

这种情况下在膜层的上下表面反射光存在 π 的相位跃变，r_{12} 和 r_{13} 异号，由式(2.118)可知当 $\delta = 2kn_2d = (2N+1)\pi$ 时，反射率取最大值

$$R_M = \left(\frac{n_2^2-n_1n_3}{n_2^2+n_1n_3}\right)^2 \quad (2.122)$$

这种情况下镀制膜层只能增大反射率，并且 n_2^2 与 n_1n_3 相比相差越大反射率就越接近 1。当然自然界中可用于镀膜的材料折射率有限，单层增反膜的反射率不可能非常高。例如，$n_1=1$，$n_3=1.5$ 时，选用硫化锌材料（$n_2=2.38$）作为镀膜材料，获得的反射率为 34%，未镀膜时反射率为 4%。

以上是单层增透膜与增反膜的原理。单层膜较为简单，但很多情况下其透过率或

反射率达不到要求。例如,镀制较宽波段的增透膜和反射率达到 99% 以上的高反膜,此时需要使用多层膜的设计。多层膜的设计原理也是基于多光束干涉,但涉及的问题较为复杂,这些问题在薄膜光学中有专门的研究。

习　　题

2.1　假设自由空间中存在两个偏振方向相同的平面波 $\tilde{U}_1$ 和 $\tilde{U}_2$,波长均为 λ_0,振幅均为 A_0,平面波 $\tilde{U}_1$ 的波矢 $\boldsymbol{k}_1$ 方向角为 $(\alpha_1, \beta_1, \gamma_1)$,平面波 $\tilde{U}_2$ 的波矢 $\boldsymbol{k}_2$ 方向角为 $(\alpha_2, \beta_2, \gamma_2)$。①请推导平面波 $\tilde{U}_1$ 和 $\tilde{U}_2$ 在 $z=0$ 平面上的叠加场的复振幅和光强分布的表达式(假设两平面波在 $z=0$ 上的初位相相等);②假设两平面波的波矢方向角 $\beta_1 = \beta_2 = \frac{\pi}{2}$,且 $\alpha_1 = \pi - \alpha_2$(即两平面波的传播方向以 yOz 平面为对称面),波长 $\lambda_0 = 500\text{nm}$,人眼可分辨的最小条纹间隔为 0.5mm,请问:参与叠加的两平面波矢的方向角 α_1, α_2 满足什么条件下人眼才能分辨出干涉条纹? 此时平面波传播方向与 z 轴夹角是多少?

2.2　假设自由空间中存在两个偏振方向相同的发散球面波 $\tilde{U}_1$ 和 $\tilde{U}_2$,波长 $\lambda_0 = 500\text{nm}$,其中球面波 $\tilde{U}_1$ 和 $\tilde{U}_2$ 的中心都在 z 轴的负方向上,距离 z 轴原点分别为 $R_1 = 200\text{m}$ 和 $R_2 = 100\text{m}$,请计算球面波在 $z=0$ 平面上的干涉场强分布,并计算出距中心最近处的两个条纹之间的间距(为简单起见,计算中可以认为 $z=0$ 平面上两个球面波的振幅相等,均为 A_0,初始相位差为 0,观察区域 $x, y \ll R_1, R_2$,远小于球面波曲率半径)。

2.3　历史上曾经利用杨氏双缝干涉实验装置测量了日光中包含的红、橙、黄、绿、青、蓝、紫七种颜色的光波长。已知这些光波的波长范围是 $380 \sim 760\text{nm}$,所用显微镜可分辨的不同颜色条纹间距大于 0.01mm,请画出杨氏双缝干涉装置测量光波长度的实验原理图,标出双孔间距和观察屏与双孔的间距。

2.4　在单色光杨氏双缝实验的一个光路中放置一玻璃片,设玻璃片厚度为 t,折射率为 n,请问:

(1) 当 n, t 满足什么条件时屏中心处光强为 0? 什么条件下屏中心处光强为最大值?

(2) 假设两个狭缝的宽度不同,其中一个狭缝宽度是另一宽度的 2 倍,此时条纹的衬比度是多少?

2.5　会场中使用两个扬声器来播音,两扬声器间距 10m,在距离扬声器 100m 的距离上放置一麦克风,麦克风移动方向与两扬声器构成的直线平行,麦克风测量得到的声波强度与移动距离的关系如习题 2.5 图所示,已知声波速度为 343m/s,请计算出该扬声器所发射的声波频率。

2.6　两个 1.0MHz 的雷达辐射天线沿南北方向放置,间距 600m,在距离雷达辐射天线东方 1km 处放置一个雷达信号接收器,接收到最强的信号,请计算该接收器沿南北方向再移动多长距离可以又一次接收到最强的信号。

2.7　一个直径为 1cm 的热光源,如果用相干孔径角 $\Delta\theta_c$ 来描述,其空间相干范围为多少弧度? 如果用相干面积 ΔS_c 来描述,1m 远的相干面积 ΔS_{10} 为多少? 10m 远的相干面积 ΔS_{20} 为多少? 取光波长为 550nm。

2.8　在杨氏双孔干涉实验中,假设双孔间距 $d = 10\text{mm}$,观察屏距双孔 $D = 2\text{m}$。请问:采用白炽灯、汞灯和氖灯照明的情况下,最多可以观察到的最大级次干涉条纹是多少?(各种光源的中心波长和谱线宽度、相干长度见表 2.1。)

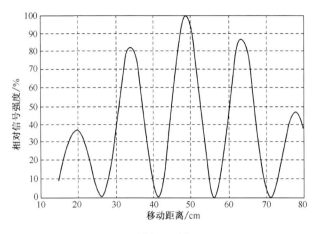

习题 2.5 图

2.9 如习题 2.9 图所示，Q 为标准平板，P 为待测的透明工件，圆形区域是 P 与 Q 之间的楔形空气层所形成的等厚干涉条纹。请分析工件 P 中部凸出还是凹进，为什么？

2.10 块规是机加工里用的一种长度标准，它是一钢质长方体，它的两个端面经过磨平抛光，达到相互平行。习题 2.10 图中 G_1、G_2 是同规号的两个块规，G_1 的长度是标准的，G_2 是要校准的。校准方法如下：把 G_1 和 G_2 放在钢质平台面上，使面和面严密接触，G_1、G_2 上面用一块透明平板 T 压住。如果 G_1 和 G_2 的高度（即长度）不等，微有差别，则在 T 和 G_1、G_2 之间分别形成尖劈形空气层，它们在单色光照射下各产生等厚干涉条纹。

(1) 设入射光的波长是 5389Å，G_1 和 G_2 相隔 5cm（即 l），T 和 G_1、G_2 间干涉条纹的间距都是 0.5mm，试求 G_2 和 G_1 的高度之差。怎样判断它们谁长谁短？

(2) 如果 T 和 G_1 间干涉条纹的间距是 0.5mm，而 T 和 G_2 间的是 0.3mm，则说明什么问题？

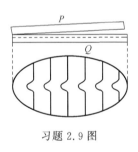

习题 2.9 图

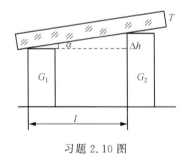

习题 2.10 图

2.11 有一个厚 5mm、直径为 2cm 的玻璃窗口，制造者声称它的每一面的平整度在 $\frac{1}{4}$ 个汞绿线波长（$\lambda = 546$nm）以内，而两面的平行度在 5rad·s 以内（1rad·s$=4.85\times10^{-6}$rad）。怎样测量这些性质以证实制造者的这番说明？可假设玻璃折射率 $n=1.50$。

2.12 假设我们可以在湖边设置一个通信卫星信号接收天线，当卫星刚从地平线上出现、向地面发送电磁波信号时，接收器将同时接收到直接来自卫星本身的信号和湖面反射的卫星信号，如习题 2.12 图所示。请写出当接收天线第一次探测到最强信号时，卫星与接收天线之间连成的直线相对水平面的夹角 α（卫星的方向角）与接收天线高度 h 的关系。

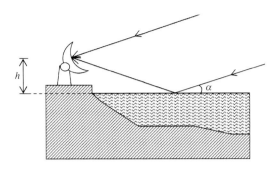

习题 2.12 图

2.13 使用一单色光源照明迈克耳孙干涉仪,当其中一个反射镜移动了 2.53×10^{-5} m 时,条纹随之发生了 92 次明暗交替的变化,请计算该单色光源的波长。

2.14 用迈克耳孙干涉仪进行精密测长,光源为 6328Å 的氦氖激光,其谱线宽度为 10^{-3} Å,整机接收(光电转换)灵敏度可达 1/10 个条纹,这台仪器测长精度为多少?一次测长量程为多少?

2.15 用钠光(5893Å)观察迈克耳孙干涉条纹,先看到干涉场中有 12 个亮环,且中心是亮的,移动平面镜 M_1 后,看到中心吞(吐)了 10 环,而此时干涉场中还剩有 5 个亮环。试求:

(1) M_1 移动的距离;

(2) 开始时中心亮斑的干涉级;

(3) M_1 移动后,从中心向外数第 5 个亮环的干涉级。

2.16 FP 腔用于选频,使用宽光谱照明时,相干长度很短,而 FP 腔长远大于入射光的相干长度,为什么透射多光束可以作为相干叠加处理?

2.17 两个波长为 λ_1 和 λ_2,在 6000Å 附近相差 0.001Å 的光波,要用法布里-珀罗干涉仪把它们分辨开来,间隔 h 需要多大?设反射率 $R=0.95$。

2.18 在一个折射率为 1.54 的玻璃上镀制减反膜,要求能使波长为 550nm 的光波正入射时反射率为 0,请问:所选用膜层材料的折射率应该为多少? 最小的膜层厚度为多少?

2.19 K9 玻璃是可见光成像中常用的光学材料,在常温下对 550nm 波长的折射率为 1.5185,有一台数码相机的镜头由 3 片 K9 透镜组成,请问:

(1) 如果没有镀制增透膜,光能量的损失是多少(不考虑材料对光的吸收)?

(2) 可以镀制折射率为多少的增透膜,以最大限度地减小光能量的损失?

第 3 章 光的衍射理论基础

光的波动性另一重要现象是光的衍射,衍射是在一定的条件下,如光通过狭缝时,光偏离几何光学的直线轨迹而产生绕射现象。描述光波非直线传播的理论即光的衍射理论。历史上,达芬奇是第一个在他的著作中提到光的衍射现象的人,格里马耳迪在他1600年出版的书中,第一次对衍射现象给予了准确的描述。直到1818年,菲涅耳在他的著名论文中,应用惠更斯原理,结合干涉原理,解释了光的衍射现象。1882年,基尔霍夫以电磁场理论为基础,为菲涅耳衍射原理建立了完善的数学基础。此后人们对光的衍射进行了广泛深入的研究,衍射理论成为现代光学的理论基础。

3.1 惠更斯-菲涅耳原理

3.1.1 惠更斯原理

1690年,惠更斯提出关于光的波阵面传播的光的波动原理,现在人们称为惠更斯原理:一个波阵面的每个面元,可各看做是一个产生球面子波的次级扰动中心,以后任何时刻的波阵面是所有这些子波的包络面。由于几何光学中,光传播时波阵面是相互平行的,惠更斯原理的实质是波阵面的作图法则,有时也称惠更斯作图法。图 3.1 显示了根据惠更斯作图法给出的光波传播。应用惠更斯原理可以对几何光学的三个基本定律——均匀介质中光的直线传播定律、光的反射定律和光的折射定律进行解释。

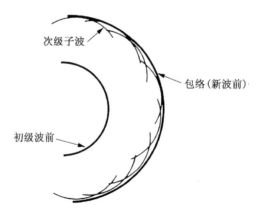

图 3.1 惠更斯原理给出光传播示意图

3.1.2 惠更斯-菲涅耳原理

1818年,巴黎科学院举行了一次以解释光的衍射为主题的竞赛,年轻学者菲涅耳以光的波动性为出发点,给出了解释光衍射现象的形式理论。菲涅耳是在惠更斯原理基础上,假设次级子波相互干涉,从而说明了光的衍射现象,建立了惠更斯-菲涅耳原理。

该原理内容表述为:波阵面上每一个面元可看做次级波源,波场中任一点的光场,是所有次级波源发射的次级波在该场点的相干叠加。如图 3.2 所示,设 Σ 表示空间某一波阵面,按惠更斯-菲涅耳原理,波阵面上任一面元 dS 作为次级波源,在空间场点 P 产生的次级扰动为 $\mathrm{d}\tilde{U}$,则场点 P 的总场或总扰动 $\tilde{U}$,是所有次级波源发射的次级波 $\mathrm{d}\tilde{U}$ 的相干叠加

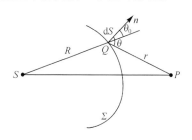

图 3.2 波面 Σ 在 P 点产生的场,满足惠更斯-菲涅耳原理

$$\tilde{U}(P) = \oiint_{\Sigma} \mathrm{d}\tilde{U}(P) \tag{3.1}$$

波阵面 Σ 上面元 dS 足够小时,面元 dS 可认为是点光源,产生的次级波为球面波,传播到 P 处的复振幅为

$$\mathrm{d}\tilde{U}(P) = \frac{a}{r}\mathrm{e}^{\mathrm{i}kr}$$

式中,r 是从 Q 到 P 的距离,系数 a 与面元 dS 以及 Q 处的复振幅 $\tilde{U}(Q)$ 成正比的量。故式(3.1)可表示为

$$\tilde{U}(P) = \oiint_{\Sigma}\mathrm{d}\tilde{U}(P) = K\oiint_{\Sigma}f(\theta_0,\theta)\tilde{U}(Q)\frac{\mathrm{e}^{\mathrm{i}kr}}{r}\mathrm{d}S \tag{3.2}$$

式中,θ_0 和 θ 分别表示入射光方向和场点相对曲面 Q 面元的法线方向的方位角(图 3.2)。$f(\theta_0,\theta)$ 为倾斜因子,表示次级波源发射的各向异性。若积分曲面 Σ 为光的波阵面,入射光传播方向与积分曲面法向平行,即 $\theta_0 = 0$,倾斜因子 $f(\theta_0,\theta) = f(\theta)$,只与 θ 有关。可以认为,当从 $\theta=0$ 增大到 $\theta = \pi/2$ 时,$f(\theta_0,\theta)$ 从最大逐渐减小为 $f(\pi/2) = 0$。

例 3.1 如图 3.3 所示,设波阵面 Σ 是一点光源发射的球面波,求:
(1)波阵面 Σ 在 P 点的衍射光场的复振幅;
(2)当波阵面只有一很小部分通过时的菲涅耳衍射场。

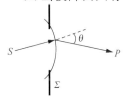

图 3.3 点光源发射球面波的衍射

解:(1)当波阵面 Σ 是点光源发出的球面波时,波阵面上的波函数为

$$\tilde{U}(Q) = \frac{a_0}{r_0}\mathrm{e}^{\mathrm{i}kr_0}$$

a_0 是与点光源发光强度有关的常数,r_0 是点光源 S 到波阵面的距离。波阵面 Σ 任一点次级子波源到 P 点的振幅正比

$\widetilde{U}(Q) = \dfrac{1}{r}\mathrm{e}^{\mathrm{i}kr}$,且 $\theta_0 = 0$ 则 P 处的复振幅为

$$\widetilde{U}(P) = K \iint_\Sigma f(\theta_0, \theta) \dfrac{a_0 \mathrm{e}^{\mathrm{i}kr_0}}{r_0} \dfrac{\mathrm{e}^{\mathrm{i}kr}}{r} \mathrm{d}S = K_0 \dfrac{\mathrm{e}^{\mathrm{i}kr_0}}{r_0} \iint_\Sigma f(\theta) \dfrac{\mathrm{e}^{\mathrm{i}kr}}{r} \mathrm{d}S$$

（2）当波阵面只有一很小部分通过时，则 $\theta \approx$ 常数。由上式得

$$\widetilde{U}(P) = K_0 \dfrac{\mathrm{e}^{\mathrm{i}kr_0}}{r_0} \iint_\Sigma f(\theta) \dfrac{\mathrm{e}^{\mathrm{i}kr}}{r} \mathrm{d}S = K_0 f(\theta) \dfrac{\mathrm{e}^{\mathrm{i}kr_0}}{r_0} \iint_\Sigma \dfrac{\mathrm{e}^{\mathrm{i}kr}}{r} \mathrm{d}S$$

3.2 基尔霍夫衍射理论简介

基尔霍夫在菲涅耳提出光的衍射的基本概念 60 年后，于 1880 年，从定态电磁场的亥姆霍兹方程出发，应用格林公式，在一定条件下给出了无源空间电磁场的边值定解，为惠更斯－菲涅耳衍射概念奠定了比较完善的理论基础。

3.2.1 亥姆霍兹-基尔霍夫积分定理

由第 1 章讨论可知单色电磁场的标量描述为

$$\widetilde{U}(\boldsymbol{r},t) = \widetilde{U}(\boldsymbol{r})\mathrm{e}^{-\mathrm{i}\omega t} \tag{3.3}$$

在无源空间中，电磁场满足标量波动方程：$\nabla^2 \widetilde{U} - \dfrac{1}{v^2} \dfrac{\partial^2 \widetilde{U}}{\partial t^2} = 0$，将式（3.3）代入该式得到定态波的亥姆霍兹方程

$$(\nabla^2 + k^2)\widetilde{U}(\boldsymbol{r}) = 0 \tag{3.4}$$

式中，$k = \omega/v = \omega n/c = 2\pi/\lambda$。在这样的场空间中，取一闭合曲面 S（图 3.4），假设曲面 S 上的场为已知，求曲面内任一点 P 的场。应用格林公式

$$\iiint_v (U \nabla^2 G - G \nabla^2 U) \mathrm{d}V = \iint_S \left(U \dfrac{\partial G}{\partial n} - G \dfrac{\partial U}{\partial n} \right) \mathrm{d}S \tag{3.5}$$

式中，G 为格林函数；$\partial/\partial n$ 沿法线方向的微分。如果取格林函数为

$$G = \dfrac{\mathrm{e}^{\mathrm{i}kr}}{r} \tag{3.6}$$

式中，r 为 P 点到曲面 S 的距离，则除 P 点外，此时 G 满足亥姆霍兹方程。绕 P 点作一微小的球面 S'，在 S 和 S' 所围的体积中应用格林公式，经严格的数学推导，可得到 P 的场

$$\widetilde{U}(P) = \dfrac{1}{4\pi} \iint_S \left(\dfrac{\mathrm{e}^{\mathrm{i}kr}}{r} \dfrac{\partial \widetilde{U}}{\partial n} - \widetilde{U} \dfrac{\partial}{\partial n}\left(\dfrac{\mathrm{e}^{\mathrm{i}kr}}{r}\right) \right) \mathrm{d}S \tag{3.7}$$

由式（3.7）可知，任一点的场可由包围这点的任一闭合球面的场确定，此式称为亥姆霍兹-基尔霍夫积分定理，它是标量衍射理论基础。

例 3.2 证明格林公式（3.5）成立。

解:
$$\iiint_V (U \nabla^2 G - G \nabla^2 U) \mathrm{d}V = \iiint_V \nabla \cdot (U \nabla G - G \nabla U) \mathrm{d}V$$

由附录 A Gauss 公式 $\oiint_S \boldsymbol{E} \cdot \mathrm{d}\boldsymbol{S} = \iiint_V \nabla \cdot \boldsymbol{E} \mathrm{d}V$,有

$$\iiint_V (U \nabla^2 G - G \nabla^2 U) \mathrm{d}V = \iiint_V \nabla \cdot (U \nabla G - G \nabla U) \mathrm{d}V$$
$$= \iint_S (U \nabla G - G \nabla U) \cdot \mathrm{d}\boldsymbol{S}$$
$$= \iint_S \left(U \frac{\partial G}{\partial n} - G \frac{\partial U}{\partial n} \right) \mathrm{d}S$$

例 3.3 当格林函数取 $G = \dfrac{\mathrm{e}^{ikr}}{r}$ 时,证明式(3.7)所描述的图 3.4 中 P 的场成立。

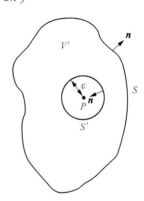

解: 在式(3.5)中,右边体积分体积为曲面 S 和 S' 包围,在此空间内,G 和 U 满足亥姆霍兹方程:$(\nabla^2 + k^2)\tilde{U}(\boldsymbol{r}) = 0$,有

$$\iiint_V (U \nabla^2 G - G \nabla^2 U) \mathrm{d}V$$
$$= \iiint_V [U(\nabla^2 G + kG) - G(\nabla^2 U + kU)] \mathrm{d}V = 0$$

由格林公式有

图 3.4 应用格林公式求解 P 点场时,取 S 与 S' 包围的积分区间

$$\left(\iint_S + \iint_{S'} \right) \left(U \frac{\partial G}{\partial n} - G \frac{\partial U}{\partial n} \right) \mathrm{d}S = 0$$

或

$$\iint_S \left(U \frac{\partial G}{\partial n} - G \frac{\partial U}{\partial n} \right) \mathrm{d}S = -\iint_{S'} \left(U \frac{\partial G}{\partial n} - G \frac{\partial U}{\partial n} \right) \mathrm{d}S$$

在 S' 面上,有

$$G = \frac{\mathrm{e}^{ikr'}}{r'}$$

$$\frac{\partial G}{\partial r'} = \cos(\boldsymbol{n}', \boldsymbol{r}') \left(ik - \frac{1}{r'} \right) \frac{\mathrm{e}^{ikr'}}{r'}$$

r' 表示 P 点到曲面 S' 上任一点的位矢量,$\cos(\boldsymbol{n}', \boldsymbol{r}')$ 表示面元法向矢量 $\boldsymbol{n}'$ 与 $\boldsymbol{r}'$ 之间夹角的余弦。

当 r' 任意小时,有

$$\lim_{r' \to 0} \iint_{S'} \left(U \frac{\partial G}{\partial n} - G \frac{\partial U}{\partial n} \right) \mathrm{d}S$$
$$= \lim_{r' \to 0} 4\pi r'^2 \left(U(P) \frac{\mathrm{e}^{ikr'}}{r'} \left(ik - \frac{1}{r'} \right) - \frac{\partial U(P)}{\partial n} \frac{\mathrm{e}^{ikr'}}{r'} \right)$$
$$= 4\pi U(P)$$

将上式代入 $\iint_S \left(U \dfrac{\partial G}{\partial n} - G \dfrac{\partial U}{\partial n} \right) \mathrm{d}S = -\iint_{S'} \left(U \dfrac{\partial G}{\partial n} - G \dfrac{\partial U}{\partial n} \right) \mathrm{d}S$，得到亥姆霍兹-基尔霍夫积分定理(3.7)。

3.2.2 平面屏衍射的基尔霍夫公式

设有一点源 P_0 发射单色波，考虑该光波通过一不透明无限大屏上的一小孔后，在空间 P 的波场(图 3.5)。取如图 3.4 所示的闭合曲面 S，应用亥姆霍兹-基尔霍夫积分定理，式(3.7)积分化为对 S_1、S_2 和 S_3 三部分曲面的积分，在一定近似下，可求得 P 点的场

$$\widetilde{U}(P) = \dfrac{\mathrm{i}A}{\lambda} \iint_{S_1} \dfrac{\exp\left(\mathrm{i}k(r_0 + r)\right)}{r_0 r} \left(\dfrac{\cos\theta_0 + \cos\theta}{2} \right) \mathrm{d}S \tag{3.8}$$

式(3.8)称为菲涅耳-基尔霍夫衍射公式。获得式(3.8)的近似条件如下

(1) 假设 $1/r_0$ 和 $1/r$ 远小于 k；

(2) 假设在曲面 S_1 上各点处的光场 $\widetilde{U}$，及其导数 $\partial \widetilde{U}/\partial n$，与没有屏时相同，即屏的边界对 S_1 上的场没有影响，即：

$$\widetilde{U} = \dfrac{A \mathrm{e}^{\mathrm{i}kr_0}}{r_0}$$

$$\dfrac{\partial \widetilde{U}}{\partial n} = \dfrac{A \mathrm{e}^{\mathrm{i}kr_0}}{r_0} \left(\mathrm{i}k - \dfrac{1}{r_0} \right) \cos\theta_0 \approx \mathrm{i}k \cos\theta_0 \dfrac{A \mathrm{e}^{\mathrm{i}kr_0}}{r_0}$$

(3) 由于 S_2 不透明屏，认为曲面 S_2 各点的场为零，对 P 点的场没有贡献。当 R 取得足够大时，曲面 S_3 上的场 $\widetilde{U}$ 及其导数 $\partial \widetilde{U}/\partial n$ 任意小，对 P 点的场的贡献可忽略。

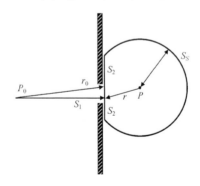

图 3.5 平面屏衍射 $\widetilde{U}_A(P)$

菲涅耳-基尔霍夫衍射公式推导中假设入射波为球面波。对任一入射波，若波面各点的曲率半径比波长大得多，且衍射孔径相对 P 点的张角足够小，它可以推广到任意入射波情况

$$\widetilde{U}(P) = -\dfrac{\mathrm{i}}{2\lambda} \iint_{S_1} \widetilde{U}(Q) \dfrac{\mathrm{e}^{\mathrm{i}kr}}{r} (\cos\theta_0 + \cos\theta) \mathrm{d}S \tag{3.9}$$

式中，$\widetilde{U}(Q)$ 为入射到衍射孔径 S_1 上 Q 的波函数。

例 3.4 在 $1/r_0$ 和 $1/r$ 远小于 k 条件下,推导式(3.8)。

解:点光源 P_0 在 S_1 上的复振幅为

$$\tilde{U} = \frac{A e^{ikr_0}}{r_0}$$

设 S 面元法向方向垂直平面屏从左向右,由于 $k \gg \dfrac{1}{r}, \dfrac{1}{r_0}$,有

$$\frac{\partial G}{\partial n} = -\cos(\boldsymbol{n}, \boldsymbol{r})\left(ik - \frac{1}{r}\right)\frac{e^{ikr}}{r} \approx ik\cos\theta \frac{e^{ikr}}{r}$$

$$\frac{\partial \tilde{U}}{\partial n} = \cos(\boldsymbol{n}, \boldsymbol{r}_0)\left(ik - \frac{1}{r_0}\right)\frac{A e^{ikr_0}}{r_0} \approx -ik\cos\theta_0 \frac{A e^{ikr_0}}{r_0}$$

θ 和 θ_0 分别是 r 和 r_0 与面元法向矢量的夹角。将上式代入式(3.7)有

$$\begin{aligned}
\tilde{U}(P) &= \frac{1}{4\pi}\iint_S \left(\frac{e^{ikr}}{r}\frac{\partial \tilde{U}}{\partial n} - \tilde{U}\frac{\partial}{\partial n}\left(\frac{e^{ikr}}{r}\right)\right)dS \\
&= -\frac{1}{4\pi}\iint_S \left(ik\frac{A\exp(ikr_0)}{r_0}\frac{e^{ikr}}{r}(\cos\theta_0 + \cos\theta)\right)dS \\
&= \frac{iA}{\lambda}\iint_S \left(\frac{\exp[ik(r_0+r)]}{r_0 r}\left(\frac{\cos\theta_0 + \cos\theta}{2}\right)\right)dS
\end{aligned}$$

3.2.3 巴比涅原理

由菲涅耳-基尔霍夫衍射公式,可得到两个互补衍射屏时衍射场分布情况。如图 3.6 所示,(a)屏、(b)屏为互补屏,即(a)屏透光部分正好是(b)屏不透光部分,反之亦然。设(a)屏和(b)屏在衍射空间某一点 P 的衍射场分别为 $\tilde{U}_a(P)$ 和 $\tilde{U}_b(P)$,它们对应式(3.9)中对透光部分的积分。当这两个屏透光部分加起来时,正好是整个平面,这时衍射场与没有衍射屏时的场 $\tilde{U}(P)$ 相等,即

$$\tilde{U}(P) = \tilde{U}_a(P) + \tilde{U}_b(P) \tag{3.10}$$

式(3.10)称为巴比涅原理。

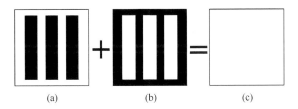

图 3.6 互补衍射屏

3.3 近场衍射和远场衍射

直接应用菲涅耳-基尔霍夫积分公式(3.8)或(3.9),进行求解衍射场分布不仅并非易事,也使主要的物理本质淹没在繁杂的数学中。通过与实际物理过程结合,对式(3.8)

中各个因子分析,衍射计算在一定近似条件下可以进行简化,其中两种重要的近似形成了称为菲涅耳衍射和夫琅禾费衍射。

3.3.1 球面波的傍轴近似和远场近似式

考虑一面光源,取直角坐标系(x_0, y_0),选取z的正方向指向场平面(图3.7)。在面光源上取一点源Q,其坐标为$(x_0, y_0, 0)$,场平面P点坐标为(x, y, z),则Q发出的球面波函数为

$$\tilde{U}(P) = \frac{A}{r} e^{ikr} \tag{3.11}$$

式中

$$r = \sqrt{(x-x_0)^2 + (y-y_0)^2 + z^2} \tag{3.12}$$

式(3.12)展开为

$$r = z + \frac{\rho_0^2 + \rho^2 - 2(xx_0 + yy_0)}{2z} + \cdots$$

式中

$$\rho_0^2 = x_0^2 + y_0^2, \quad \rho^2 = x^2 + y^2$$

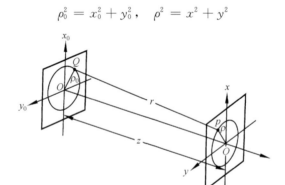

图 3.7 球面波传播旁轴近似和远场近似

在一定条件下可忽略高阶项,球面波可表示为如下四种简单形式:

(1) 若ρ^2、$\rho_0^2 \ll z^2$,即源点和场点满足旁轴条件。

将r的展开式代入球面波表达式(3.11),相位因子kr保留到二次项,振幅因子中的r保留一次项,则有

$$\tilde{U}(P) = \frac{A}{r} e^{ikr} = \frac{A}{z + \frac{\rho_0^2 + \rho^2 - 2(xx_0 + yy_0)}{2z} + \cdots} \exp\left(ik\left(z + \frac{\rho_0^2 + \rho^2 - 2(xx_0 + yy_0)}{2z} + \cdots\right)\right)$$

$$\approx \frac{A e^{ikz}}{z} \exp\left(ik \frac{\rho_0^2 + \rho^2 - 2(xx_0 + yy_0)}{2z}\right) \tag{3.13}$$

式中,指数因子保留二次项,是由于$k = 2\pi/\lambda$与二次项的积$k\rho^2/z$、$k\rho_0^2/z$对相位的贡献不一定是小量。

(2) 源点和场点满足旁轴条件 ρ^2、$\rho_0^2 \ll z^2$，同时源点满足远场条件 $k\rho_0^2 \ll z$。

由球面波表达式(3.11)，则场点的波函数可化为

$$\begin{aligned}\widetilde{U}(P) &= \frac{A}{r}e^{ikr} \approx \frac{Ae^{ikz}}{z}\exp\left(ik\frac{\rho_0^2+\rho^2-2(xx_0+yy_0)}{2z}\right) \\ &\approx \frac{Ae^{ikz}}{z}\exp\left(ik\frac{\rho^2+2(xx_0+yy_0)}{2z}\right) \\ &= \frac{Ae^{ikz}}{z}\exp\left(ik\frac{x^2+y^2}{2z}\right)\exp\left(-ik\frac{xx_0+yy_0}{z}\right)\end{aligned} \quad (3.14)$$

式(3.14)相位因子与源点坐标关系为线性相位因子，代表从源点出射的波面近似转化为平面波。

(3) 源点和场点满足旁轴条件 ρ^2、$\rho_0^2 \ll z^2$，场点满足远场条件 $k\rho^2 \ll z$。

由表达式(3.11)，场点的波函数可化近似为

$$\begin{aligned}\widetilde{U}(P) &= \frac{A}{r}e^{ikr} \approx \frac{Ae^{ikz}}{z}\exp\left(ik\frac{\rho_0^2+\rho^2-2(xx_0+yy_0)}{2z}\right) \\ &\approx \frac{Ae^{ikz}}{z}\exp\left(ik\frac{\rho_0^2+2(xx_0+yy_0)}{2z}\right) \\ &= \frac{Ae^{ikz}}{z}\exp\left(ik\frac{x_0^2+y_0^2}{2z}\right)\exp\left(-ik\frac{xx_0+yy_0}{z}\right)\end{aligned} \quad (3.15)$$

式中，相位因子与场点坐标的关系为线性关系。

(4) 若源点和场点都满足傍轴条件和远场条件。

场点的波函数(3.11)化为

$$\begin{aligned}\widetilde{U}(P) &= \frac{A}{r}e^{ikr} \approx \frac{Ae^{ikz}}{z}\exp\left(ik\frac{\rho_0^2+\rho^2-2(xx_0+yy_0)}{2z}\right) \\ &\approx \frac{Ae^{ikz}}{z}\exp\left(-ik\frac{xx_0+yy_0}{z}\right)\end{aligned} \quad (3.16)$$

此时从源点发出的球面波，到达场点转化为平面波。

3.3.2 近场衍射——菲涅耳衍射

当衍射屏和接收屏的坐标位置满足旁轴近似条件，基尔霍夫衍射积分

$$\widetilde{U}(P) = -\frac{i}{2\lambda}\iint_{S_1}\widetilde{U}(Q)\frac{e^{ikr}}{r}(\cos\theta_0+\cos\theta)dS$$

中的 θ_0 和 θ 很小，倾斜因子 $\cos\theta_0 \approx 1$，$\cos\theta \approx 1$；又由旁轴近似时球面波 $\frac{e^{ikr}}{r}$ 满足式(3.13)，则基尔霍夫衍射公式可化为

$$\begin{aligned}\widetilde{U}(P) &= -\frac{ie^{ikz}}{\lambda z}\iint_{S_1}\widetilde{U}(Q)\exp\left(ik\frac{\rho_0^2+\rho^2-2(xx_0+yy_0)}{2z}\right)dS \\ &= -\frac{ie^{ikz}}{\lambda z}\iint_{S_1}\widetilde{U}(x_0,y_0)\exp\left(ik\frac{(x-x_0)^2+(y-y_0)^2}{2z}\right)dx_0dy_0\end{aligned} \quad (3.17)$$

由于在孔径之外 $\tilde{U}(Q) = 0$，式(3.17)可写为

$$\tilde{U}(x,y) = -\frac{\mathrm{i}e^{\mathrm{i}kz}}{\lambda z}\iint_{-\infty}^{\infty}\tilde{U}(x_0,y_0)\exp\left(\mathrm{i}\frac{k}{2z}((x-x_0)^2+(y-y_0)^2)\right)\mathrm{d}x_0\mathrm{d}y_0 \quad (3.18)$$

该式是一个卷积

$$\tilde{U}(x,y) = \iint_{-\infty}^{\infty}\tilde{U}(x_0,y_0)h(x-x_0,y-y_0)\mathrm{d}x_0\mathrm{d}y_0 \quad (3.19)$$

其卷积的核为

$$h(x,y) = -\frac{\mathrm{i}e^{\mathrm{i}kz}}{\lambda z}\exp\left(\mathrm{i}\frac{k}{2z}(x^2+y^2)\right) \quad (3.20)$$

在式(3.18)积分中，如果将被积函数含场点坐标的二次相位因子提到积分号外，得到另外形式

$$\tilde{U}(x,y) = -\frac{\mathrm{i}e^{\mathrm{i}kz}}{\lambda z}\exp\left(\mathrm{i}\frac{k}{2z}(x^2+y^2)\right)\iint_{-\infty}^{\infty}\left(\tilde{U}(x_0,y_0)\exp\left(\mathrm{i}\frac{k}{2z}(x_0^2+y_0^2)\right)\right.$$
$$\left.\times\exp\left(-\mathrm{i}\frac{k}{z}(xx_0+yy_0)\right)\right)\mathrm{d}x_0\mathrm{d}y_0 \quad (3.21)$$

衍射积分式(3.18)或式(3.21)称做菲涅耳衍射积分。它是在旁轴近似条件成立的区域内衍射场的分布，这样的区域也称做菲涅耳区，其衍射也称做近场衍射。

3.3.3 远场衍射——夫琅禾费衍射

衍射屏和接收屏的坐标位置除了满足菲涅耳衍射近似条件，衍射屏上的次级波源还满足远场条件 $k\rho_0^2 \ll z$，则式(3.21)中被积函数的二次相位因子 $\frac{k}{2z}(x_0^2+y_0^2) \ll 1$，衍射场为

$$\tilde{U}(x,y) = -\frac{\mathrm{i}e^{\mathrm{i}kz}}{\lambda z}\exp\left(\mathrm{i}\frac{k}{2z}(x^2+y^2)\right)\iint_{-\infty}^{\infty}\tilde{U}(x_0,y_0)\exp\left(-\mathrm{i}\frac{k}{z}(xx_0+yy_0)\right)\mathrm{d}x_0\mathrm{d}y_0$$
$$(3.22)$$

满足远场条件的衍射区域为夫琅禾费衍射区，式(3.22)为夫琅禾费衍射积分，衍射场为夫琅禾费衍射。式(3.22)除了积分号前的系数 $-\frac{\mathrm{i}e^{\mathrm{i}kz}}{\lambda z}$ 和二次相位因子 $\exp\left(\mathrm{i}\frac{k}{2z}(x^2+y^2)\right)$ 外，实际上是衍射孔径上的场 $\tilde{U}(x_0,y_0)$ 的傅里叶变换，傅里叶变换频率为

$$f_x = \frac{x}{\lambda z}, \quad f_y = \frac{y}{\lambda z} \quad (3.23)$$

如果以一方向余弦角为 (α,β,γ) 平面波入射衍射屏，小孔衍射屏上的波函数为

$$\tilde{U}(x_0,y_0) = A\exp(\mathrm{i}k(x_0\cos\alpha+y_0\cos\beta))$$

A 为平面波的振幅，将上式代入式(3.22)得

$$\tilde{U}(x,y) = C\iint_S \exp(-\mathrm{i}k(px_0+qy_0))\mathrm{d}x_0\mathrm{d}y_0 \quad (3.24)$$

式中,积分在小孔上进行,参数 C、p 和 q 为

$$C = -\frac{iAe^{ikz}}{\lambda z}\exp\left(i\frac{k}{2z}(x^2+y^2)\right) \quad (3.25)$$

$$p = \frac{x}{z} - \cos\alpha, \quad q = \frac{y}{z} - \cos\beta$$

式(3.24)表示平面波入射衍射屏的情形,表示了光源在无穷远时的夫琅禾费衍射情形,式(3.24)与式(3.22)的差别只在于对入射波限定为平面波。

例 3.5 平面波正入射衍射屏条件下,场点即观察屏上的观测点满足远场条件时,求夫琅禾费衍射场。

解:场点满足远场条件 $\frac{k}{2z}(x^2+y^2) \ll 1$,式(3.25)简化为

$$C = -\frac{iAe^{ikz}}{\lambda z}\exp\left(i\frac{k}{2z}(x^2+y^2)\right) \approx -\frac{iAe^{ikz}}{\lambda z}$$

由式(3.24),夫琅禾费衍射场为

$$\widetilde{U}(x,y) = -\frac{iAe^{ikz}}{\lambda z}\iint_S \exp\left(-ik\left(\frac{xx_0}{z}+\frac{yy_0}{z}\right)\right)dx_0 dy_0$$

上式描述了光源在无穷远、衍射场观测平面距离衍射屏也足够远情形下的夫琅禾费衍射。

平面波入射情况下,描述衍射场的式(3.24)改写为如下形式

$$\widetilde{U}(x,y) = C\iint_{-\infty}^{\infty} G(x_0,y_0)\exp(-ik(px_0+qy_0))dx_0 dy_0 \quad (3.26)$$

式中,光瞳函数为

$$G(x_0,y_0) = \begin{cases} 1, & \text{在小孔上} \\ 0, & \text{在小孔外} \end{cases} \quad (3.27)$$

此时式(3.26)与式(3.22)形式上没有本质区别,只要已知衍射屏出射的波函数 $\widetilde{U}(x_0,y_0)$,衍射场即可求得。实际上,衍射屏可以是小孔或其他形式的透射屏。一般地,衍射屏可以用一个透过率函数 $\tilde{t}(x_0,y_0)$ 描述,透过率函数定义为透射光复振幅 $\widetilde{U}(x_0,y_0)$ 与入射光复振幅 $\widetilde{U}_0(x_0,y_0)$ 之比

$$\tilde{t}(x_0,y_0) = \frac{\widetilde{U}(x_0,y_0)}{\widetilde{U}_0(x_0,y_0)} \quad (3.28)$$

比如,平面波入射光瞳,有 $\tilde{t}(x_0,y_0) = G(x_0,y_0)$,在光瞳内 $\tilde{t}(x_0,y_0)$ 取 1,在光瞳外取 0。

应用远场条件 $k\rho_0^2 \ll z$,可以估算夫琅禾费衍射成立时的观察距离。例如,波长为 $0.6\mu m$ 的可见光,通过孔径尺度为 2.5cm 屏时,满足夫琅禾费衍射条件的观察距离 $z \gg 650m$。在实验室,该距离非常大,实际上可通过透镜,在其焦面上观察的衍射即夫琅禾费衍射,图 3.8 所示给出了理想的夫琅禾费衍射实验装置示意图,在透镜 L_2 焦平面观察到的光场分别为夫琅禾费衍射,满足下式

$$\widetilde{U}(x,y) = -\frac{iAe^{ikf}}{\lambda f}\iint_S \exp\left(-ik\left(\frac{xx_0}{f}+\frac{yy_0}{f}\right)\right)dx_0 dy_0$$

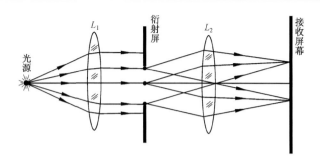

图 3.8 透镜焦平面的衍射场,为夫琅禾费远场近似

3.4 单缝和矩孔的夫琅禾费衍射

在计算衍射场时除了采用直角坐标 (x,y) 描述场点的位置外,人们往往采用如图 3.9 所示的衍射角 (θ_1,θ_2) 标定场点,θ_1 和 θ_2 分别表示 $\overline{O'x}$ 和 $\overline{O'y}$ 对 O 的张角。在旁轴近似条件下,有

$$\sin \theta_1 = \frac{x}{\sqrt{x^2+z^2}} \approx \frac{x}{z} \approx \frac{x}{\sqrt{x^2+y^2+z^2}} = \cos \alpha_1$$
$$\sin \theta_2 = \frac{y}{\sqrt{y^2+z^2}} \approx \frac{y}{z} \approx \frac{y}{\sqrt{x^2+y^2+z^2}} = \cos \beta_1$$
(3.29)

式中,α_1 和 β_1 是 CP 的方向余弦角。当观测面在透镜后焦平面时,式(3.29)中 $z=f$,f 透镜的聚焦。因此夫琅禾费衍射积分式(3.22)可表示为

$$\widetilde{U}(\theta_1,\theta_2) = -\frac{\mathrm{i}e^{\mathrm{i}kf}}{\lambda f}\exp\left(\mathrm{i}\frac{kf}{2}(\sin^2\theta_1+\sin^2\theta_2)\right)\cdot$$
$$\iint_{-\infty}^{\infty}\widetilde{U}(x_0,y_0)\exp\left(-\mathrm{i}k(\sin\theta_1 x_0+\sin\theta_2 y_0)\right)\mathrm{d}x_0\mathrm{d}y_0 \qquad (3.30)$$

式中,$\sin\theta_1 \approx \dfrac{x}{f}$,$\sin\theta_2 \approx \dfrac{y}{f}$。

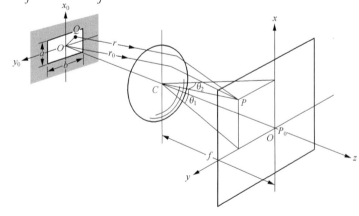

图 3.9 夫琅禾费采用张角 (θ_1,θ_2) 描述

3.4.1 单缝夫琅禾费衍射

为在较小的距离内观测夫琅禾费衍射,通过透镜在其后焦平面获得夫琅禾费衍射分布(图 3.10(a))。图中衍射屏为一维狭缝,在 x_0 方向为有限宽度 a,y_0 方向认为无限大宽度,衍射只发生在 x_0 方向上。在狭缝后面放置透镜,透镜主轴通过狭缝中点与狭缝垂直,由狭缝每一次波源发射的次波,相同传播方向的次波聚焦于后焦平面相同的点,如图 3.10(b)所示。图 3.10(b)是沿 x_0 方向的剖面图。

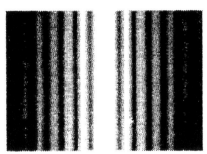

(a) 单缝夫琅禾费衍射图　　　　(b) 单缝衍射装置的剖面图

图 3.10　单缝夫琅禾费衍射原理图

设入射光为垂直狭缝的平行光 $\widetilde{U}(x_0, y_0) = A_0$,狭缝在 y_0 方向的宽度为 b,夫琅禾费衍射积分式(3.30)化为一维积分形式

$$\widetilde{U}(\theta) = -\frac{\mathrm{i}b\mathrm{e}^{\mathrm{i}kf}}{\lambda f}\exp\left(\mathrm{i}\frac{kf}{2}\sin^2\theta\right)\int_{-a/2}^{a/2} A\exp\left(-\mathrm{i}k\sin\theta x_0\right)\mathrm{d}x_0 \tag{3.31}$$

积分得单缝夫琅禾费衍射场为

$$\begin{aligned}\widetilde{U}(\theta) &= \widetilde{c}\,\mathrm{e}^{\mathrm{i}kf}\exp\left(\mathrm{i}\frac{kf}{2}\sin^2\theta\right)\frac{\sin\alpha}{\alpha} \\ \widetilde{c} &= -\frac{\mathrm{i}Aba}{\lambda f}, \quad \alpha = \frac{\pi a\sin\theta}{\lambda}\end{aligned} \tag{3.32}$$

衍射光强分布为

$$I(\theta) = \widetilde{U}\widetilde{U}^* = I_0\mathrm{sinc}^2\alpha \tag{3.33}$$

式中,$I_0 = \widetilde{c}\widetilde{c}^*$,$\mathrm{sinc}\alpha = \dfrac{\sin\alpha}{\alpha}$。

衍射强度分布的特征由 $\mathrm{sinc}\,\alpha$ 确定。$\mathrm{sinc}\,\alpha$ 和光强 $I(\theta)$ 随 α 变化如图 3.11 所示。可看到单缝衍射强度分布的几个特点。

(1) 当 $\alpha = 0$ 时,$\mathrm{sinc}\,\alpha = 1$,对应的衍射角 $\theta = 0$,衍射光强 $I(\theta) = I_0$ 为最大,称为零级衍射峰。

(2) 当 $\alpha = m\pi (m = \pm 1, \pm 2, \cdots)$ 时,$\mathrm{sinc}\,\alpha = 0$,由式(3.32)中的 α 表达式,对应当衍射角为

$$a\sin\theta = m\lambda, \quad m = \pm 1, \pm 2, \cdots \tag{3.34}$$

此时,衍射强度 $I(\theta) = 0$,式(3.34)称为单缝夫琅禾费衍射的零点条件。

(3) 由图 3.11 还可看到,在相邻的两个衍射强度零值之间存在一个极大值衍射强度,其位置由 sinc 函数的导数等于零来确定,即 $\tan \alpha = \alpha$ 求得。

(4) 由于零级衍射斑集中了全部入射光强的 80% 以上,人们常常用零级峰值方位角 θ_0 与一级零点方位角 θ_1 之差 $\Delta\theta = \theta_0 - \theta_1$,用来描述光衍射的发散程度,$\Delta\theta$ 称为半角宽度。平行光正入射时 $\theta_0 = 0$ 当狭缝宽度 a 远大于波长时,由式(3.34),有 $\sin\theta_1 \approx \theta_1 = \lambda/a$,则夫琅禾费衍射半角宽度为

$$\Delta\theta = \frac{\lambda}{a} \quad \text{或} \quad a \cdot \Delta\theta = \lambda \tag{3.35}$$

式(3.35)表示半角宽度与狭缝宽度之积为一常量。

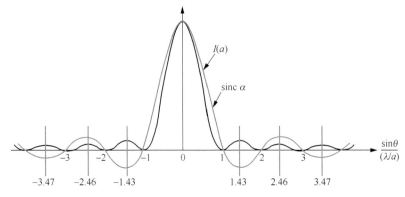

图 3.11 单缝衍射强度 I 和衍射因子 $\text{sinc}\,\alpha$ 随 θ 的变化

3.4.2 矩孔夫琅禾费衍射

设一平行光垂直入射边长为 a 和 b 的方形孔,如图 3.9 所示,在透镜后焦平面观测的夫琅禾费衍射场,这里透镜的主轴通过矩孔中心并与矩孔平面垂直。设 C 为透镜中心,与 CP 平行的光线通过透镜后聚焦场点 P,设 θ_1 和 θ_2 分别表示场点 $P(x,y)$ 对 C 的张角,由夫琅禾费衍射式(3.30),得矩孔的夫琅禾费衍射场分布

$$\widetilde{U}(\theta_1,\theta_2) = -\frac{\mathrm{i}A\mathrm{e}^{\mathrm{i}kf}}{\lambda f}\exp\left(\mathrm{i}\frac{kf}{2}(\sin^2\theta_1 + \sin^2\theta_2)\right) \cdot$$
$$\int_{-a/2}^{a/2} \exp(-\mathrm{i}k\sin\theta_1 x_0)\mathrm{d}x_0 \int_{-b/2}^{b/2} \exp(-\mathrm{i}k\sin\theta_2 y_0)\mathrm{d}y_0 \tag{3.36}$$

式(3.36)积分求得矩孔的夫琅禾费衍射场和强度为

$$\widetilde{U}(\theta_1,\theta_2) = \widetilde{c}\,\mathrm{e}^{\mathrm{i}kf}\exp\left(\mathrm{i}\frac{kf}{2}(\sin^2\theta_1 + \sin^2\theta_2)\right)\text{sinc}\,\alpha \cdot \text{sinc}\,\beta, \quad I = I_0 \text{sinc}^2\alpha \cdot \text{sinc}^2\beta \tag{3.37}$$

式中

$$\widetilde{c} = -\frac{\mathrm{i}Aba}{\lambda f}, \quad I_0 = \widetilde{c}\,\widetilde{c}^*, \quad \alpha = \frac{\pi a \sin\theta_1}{\lambda}, \quad \beta = \frac{\pi a \sin\theta_2}{\lambda}$$

由式(3.37)得到矩孔衍射强度分布,如图 3.12 所示,其衍射场分布与单缝衍射类似,其差别在于单缝强度变化呈一维分布,矩孔呈二维分布。

从图 3.12 看到,当 $(\theta_1,\theta_2)=(0,0)$ 时,衍射强度最大,以最大峰值为中心有一个最大的衍射斑,称为零级衍射。零级衍射斑的半角宽度 $(\Delta\theta_1,\Delta\theta_2)$,由衍射零点条件

$$a\sin\theta_1 = m_1\lambda, \quad m_1 = \pm 1, \pm 2, \cdots$$
$$b\sin\theta_2 = m_2\lambda, \quad m_2 = \pm 1, \pm 2, \cdots \quad (3.38)$$

确定。当 $a,b \gg \lambda$ 时,取 $m_1 = m_2 = 1$,由式(3.38)得到半角宽度

$$\Delta\theta_1 \approx \frac{\lambda}{a}, \qquad \Delta\theta_2 \approx \frac{\lambda}{b} \quad (3.39)$$

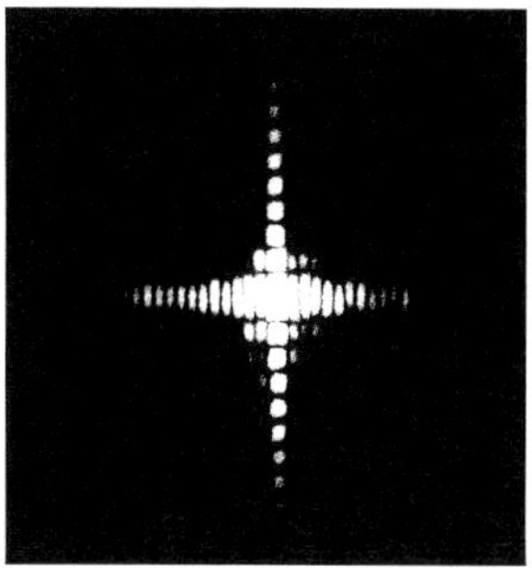

图 3.12 矩形衍射强度分布

人们用半角宽度 $(\Delta\theta_1,\Delta\theta_2)$ 来描述平行光入射矩孔时,发生衍射的弥散程度。

3.5 圆孔夫琅禾费衍射与成像系统的分辨本领

3.5.1 圆孔夫琅禾费衍射

圆孔夫琅禾费衍射场分布的观测方法与矩孔衍射类似(图 3.13),这时用极坐标代替直角坐标更为方便。设 (ρ_0,θ_0) 是以圆孔为中心,圆孔半径为 a,孔上点 $Q(x_0,y_0)$ 的极坐标

$$x_0 = \rho_0\cos\theta_0, \quad y_0 = \rho_0\sin\theta_0 \quad (3.40)$$

(ρ,ψ) 是衍射场上以点源几何像点为原点时场点 $P(x,y)$ 的极坐标

$$x = \rho\cos\psi, \quad y = \rho\sin\psi \quad (3.41)$$

按上述极坐标,当以振幅 A 为平面波入射时,夫琅禾费衍射积分(3.22)可转化为

$$\widetilde{U}(\rho,\psi) = -\frac{\mathrm{i}\mathrm{e}^{\mathrm{i}kf}}{\lambda f}\exp\left(\mathrm{i}\frac{k\rho^2}{2f}\right)\int_0^a\int_0^{2\pi}A\exp\left(-\mathrm{i}\frac{k}{f}\rho\rho_0\cos(\theta_0-\psi)\right)\rho_0\,\mathrm{d}\rho_0\,\mathrm{d}\theta_0 \quad (3.42)$$

式(3.42)的求解涉及特殊函数——贝塞尔函数的积分求解,这里将不作介绍,只给出积分结果

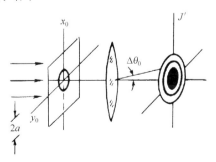

图 3.13 圆孔夫琅禾费衍射

$$\widetilde{U}(\rho) = \widetilde{c}\left(2\frac{J_1(ka\rho/f)}{ka\rho/f}\right) = \widetilde{c}\left(2\frac{J_1(x)}{x}\right) \quad (3.43)$$

式中,$\widetilde{c} = -\frac{\mathrm{i}A\mathrm{e}^{\mathrm{i}kf}}{\lambda f}\exp\left(\mathrm{i}\frac{k\rho^2}{2f}\right)$,$x = ka\rho/f$,$J_1(x)$ 为一阶贝塞尔函数。令场点 P 对圆孔中心的张角为 θ,有

$$\sin\theta \approx \frac{\rho}{f}$$

利用上式,式(3.43)又可表示为

$$\tilde{U}(\rho) = \tilde{c}\left(2\frac{J_1(ka\sin\theta)}{ka\sin\theta}\right) \tag{3.44}$$

对应的强度为

$$I(\theta) = \left(\frac{A}{\lambda f}\right)^2 \left(2\frac{J_1(ka\sin\theta)}{ka\sin\theta}\right)^2 \quad \text{或} \quad I(\rho) = \left(\frac{A}{\lambda f}\right)^2 \left(2\frac{J_1(ka\rho/f)}{ka\rho/f}\right)^2 \tag{3.45}$$

由式(3.45)得到衍射强度分布,如图 3.14 所示,衍射强度出现极大和极小值,其位置如表 3.1 所示。从中心最大光强位置到第一个极小位置 $x = 1.22\pi$,圆孔的衍射场存在一中心光斑,称为艾里斑。艾里斑的宽度 d 和半角宽度由下式确定

$$\sin\theta = 1.22\frac{\lambda}{D} \quad \text{或} \quad d = 1.22\frac{\lambda f}{D} \tag{3.46}$$

式中,$D=2a$ 为圆孔直径。一般情况下 $\lambda \ll D$,半角宽度可表示为

$$\Delta\theta = 1.22\frac{\lambda}{D} \quad \text{或} \quad \Delta\theta \cdot D = 1.22\lambda \tag{3.47}$$

计算表明,入射圆孔总光强的 84% 落在艾里斑内。

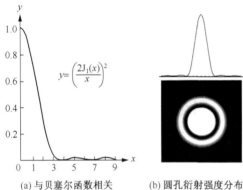

表 3.1 圆孔衍射极大和极小位置

x	$2J_1(\pi x)/\pi x$	max/min
0	1	max
1.22	0	min
1.635	0.0175	max
2.233	0	min
2.679	0.0042	max
3.238	0	min

(a) 与贝塞尔函数相关的 y 随 x 的变化
(b) 圆孔衍射强度分布

图 3.14

3.5.2 成像仪器的分辨本领

对于有限大小孔径的光学系统,从式(3.46)或式(3.47)可知,原来几何光学的理想像点,由于衍射效应,在像面上是一个艾里斑,即物面上大量的物点,通过成像系统变为大量艾里斑的集合。能否清晰分辨相邻艾里斑,反映了成像系统的分辨本领,因此分辨本领是衡量分开相邻两个物点的像的能力。

1. 瑞利判据

人们采用瑞利判据作为成像系统分辨本领的定量标准。设相邻两个艾里斑中心间的角间距为 $\delta\theta$,瑞利提出将 $\delta\theta$ 与艾里斑半角宽度 $\Delta\theta$ 进行比较,二者相等时,为能分辨的最小角间距 $\delta\theta_m$

$$\delta\theta_m = \Delta\theta \tag{3.48}$$

即当第一个像的主极大和另一个像的第一极小重合时,这两个像刚好能分辨(图 3.15),

人们将上式称为瑞利判据。因此成像系统的分辨率极限是 $\delta\theta_m$，其分辨本领定义为这个量的倒数 $1/\delta\theta_m$。

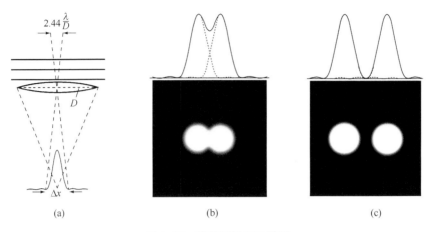

图 3.15 瑞利判据图示说明

例 3.6 人眼的瞳孔直径，根据光强大小会自动调节，一般正常范围是 $D_e \approx 2 \sim 8\text{mm}$。当光入射人的眼睛时，瞳孔取得衍射孔的作用，求人眼的最小分辨率角。设入射光波长 $\lambda = 550\text{nm}$，其 $D_e \approx 2\text{mm}$。

解： 由式(3.48)和式(3.47)可求得人眼的最小分辨率角为

$$\delta\theta_e = \Delta\theta$$
$$= 1.22 \frac{\lambda}{D_e}$$
$$\approx \frac{550\text{nm}}{2\text{mm}}$$
$$\approx 3.3 \times 10^{-4}\,\text{rad}$$
$$\approx 1'$$
$$\approx 0.08\text{mm}/25\text{cm}$$
$$\approx 3.3\text{mm}/10\text{m}$$

上式说明人眼的分辨率角为 $1''$，或者说可分辨明视距离 25cm 处相邻 0.08mm 的物体细节。

2. 望远镜的分辨本领

现在讨论望远镜的分辨率物理极限与极限角放大率。望远镜的原理结构如图 3.16 所示，其作用是将物方小夹角的平行光经物镜，再经目镜变成夹角放大后的平行光，而实现对远距离物体的观测。望远镜的角分辨率是描述其性能的一个重要指标。对望远镜入射光瞳就是它的物镜，故物镜起着衍射孔的作用。设望远镜物镜的直径为 D，根据式(3.47)，该望远镜角极限分辨率为

$$\delta\theta_m = \Delta\theta = 1.22 \frac{\lambda}{D} \tag{3.49}$$

式(3.49)亦是望远镜恰好能分辨开的两个星体的角间距。

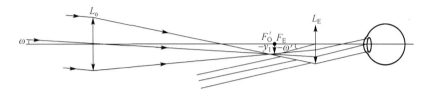

图 3.16　望远镜的原理结构

例如,哈勃太空望远镜主透镜的口径为 2.4m,以可见光中心波长 550nm 进行计算,由式(3.49)得其极限角分辨率为

$$\delta\theta_m = 1.22 \frac{550\text{nm}}{2.4\text{m}} \approx 5 \times 10^{-7} \text{rad} = 0.1''$$

望远镜的角放大率 M 是其另一个重要性能指标,其大小为物镜的焦距 f_o 与目镜焦距 f_e 之比: $M = \frac{f_o}{f_e}$。

另一方面,当物镜口径确定后,其最小分辨角也就确定 $\delta\theta_m$,该分辨角经放大后,能满足人眼的最小分辨角 $\delta\theta_e$,达到最佳效果,满足这一要求的角放大率为物理极限角放大率,或有效角放大率 M_{eff},由式(3.47),有效放大率为

$$M_{\text{eff}} = \frac{\delta\theta_e}{\delta\theta_m} = \frac{D_o}{D_e} \tag{3.50}$$

式中,D_o 和 D_e 分别为物镜和目镜的直径。望远镜设计时需角放大率和有效放大率的匹配。

3. 显微镜的分辨本领

显微镜工作原理是通过一短焦距、小口径物镜将放置在齐明点附近的微小物体放大成像,再经目镜放大成虚像,以便人眼观察,如图 3.17(a)所示。设 δx_0 为物体的线度,Δx_0 为物点经放大镜后在像面上的艾里斑半径,δx 为微小物体两端点对应两艾里斑中心距离。对显微镜系统的分辨本领,同样根据瑞利判据,艾里斑半径与两个艾里斑距离相等

$$\delta x_m = \Delta x_0 \tag{3.51}$$

由圆孔夫琅禾费衍射半径式(3.47),$\Delta\theta_0 = 1.22 \frac{\lambda}{D}$,$D$ 是物镜口径,物上的一点经物镜后,其像点为艾里斑,艾里斑大小为

$$\Delta x_0 = l\Delta\theta_0 = 1.22 \frac{\lambda}{D} l = 1.22 \frac{\lambda_0}{nD} l$$

式中,n 为像方折射率。从图 3.17(b),有几何关系 $\sin u \approx \frac{D/2}{l}$,代入上式,式(3.51)转化为

$$\delta x_{\mathrm{m}} = 0.61 \frac{\lambda_0}{n \sin u} \tag{3.52}$$

由几何光学原理,当工作在显微镜齐明点附近时,其相关几何量满足阿贝正弦定理

$$n_0 \delta x_0 \sin u_0 = n \delta x \sin u$$

式中,u_0 和 u 分别为物点和艾里斑中心对物镜的张角。将上式代入式(3.52),得到显微镜可分辨的最小线度为

$$\delta x_0 \approx 0.61 \frac{\lambda_0}{n_0 \sin u_0} = 0.61 \frac{\lambda_0}{\mathrm{NA}} \tag{3.53}$$

式中,$\mathrm{NA} = n_0 \sin u_0$ 为显微镜镜头的数值孔径。式(3.53)给出了一个显微镜刚好能分辨的两个物点的间距。与望远镜相似,显微镜也有一个有效放大率

$$M_{\mathrm{eff}} = \frac{\delta x_{\mathrm{e}}}{\delta x_{\mathrm{m}}}$$

即物体 δx_{m} 经物镜和目镜放大 M 倍后,恰好达到人眼的明视距离处可分辨的最小线度 δx_{e}。

从式(3.53)可知,增大显微镜的分辨本领,可以通过增大数值孔径,或采用短波长光束。如电子显微镜,由于电子波长的数量级为 10^{-2} nm,比可见光小 10^{-4} 倍,电子显微镜的放大率比普通显微镜约大 10^4 倍。

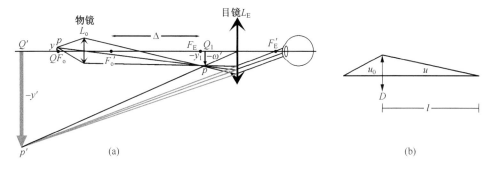

图 3.17 显微镜的原理结构

3.6 光栅衍射

在自然界中存在众多的由相同结构单元组成的物体,这类结构物体的衍射表现出许多独特的衍射特点,其中有序排列的相同结构单元物体的衍射是最为重要的一类。这种有序结构物体对入射光的振幅或相位,或二者同时产生一个周期性的空间调制,称之为衍射光栅。在讨论相同结构单元物体或光栅的夫琅禾费衍射时,应用相同结构单元衍射的位移-相移定理进行计算,使得讨论方便简单。

3.6.1 位移-相移定理

设 (x_0, y_0) 平面上有一衍射单元 S,其透过率函数为 $\tilde{t}(x, y)$,如图 3.18 所示。若

振幅为 A 的平面波垂直入射 (x_0,y_0) 平面，由式(3.26)和式(3.29)，其夫琅禾费衍射光场为

$$\tilde{U}(\theta_1,\theta_2) = C\iint_{-\infty}^{\infty} \tilde{t}(x_0,y_0)\exp(-\mathrm{i}k(\sin\theta_1 x_0 + \sin\theta_2 y_0))\mathrm{d}x_0\mathrm{d}y_0 \quad (3.54)$$

设衍射单元 S 在 (x_0,y_0) 平面内作一平移 (a,b)（图3.18）。平移后的衍射单元的透过率函数为

$$\tilde{t}'(x_0,y_0) = \tilde{t}(x_0-a,y_0-b)$$

其夫琅禾费衍射场为

$$\begin{aligned}\tilde{U}'(\theta_1,\theta_2) &= C\iint_{-\infty}^{\infty} \tilde{t}(x_0-a,y_0-b)\exp(-\mathrm{i}k(\sin\theta_1 x_0 + \sin\theta_2 y_0))\mathrm{d}x_0\mathrm{d}y_0 \\ &= C\iint_{-\infty}^{\infty} \tilde{t}(x_0,y_0)\exp(-\mathrm{i}k(\sin\theta_1(x_0+a) + \sin\theta_2(y_0+b)))\mathrm{d}x_0\mathrm{d}y_0 \\ &= \exp(\mathrm{i}(\delta_1+\delta_2))\tilde{U}(\theta_1,\theta_2)\end{aligned} \quad (3.55)$$

式中，由式(3.29)定义的 (θ_1,θ_2) 标定了夫琅禾费衍射场点的位置，式(3.55)相位因子 (δ_1,δ_2) 为

$$\delta_1 = -ka\sin\theta_1, \quad \delta_2 = -kb\sin\theta_2 \quad (3.56)$$

式(3.55)表明，在夫琅禾费衍射系统中，当衍射单元位移时，其衍射场与原单元衍射场只产生一相位因子相差，即两者的定量关系为

$$位移(a,b) \rightleftharpoons 相移(\delta_1,\delta_2)$$

其相移量 (δ_1,δ_2) 由式(3.56)确定。此即夫琅禾费衍射的位移-相移定理。由于夫琅禾费衍射实际上是一个傅里叶变换过程，位移-相移定理本质是傅里叶变换的位移定理。

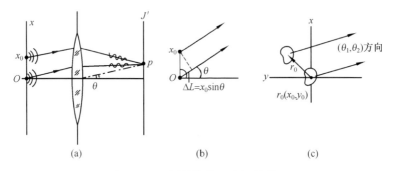

图 3.18 相同结构单元的衍射说明

讨论一个由 N 个相同单元构成的衍射屏的衍射场分布，如图3.19所示。以某一个单元为中心单元，以中心上的一点为坐标原点建立坐标 (x_0,y_0)，设该单元的夫琅禾费衍射场为 $\tilde{U}_0(\theta_1,\theta_2)$。设其他第 j 个单元相对中心单元的位移为 (x_j,y_j)，由位移-相移定理，此单元的衍射场为

$$\tilde{U}_j(\theta_1,\theta_2) = \exp(\mathrm{i}(\delta_{1j}+\delta_{2j}))\tilde{U}_0(\theta_1,\theta_2) \quad (3.57)$$

式中，由位移产生的相移量为

$$(\delta_{1j}, \delta_{2j}) = -k(x_j \sin\theta_1, y_j \sin\theta_2) \tag{3.58}$$

这里我们定义中心单元为 $j=1$ 的单元,当 $j=1$ 时,$(\delta_{11}, \delta_{21}) = (0,0)$。由式(3.57),可得 N 个相同单元的夫琅禾费衍射场为

$$\widetilde{U}(\theta_1, \theta_2) = \sum_{j=1}^{N} \widetilde{U}_j(\theta_1, \theta_2) = \widetilde{U}_0(\theta_1, \theta_2)\widetilde{S}(\theta_1, \theta_2) \tag{3.59}$$

式中,$\widetilde{S}(\theta_1, \theta_2)$ 称为干涉因子,它满足

$$\widetilde{S}(\theta_1, \theta_2) = \sum_{j=1}^{N} \exp(\mathrm{i}(\delta_{1j} + \delta_{2j})) \tag{3.60}$$

其具体函数形式由单元之间的空间位置确定,$\widetilde{U}_0(\theta_1, \theta_2)$ 为单元衍射因子,它由单元结构确定。

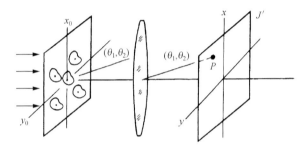

图 3.19 N 个相同结构单元的衍射场

3.6.2 一维光栅

1. 一维光栅衍射的复振幅和强度分布公式

对入射光的振幅或相位,或二者只在空间某一方向产生一个周期性的调制,构成一维衍射光栅。其中最简单、最早被制成的是一维狭缝光栅,一维光栅的狭缝平行于 y 方向,N 个狭缝沿 x 方向周期性排列,如图 3.20 所示,其狭缝宽度(透光部分)为 a,挡光部分的宽度为 b,光栅的空间周期为 $d=a+b$。描述光栅特征的参数还有:单元(狭缝)密度 $1/d$;光栅有效宽度 D;单元总数 $N=D/d$。

光栅衍射通过图 3.21 所示的方法观测,N 个单元自上而下依次编号为 $1,2,\cdots,N$,第 j 个单元相对第一个单元的位移为 $(j-1)d$,由位移-相移定理,该单元的衍射场为

$$\widetilde{U}_j(\theta) = \exp(-\mathrm{i}(j-1))\delta \widetilde{U}_0(\theta) \tag{3.61}$$

式中,$\delta = d\sin\theta$;$\widetilde{U}_0$ 为单元 1 的衍射场,由式(3.32)确定,即

$$\widetilde{U}_0(\theta) = \widetilde{c} \mathrm{e}^{\mathrm{i}kf} \exp\left(\mathrm{i}\frac{kf}{2}\sin^2\theta\right)\frac{\sin\alpha}{\alpha}, \quad \alpha = \frac{\pi a \sin\theta}{\lambda}$$

光栅的衍射场为

$$\widetilde{U}(\theta) = \sum_{j}^{N} \widetilde{U}_j(\theta) = \widetilde{U}_0(\theta)\widetilde{S}(\theta) \tag{3.62}$$

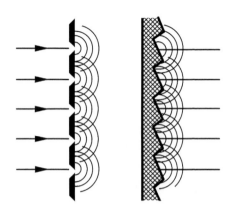

图 3.20　一维狭缝光栅结构

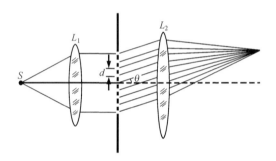

图 3.21　一维狭缝光栅衍射示意图

结构因子 $\widetilde{S}(\theta)$ 为

$$\widetilde{S}(\theta) = \sum_{j=1}^{N} e^{-i(j-1)\delta} = \frac{1-e^{-iN\delta}}{1-e^{-i\delta}} = e^{-i(N-1)\beta}\left(\frac{\sin N\beta}{\sin \beta}\right) \quad (3.63)$$

式中，$\beta = \dfrac{\delta}{2} = \dfrac{\pi d \sin\theta}{\lambda}$，这里利用了式 $(1-e^{i\varphi}) = -2ie^{i\varphi/2}\sin(\varphi/2)$。由式(3.62)和式(3.63)得到光栅衍射场为

$$\widetilde{U}(\theta) = \widetilde{C}_0 \left(\frac{\sin \alpha}{\alpha}\right)\left(\frac{\sin N\beta}{\sin \beta}\right) \quad (3.64)$$

式中，$\widetilde{C}_0 = \widetilde{C}e^{i(N-1)\beta}$，衍射强度为

$$I(\theta) = |\widetilde{U}_0(\theta)\widetilde{S}(\theta)|^2 = I_0 \left(\frac{\sin \alpha}{\alpha}\right)^2 \left(\frac{\sin N\beta}{\sin \beta}\right)^2 \quad (3.65)$$

式中，$I_0 = |\widetilde{C}_0|^2$，式(3.65)中右边 $\left(\dfrac{\sin \alpha}{\alpha}\right)^2$ 和 $\left(\dfrac{\sin N\beta}{\sin \beta}\right)^2$，分别称为强度单元因子和强度结构因子，$I_0$ 为单缝衍射零级中心衍射强度。

2. 一维光栅衍射强度分布的主要特征

1) 主衍射级

在式(3.65)中,强度结构因子 $\left(\dfrac{\sin N\beta}{\sin \beta}\right)^2$ 的变化如图 3.22(a)所示,由 $\beta = \dfrac{\pi d \sin \theta}{\lambda}$,当场点位置 θ 满足

$$d\sin \theta_m = m\lambda, \quad m = 0, \pm 1, \pm 2, \cdots \tag{3.66}$$

时,强度结构因子取最大值 N^2,此时衍射强度为

$$I(\theta_m) = N^2 I_0 \left(\dfrac{\sin \alpha}{\alpha}\right)^2 \tag{3.67}$$

其强度分布表现为结构因子被强度因子 $\left(\dfrac{\sin \alpha}{\alpha}\right)^2$ 所调制,如图 3.22(b)所示。式(3.66)称为光栅方程,它给出了正入射条件下衍射主亮条纹的位置,式中给定 m 值称为第 m 主衍射级。

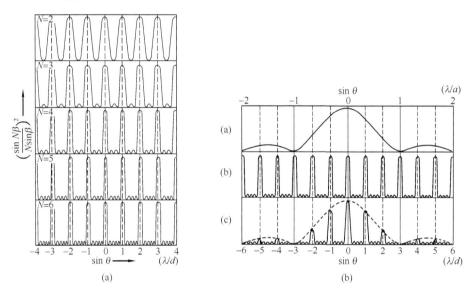

图 3.22 光栅衍射强度分布

2) 主衍射级半角宽度

由强度结构因子还可看出,在第 m 级主衍射峰的左右衍射场位置 $\theta_m \pm \Delta \theta$ 满足

$$d\sin(\theta_m \pm \Delta\theta) = \left(m \pm \dfrac{1}{N}\right)\lambda \tag{3.68}$$

时,强度结构因子为零,即第 m 级主峰值的第一个强度零点。一般 $\Delta\theta$ 为一小量,由式(3.68)可求得

$$d\cos\theta_m \Delta\theta = \dfrac{\lambda}{N}$$

即,当 m 级主衍射角从 θ_m 变化到 $\theta_m \pm \Delta\theta$ 时,衍射强度为零,从上式求得 m 级主衍射峰的半角宽度

$$\Delta\theta_m = \frac{\lambda}{Nd\cos\theta_m} \quad \text{或} \quad \Delta\theta_m = \frac{\lambda}{D\cos\theta_m} \tag{3.69}$$

式(3.69)表明衍射主峰角宽度只与波长和光栅有效宽度有关，与光栅细节如光栅常数 d 等参数无关。

类似式(3.68)，如果衍射角满足 $d\sin(\theta_m \pm \Delta\theta_j) = \left(m \pm \dfrac{j}{N}\right)\lambda$，$j = 1, \cdots, N-1$ 时，强度结构因子为零，表明在两个主衍射峰之间有 $N-1$ 个零点，即 $N-1$ 个暗条纹；在每两个暗条纹之间必有一个次亮条纹，故在两个主衍射峰之间有 $N-2$ 个次亮条纹。

3) 主衍射级缺级条件

考虑强度单元因子 $\left(\dfrac{\sin\alpha}{\alpha}\right)^2$，当 α 满足

$$\alpha = \frac{\pi a \sin\theta_{m'}}{\lambda} = m'\pi, \quad a\sin\theta_{m'} = m'\lambda, \quad m' = 0, \pm 1, \cdots \tag{3.70}$$

强度单元因子为零。如果此衍射角恰好使式(3.66)满足，即该零点位置正好在强度结构因子取最大值——主衍射峰处，这两项的作用，使得衍射为零。表明强度单元因子的调制作用，在某些情况下可能出现某些主峰消失，即缺级，缺级条件由

$$\begin{aligned} d\sin\theta_m &= m\lambda \\ a\sin\theta_{m'} &= m'\lambda, \quad m, m' = 0, \pm 1, \cdots \\ \theta_m &= \theta_{m'} \end{aligned} \tag{3.71}$$

确定。当光栅参数 a 和 d 满足式(3.71)时，光栅衍射第 m 个主峰位置，恰好位于单缝第 m' 个零点位置，有 $I(\theta_m) = 0$，第 m 级主衍射峰消失。由式(3.71)可求得缺级条件

$$\frac{d}{a} = \frac{m}{m'} \tag{3.72}$$

例如，当 $d/a = 2$ 时，有 $d/a = 2/1 = 4/2\cdots$，此时第 2、4、…等主衍射峰为零，即这些级为缺失级。

3.6.3 光栅光谱仪

由光栅公式(3.66) $d\sin\theta_m = m\lambda$ 得知，若入射光含有不同波长光，则它们的同级衍射主峰值在不同的方位角 θ_m 形成衍射强线排列，即光谱。人们利用光栅这一分光特性制成多种光栅光谱仪，图3.23给出光栅光谱仪的原理图。光通过狭缝 S_1，经透镜形成平行光，入射到光栅上，再通过透镜将衍射光束聚焦在焦平面上，记录光谱有两种方法，可以采用摄谱方法同时记录入射到焦平面上的全部光谱；或在焦平面采用狭缝 S_2，通过转动光栅，使不同波长的衍射主极强依次通过狭缝进行记录。光栅光谱仪的基本性能，一般通过色散本领、色分辨本领和色散范围描述。

1. 光栅的色散本领

设波长为 λ 和 $\lambda' = \lambda + \delta\lambda$ 两束光经光栅衍射，它们 m 级衍射主峰衍射角为 θ_m 和 $\theta_m + \delta\theta$，这两束光的角分开程度用角色散本领 D_θ

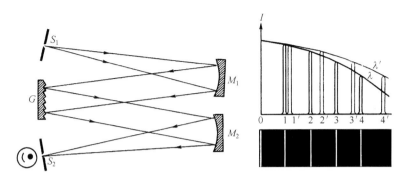

图 3.23 光栅光谱仪的原理

$$D_\theta = \frac{\delta\theta}{\delta\lambda} \tag{3.73}$$

描述,表明角色散本领是在某一波长附近,单位波长差在 m 主衍射级产生的衍射角间隔。由光栅方程 $d\sin\theta_m = m\lambda$,有

$$d\cos\theta_m \delta\theta = m\delta\lambda$$

得到

$$D_\theta = \frac{\delta\theta}{\delta\lambda} = \frac{m}{d\cos\theta_m} \tag{3.74}$$

式(3.74)表明角色散本领与衍射级成正比,与光栅常数成反比。

在光谱测量中,若用焦距为 f 透镜进行观测光谱,不同波长的光谱在观测面上分开的线度为 $f\delta\theta$,人们用线色散本领 D_l

$$D_l = \frac{\delta l}{\delta\lambda} = \frac{f\delta\theta}{\delta\lambda} \tag{3.75}$$

描述光谱的线分开程度。该式表示在某波长附近,单位波长差在观测面上光谱的线分开距离。由式(3.74),光栅的线分辨本领为

$$D_l = fD_\theta = f\frac{m}{d\cos\theta_m} \tag{3.76}$$

表明观测透镜的焦距越长,线色散越大。

2. 光栅的色分辨本领

由式(3.69)可知,每一波长的主衍射峰都有一定的角宽度,因此只有当两个相邻波长的光通过光栅后衍射角间隔达到一定值时,才可能被分辨,即为光栅光谱仪的色分辨本领。如图 3.24 所示,按瑞利判据,当相邻两谱线的分开的角宽度 $\delta\theta$,刚好与谱线的半角宽度 $\Delta\theta_m$ 相等时,刚好能分辨出这两谱线。由式(3.69) $\Delta\theta_m = \frac{\lambda}{Nd\cos\theta_m}$ 和式(3.74) $D_\theta = \frac{\delta\theta}{\delta\lambda} = \frac{m}{d\cos\theta_m}$,令 $\delta\theta = \Delta\theta_m$,有

$$\delta\lambda = \frac{\lambda}{mN} \tag{3.77}$$

式(3.77)表示在波长 λ 光谱附近,第 m 级衍射能分辨的最小波长差。色分辨本领 R 定义为:$R = \frac{\lambda}{\delta\lambda}$,代入式(3.77)得

$$R = mN \tag{3.78}$$

光栅的色分辨本领与衍射级和光栅的单元总数 N 有关,N 越大色分辨本领越大,能分辨的波长差越小。

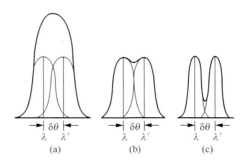

图 3.24 光栅光谱仪分辨本领分析原理图

3. 光栅的色散范围

光栅的色散范围是描述不同衍射级光谱间的交叠。设入射光波长范围为 λ 至 λ + Δλ,如图 3.25 所示,从某一衍射级以后,可能出现较大波长的第 $m+1$ 衍射级与较小波长的第 m 衍射级的谱线发生交叠。当最大波长 λ + Δλ 的第 m 级谱线与最小波长 λ 的 $m+1$ 级,刚好重叠时,即 $\theta_m^{\lambda+\Delta\lambda} = \theta_{m+1}^{\lambda}$,这时的波长差 Δλ 为该光栅的最大色散范围。应用光栅公式 $d\sin\theta_m^{\lambda+\Delta\lambda} = m(\lambda+\Delta\lambda)$,$d\sin\theta_{m+1}^{\lambda} = (m+1)\lambda$,可得光栅色散范围 Δλ

$$\Delta\lambda = \frac{\lambda}{m} \tag{3.79}$$

从式(3.79)可知,光栅色散范围只与波长和衍射级有关。

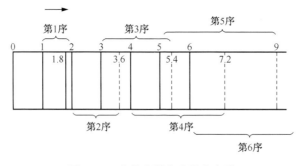

图 3.25 光栅光谱仪光谱的交叠

3.6.4 闪耀光栅

通过狭缝光栅可以很方便地分析光栅衍射的主要特征,同时也看到,由于狭缝光栅衍射光能主要集中在零级衍射(图 3.22),在实际应用(如光谱测量)中,能量利用率很低。闪耀光栅则克服了这一缺点,它可以实现某一级衍射效率非常高。

反射式闪耀光栅的结构如图 3.26 所示,它是在基底材料上刻制一系列相互平行的锯齿形沟槽面,在沟槽表面镀一层反射膜而制成。槽面与光栅平面间的夹角 θ_b 称作闪耀角。正是由于闪耀角,当入射光以闪耀角或垂直光栅平面入射时,可以实现槽面衍射的零级主极大和槽面间的干涉主极大分开,使光能从干涉零级转移到非零级主极大上。

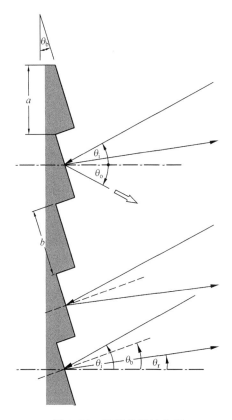

图 3.26 闪耀光栅结构图

1. 入射光垂直光栅平面

分别用 N 和 n 表示光栅平面和沟槽面的法向方向(图 3.27),以 N 方向为参考来标定闪耀衍射角 θ,设入射光沿 N 方向入射,通过闪耀光栅衍射,其强度分布仍应用一维衍射式(3.65)

$$I(\theta) = |\widetilde{U}_0(\theta)\widetilde{S}(\theta)|^2 = I_0 \left(\frac{\sin \alpha}{\alpha}\right)^2 \left(\frac{\sin N\beta}{\sin \beta}\right)^2$$

只是此时强度单元因子中 α 为

$$\alpha = \frac{\pi}{\lambda} a(\sin(\theta - \theta_b) - \sin\theta_b)) \tag{3.80}$$

这是因为一维单元衍射其衍射角是以单元法线方向,即沟槽的法向 **n** 为参考标定的,故单元衍射角为 $(\theta - \theta_b)$;而入射光可等价从沟槽的镜像入射,相对 **n** 入射角为 θ_b,如图 3.27 所示。因此式(3.80)描述的是相对沟槽单元斜入射时,单元衍射因子参量。

当 $\theta = 2\theta_b$ 时,$\alpha = 0$,强度单元因子为零级最大;同时对某一入射光波长 λ_{mb},在 $\theta = 2\theta_b$ 方向满足光栅方程

$$d\sin 2\theta_b = m\lambda_{mb}, \quad m = 1,2,\cdots \tag{3.81}$$

即波长 λ_{mb} 的光在 $2\theta_b$ 的方向出现主极大,称为 λ_{mb} 为 m 级闪耀波长;$m=1$ 时,λ_{1b} 称为一级闪耀波长,一级闪耀波长为 m 级闪耀波长的 m 倍:$\lambda_{1b} = m\lambda_{mb}$。闪耀光栅在 $2\theta_b$ 方向两侧,以闪耀波长 λ_{mb} 为中心形成一光谱。

闪耀光栅沟槽面宽度 a 与光栅常数 d 近似相等 $a \approx d$,由式(3.72)衍射缺级条件 $\frac{d}{a} = \frac{m}{m'}$,闪耀波长 λ_{mb} 的 m 衍射级与单元因子的零级最大重合,而其他衍射级全部缺级,如图 3.28 所示。图 3.28 显示 1 级闪耀波长的衍射分布。

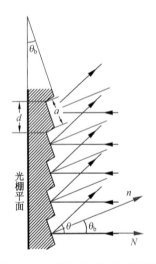
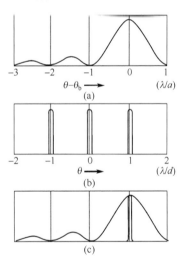

图 3.27 入射光垂直于光栅平面   3.28 闪耀光栅衍射的光谱分布,只有一序光谱

2. 入射光垂直沟槽面

当入射光垂直于沟槽面入射时,如图 3.29 所示,在光的反射方向 $\theta = \theta_b$,强度单元因子为零级最大;在该方向上,相邻沟槽间的反射光线光程差为 $2d\sin\theta_b$,则光波长为 λ_{mb} 的入射光,在 $\theta = \theta_b$ 方向的光栅方程为

$$2d\sin\theta_b = m\lambda_{mb}, \quad m = 1,2,\cdots \tag{3.82}$$

式(3.82)给出了 m 级闪耀波长条件。与入射光垂直光栅平面情形一样,在这种照明方

式下,使沟槽单元衍射零级方向成为沟槽间干涉的非零级;闪耀波长 λ_{mb} 的 m 衍射级与单元因子的零级最大重合,而其他衍射级全部缺级,如图 3.29 所示。

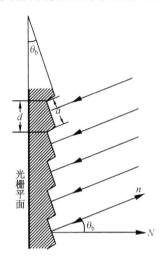

图 3.29　入射光以闪耀角入射,即垂直沟槽面入射

3.7　菲涅耳衍射

入射光波通过衍射屏(图 3.30),在衍射屏前方的任一点的波场,是该屏上各点产生的子波在该点的叠加。如 3.3 节所述,当衍射波源和观察场点满足傍轴近似时,光波衍射满足(参见方程(3.21))

$$\tilde{U}(x,y) = -\frac{\mathrm{i}\mathrm{e}^{\mathrm{i}kz}}{\lambda z} \exp\left(\mathrm{i}\frac{k}{2z}(x^2+y^2)\right) - $$
$$\iint_{-\infty}^{\infty} \left(\tilde{U}(x_0,y_0)\right) \exp\left(\mathrm{i}\frac{k}{2z}(x_0^2+y_0^2)\right) \exp\left(-\mathrm{i}\frac{k}{z}(xx_0+yy_0)\right) \mathrm{d}x_0 \mathrm{d}y_0 \quad (3.83)$$

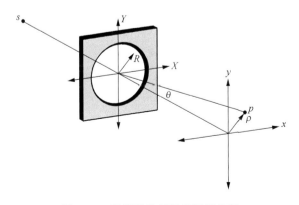

图 3.30　衍射屏的近场菲涅耳衍射

菲涅耳衍射方程(3.83)中被积函数指数项含有积分变量的二次式,使得衍射积分很难有解析解,对给定的衍射屏,一般采用数值求解。另一方面,人们提出了一种更为直观的求解方法——菲涅耳波带方法,通过该方法不需要复杂的数值计算即能获得菲涅耳衍射的许多主要特征。

3.7.1 菲涅耳衍射的波带方法

1. 菲涅耳波带

式(3.83)求解菲涅耳衍射场,是通过将衍射屏的出射波分成无限多的次级子波进行叠加计算。菲涅耳波带(Fresnel zones)或半波带(half-period zones)可以简单地对式(3.83)进行分析讨论。菲涅耳波带是以衍射屏出射的光波某一中心为基点(如圆孔以圆心为中心基点),将其分成的许多圆环(图3.31)。每一个菲涅耳波带的大小,由场点 P 分别到圆环内外两边个界的光程差为 $\lambda/2$ 来确定,在傍轴条件下,第 m 个波带边界半径 ρ_m 由下式确定

$$\sqrt{r_0^2 + \rho_m^2} - r_0 \approx \frac{\rho_m^2}{2r_0} = m\frac{\lambda}{2} \tag{3.84}$$

式(3.84)可以表示为

$$\rho_m = \sqrt{mr_0\lambda} = \sqrt{m}\rho_1, \rho_1 = \sqrt{r_0\lambda} \tag{3.85}$$

菲涅耳波带的面积为

$$\pi\rho_{m+1}^2 - \pi\rho_m^2 = \pi(m+1)\lambda r_0 - \pi m\lambda r_0$$
$$= \pi\lambda r_0 = \pi\rho_1^2$$

上式表示在傍轴近似条件下,菲涅耳波带的面积相等。

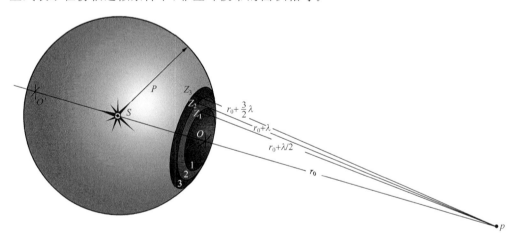

图 3.31 球面波前的菲涅耳波带示意图

1) 菲涅耳数(Fresnel number)

由式(3.85)得到半径为 a 的圆孔,所包含的菲涅耳波带数,即菲涅耳数 N_F 为

$$N_F = \frac{a^2}{\lambda r_0} \tag{3.86}$$

对非圆孔情形,同样以 a 作为描述通光口径大小的特征参量,式(3.86)可以粗略估算通光口径的菲涅耳数。当 $N_F \ll 1$ 时,衍射采用为夫琅禾费衍射描述;当 $N_F \gg 1$ 时,必须采用菲涅耳衍射计算。

2) 相位复矢量(phasor)

描述光波振动的复振幅包含实部和虚部,次级子波叠加实际上是实部和虚部分别相加,如果将复振幅在复数平面表示,可以看出其运算性质与实数平面的矢量运算性质相同,类比实数矢量,定义复数为相位复(数)矢量(简称复矢量)。相位复矢量的大小为复振幅的模,方向为复振幅的相位。

2. 菲涅耳波带的相位复矢量

利用复矢量,首先唯像地分析图 3.31 中第一个菲涅耳波带的复矢量的大小。第一个菲涅耳波带从中心点到其边界的子波,传输到场点 P 产生的相对附加相位为: $0 \leqslant \phi \leqslant \pi$,以菲涅耳波带中点为中心,将第一个菲涅耳波带又分为若干个更小的子菲涅耳波带(图 3.32),每一个子波带在场点 P 产生振幅大小相等,具有相对固定的相位差,亦即这些子波带在场点 P 的合复振幅,是每一个子波带在 P 点的复矢量的相加。假设中心子波带的复矢量相位为 0,则最边界的子波带的复矢量相位为 π,故第一个菲涅耳波带的所有子波带复矢量之和如图 3.32(a)所示。

同样,可以唯像分析得到第二个菲涅耳波带的复矢量,注意到该菲涅耳波带的内外边界的相位相对第一个菲涅耳波带的边界相位,分别为 π 和 2π,以及衍射的倾斜因子和子波与场点的距离使得子波在 P 点的扰动变小(参见式(3.2))。因此,第二个菲涅耳波带的复矢量与第一个菲涅耳波带复矢量的方向相反、大小有微小差别,如图 3.32(b)所示。

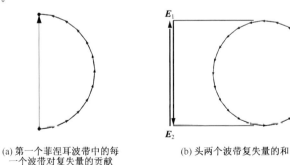

(a) 第一个菲涅耳波带中的每一个波带对复矢量的贡献   (b) 头两个波带复矢量的和

图 3.32

类似地可以给出第三、第四…等等菲涅耳波带的复矢量,如图 3.33 所示。随着波带数量的增加,由每个波带的复矢量的振幅减小,合复矢量的端点螺旋地趋于中心(图 3.33),总复矢量和接近 $\tilde{E}_1/2$。通过菲涅耳波带的简单分析表明:由式(3.83)描述自由传播空间 P 点的菲涅耳衍射场,是第一个菲涅耳波带的衍射复矢量的一半。

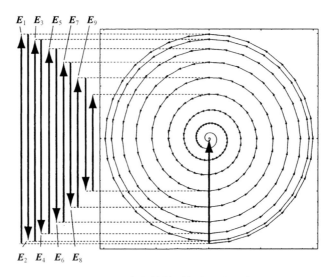

图 3.33　自由传播时复矢量的叠加

以上唯像分析可以采用简单的数学计算,根据图 3.33 所示,若奇数菲涅耳波带在 P 点的复矢量为正,则偶数菲涅耳波带在 P 点的复矢量为负,有

$$|E_P| = |E_1| - |E_2| + |E_3| - |E_4| + \cdots \tag{3.87}$$

或

$$|E_P| = |E_1|/2 + (|E_1|/2 - |E_2| + |E_3|/2) + (|E_3|/2 - |E_4| + |E_5|/2) + \cdots \tag{3.88}$$

式(3.88)各括号项约为零,对无障碍的菲涅耳衍射场有 $|E_P| = |E_1|/2$。对圆对称衍射屏的菲涅耳衍射,可以采用上述方法进行定性的分析。

3. 圆孔菲涅耳衍射

圆孔与菲涅耳波带有完全的匹配关系,菲涅耳波带方法可以非常直观地分析圆孔菲涅耳衍射。图 3.34 给出了圆孔包含整数个波带时的菲涅耳衍射的强度分布,这里观测屏的中心 P 点与圆孔中心的连线为孔的对称轴,图中第三行为圆孔的波带,第二行为以 P 为中心的衍射强度灰度值分布,第一行是通过 P 点的某一维线上的衍射强度分布。图 3.34(a)～(e)分别对应菲涅耳波带数为 5、4、3、2 和 1,根据衍射的波带分析和式(3.87),奇数个菲涅耳波带,P 点的衍射强度为亮点(图 3.34(a)(c)(e)),而偶数个菲涅耳波带,P 点的衍射强度接近暗点(图 3.34(b)(d)),如图 3.34 所示。

图 3.35 显示了菲涅耳波带在 3 和 2 之间时,衍射强度的变化。当菲涅耳波带数为 2.8 时,波带数接近 3,因此衍射中心为亮点;当波带数为 2.2 时,波带数接近 2,故衍射中心亮度接近零。

观察屏上非对称轴上点的衍射,可以看着非完整菲涅耳波带的衍射场的叠加,如图 3.36 所示,图 3.36 描述了衍射孔相对对称点 P 正好为一个波带的情况。当观测点

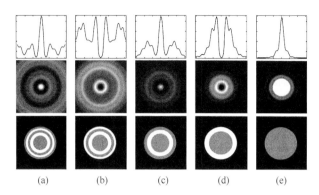

图 3.34 菲涅耳波带数分别为 5、4、3、2 和 1 时的衍射场

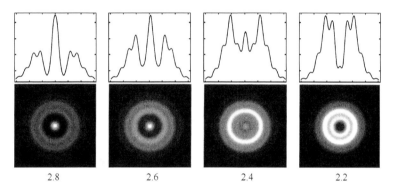

图 3.35 菲涅耳波带在 3～2 时,衍射强度的变化

逐渐偏离对称轴时,对应的波带相继出现非完整的高一级波带,同时前一级波带的大小发生改变,相应的衍射强度也发生变化(图 3.36)。图中右边为当观察点偏离时,菲涅耳波带的变化情形,其曲线为不同观察点的强度。

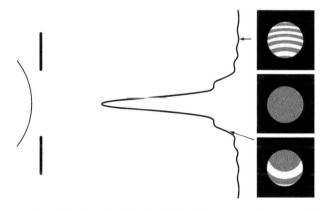

图 3.36 当观察点偏离光轴时,菲涅耳波带的变化情形,曲线为不同观察点的强度

4. 平面波传播的惠更斯-菲涅耳原理计算

如图 3.37 所示，设自由空间中一平面波 Σ，其上任一点 Q 的波扰动振幅为常数 A。根据惠更斯-惠涅耳原理，波面 Σ 上的 Q 点面元 $\mathrm{d}S$ 作为次级波源，以球面波形式传播，对空间 P 的光场的贡献为

$$\mathrm{d}\widetilde{U}(P) = f(\theta)\frac{A\mathrm{e}^{\mathrm{i}kr}}{r}\mathrm{d}S \tag{3.89}$$

因为波面法线方向与入射波传播方向一致，倾斜因子只与 θ 有关。P 点总场为

$$\widetilde{U}(P) = \iint_{\Sigma}\mathrm{d}\widetilde{U}(P) = \iint_{\Sigma}f(\theta)\frac{A\mathrm{e}^{\mathrm{i}kr}}{r}\mathrm{d}S \tag{3.90}$$

采用菲涅耳波带片方法，计算式(3.90)积分，如图 3.37 所示，分别以 b、$b+\lambda/2$、$b+2\lambda/2$、$b+3\lambda/2$、$\cdots$ 为半径分割波前，形成一系列环带，相邻环带至场点光程差均为半波长。

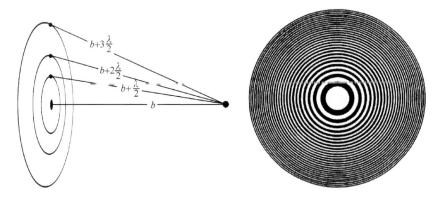

图 3.37 平面波在自由空间传播的惠更斯-菲涅尔衍射计算

一般情况下 b 比波长 λ 大得多，因此对同一波带，倾斜因子 f 相同，设为 f_j。由圆面积公式 $S = \pi a^2$，和 $r^2 = a^2 + b^2$，有

$$\mathrm{d}S = 2\pi a\mathrm{d}a = 2\pi r\mathrm{d}r$$

则第 j 个半波带对场点 P 总场的贡献为

$$\Delta\widetilde{U}_j = \int_{r_0+(j-1)\lambda/2}^{r_0+j\lambda/2} f_j\frac{A\mathrm{e}^{\mathrm{i}kr}}{r}2\pi r\mathrm{d}r = 2\mathrm{i}\lambda(-1)^{j+1}A_0 f_j \tag{3.91}$$

式中，$A_0 = A\mathrm{e}^{\mathrm{i}kr_0}$。利用式(3.91)，式(3.90)积分化为对所有波带片对总场贡献求和

$$\widetilde{U}(P) = \sum \Delta\widetilde{U}_j = 2\mathrm{i}\lambda A_0 \sum(-1)^{j+1}f_j = \sum(-1)^{j+1}E_j \tag{3.92}$$

式中，$E_j = 2\mathrm{i}\lambda A_0 f_j$ 与式(3.88)右边各项具有相同的性质。利用式(3.88)有

$$\begin{aligned}\sum(-1)^{j+1}E_j &= \frac{E_1}{2} + \frac{E_n}{2} \quad (n \text{ 为奇数}) \\ \sum(-1)^{j+1}E_j &= \frac{E_1}{2} - \frac{E_n}{2} \quad (n \text{ 为偶数})\end{aligned} \tag{3.93}$$

代入式(3.92)得

$$\widetilde{U}(P) = i\lambda(f_1 \pm f_n)A_0 \tag{3.94}$$

正负号分别对应 n 取奇数和偶数。利用式(3.91),式(3.94)可写为

$$\widetilde{U}(P) = \frac{1}{2}(\Delta\widetilde{U}_1(P) \pm \widetilde{U}_n(P)) \tag{3.95}$$

当 n 足够大时,QP 与波面法线方向夹角为 $\theta = \pi/2$,则 $f_n = 0$,式(3.94)化为

$$\widetilde{U}(P) = i\lambda f_1 A_0 = i\lambda f_1 A e^{ikb} = \frac{1}{2}\widetilde{U}_1(P) \tag{3.96}$$

该式表明,P 的总场是第一个波带所产生的场的一半。如果令 $i\lambda f_1 = 1$,即

$$f_1 = -\frac{i}{\lambda} = \frac{e^{-i\pi/2}}{\lambda} \tag{3.97}$$

与平面波在自由空间从 Q 到 P 的传播结果 $\widetilde{U}_{Q \to P}(P) = Ae^{ikb}$ 一致。

现在我们讨论,用圆屏遮挡部分波带,让另一部分波带透射的情况。这时,被遮挡的波带对 P 点的光场没有贡献。当带有圆孔的屏,除第一个半波带外,其他波带全都遮挡,由式(3.92)有

$$\widetilde{U}(P) = 2i\lambda f_1 A_0 = 2Ae^{ikb} \tag{3.98}$$

从式(3.98)得到,这时的光强 $I(P) = |\widetilde{U}(P)|$ 是没有屏时的 4 倍。当圆孔扩大到包含有两个半波带时,由于倾斜因子 f_1 与 f_2 近似相等,P 点的光场约为零,即为暗点。由式(3.92)可进一步推测,当圆孔由小变大时,P 点光强呈现亮暗的周期性变化。另一方面,当圆孔的大小固定,而场点 P 沿轴向移动时,圆孔所包含的半波带数也发生改变,因此 P 的光强也发生周期性变化,正如 3.6 节所分析的结果。

3.7.2 菲涅耳波带片

1. 菲涅耳波带片

由式(3.87) $|E_p| = |E_1| - |E_2| + |E_3| - |E_4| + \cdots$ 看到当将偶数波带遮挡,只让奇数波带透光时,场点 p 的振幅是各波带振幅之和:$|E_p| = |E_1| + |E_3| + \cdots$ 当奇数波带遮挡,只让偶奇数波带透光时,场点 p 的振幅为:$|E_p| = -|E_2| - |E_4| - \cdots$ 其振幅绝对值为最大。这样构成的衍射屏为菲涅耳波带片(Frsnel zone plate),如图 3.38 所示,图 3.38(b)和(c)分别为偶数波带和奇数波带,图 3.38(a)表示菲涅耳波带片每一个波带对 p 的复矢量的贡献,它表明在 p 点为极亮的亮点。

2. 菲涅耳波带片类透镜作用

若以平行光照射菲涅耳波带片,当对称轴上某一观测点 p 与波带片的距离 z 满足式(3.85) $\rho_m = \sqrt{mb\lambda} = \sqrt{m}\rho_1$($m$ 为奇数或偶数)时,该点为亮点,即菲涅耳波带片等效透镜,由式(3.85),其透镜聚焦 f 满足

$$f = \frac{\rho_m^2}{m\lambda} = \frac{\rho_1^2}{\lambda} \tag{3.99}$$

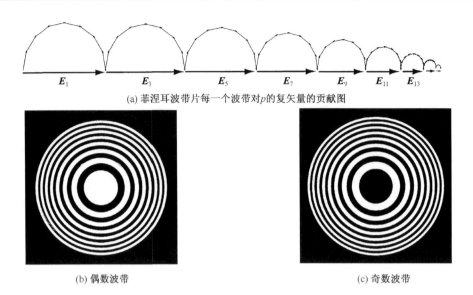

(a) 菲涅耳波带片每一个波带对p的复矢量的贡献图

(b) 偶数波带   (c) 奇数波带

图 3.38

式(3.99)表明,类透镜聚焦由菲涅耳波带片的第一个波带的半径确定,与波长成反比,表现为明显的色散效应。

当将观测屏逐渐接近波带片时,在对称轴的 $f/3, f/5, f/7, \cdots$ 位置,出现比 f 处的亮度较弱的亮点。以 $f/3$ 为例,当观察点在 $b = f/3$ 时,由式(3.85),其菲涅耳波带半径 ρ'_m 为

$$\rho'_m = \sqrt{m \frac{f}{3} \lambda} \tag{3.100}$$

令 $m = 3m'$(m' 亦为整数),有

$$\rho'_{3m'} = \sqrt{3m' \frac{f}{3} \lambda} = \sqrt{m' f \lambda} = \rho_{m'} \tag{3.101}$$

式(3.101)表明在观察点 $f/3$ 处,每一个菲涅耳波带等效被分为三个新波带(图 3.39),每三个新波带中有一个波带对观察点的复矢量有贡献,在该处为亮点,但强度有所减弱。同样的分析也适用于 $b = f/5, f/7, \cdots$。

3. 二元振幅型波带片

图 3.38 描述的菲涅耳波带片其波带的透光与遮光阶跃变化,这类波带片为二元振幅型波带片。二元振幅型波带片有多个焦点,其焦距是方程(3.99)给出的第一焦距除以奇整数,这些焦点实际上是平行光通过波带片衍射的不同级($m > 1$)亮点,类似光栅衍射。

图 3.39 原每一个菲涅耳波带被分为三个新的子波带

4. 伽博波带片(Gabor zone plates)

如图 3.40(a)所示,由两束不同曲率的球面波(或平面波与球面波)相干形成的干涉条纹照片,制作的波带片称作伽博波带片。由于这样制作的波带片其透光与遮光之间的为平滑变化,伽博波带片只有一个焦点,焦点位置由方程(3.99)确定,即伽博波带片没有高阶衍射。当平行光照射由平面波与球面波相干条纹制成(感光记录胶片进行线性冲洗)的伽博波带片时,在波带片前方和后方可以观察到一个实像和一个虚像,即在波带片的后方有一虚焦点(图 3.40(b)),在波带片的前方还有一实焦点(图 3.40(c)),这是由于相同曲率的发散或汇聚球面波与平行光相干制作的波带片的衍射效果相同。伽博波带片的这一现象,其本质是波前重构,波前重构将在第 4 章讨论。

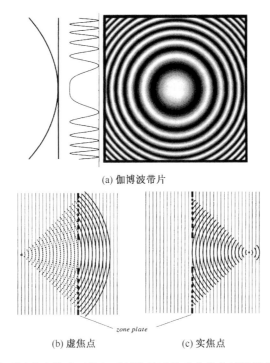

(a) 伽博波带片

(b) 虚焦点　　　(c) 实焦点

图 3.40　两束不同曲率的球面波相干制作的波带片称做伽博波带片。平行光照射伽博波带片时,在波带片的后方有一虚焦点,在波带片的前方还有一实焦点

5. 二元相位型波带片

在二元振幅型波带片中,如果将不透明的波带变为透明,但使其相位相对原透明的波带有 π 差,这样的波带片称为二元相位型波带片。二元相位型波带片相邻波带在观察点 P 处复矢量叠加是加强的,总振幅为振幅型波带片的 2 倍。

3.7.3　菲涅耳衍射的数值分析

在 3.3 节,我们给出了傍轴条件下的菲涅耳衍射方程

$$\widetilde{U}(x,y) = -\frac{\mathrm{i}\mathrm{e}^{\mathrm{i}kz}}{\lambda z}\exp\left(\mathrm{i}\frac{k}{2z}(x^2+y^2)\right) \cdot$$
$$\iint_A \left(\widetilde{U}(x_0,y_0)\exp\left(\mathrm{i}\frac{k}{2z}(x_0^2+y_0^2)\right)\right)\exp\left(-\mathrm{i}\frac{k}{z}(xx_0+yy_0)\right)\mathrm{d}x_0\mathrm{d}y_0 \tag{3.102}$$

这里积分号下标 A 表示对衍射光瞳的面积。当入射波为球面波时(图3.41)，即

$$\widetilde{U}_O(x,y) = \frac{\mathrm{e}^{\mathrm{i}kz'}}{z'}\exp\left(\mathrm{i}\frac{k}{2z'}(x_0^2+y_0^2)\right) \tag{3.103}$$

将式(3.103)代入式(3.102)得

$$\widetilde{U}(x,y) = -\frac{\mathrm{i}\mathrm{e}^{\mathrm{i}k(z+z')}}{\lambda z z'}\exp\left(\mathrm{i}\frac{k}{2z}(x^2+y^2)\right) \cdot$$
$$\iint_A \exp\left(\mathrm{i}\frac{k}{2}\left(\frac{1}{z}+\frac{1}{z'}\right)(x_0^2+y_0^2)\right)\exp\left(-\mathrm{i}\frac{k}{z}(xx_0+yy_0)\right)\mathrm{d}x_0\mathrm{d}y_0$$
$$= -\frac{\mathrm{i}\mathrm{e}^{\mathrm{i}k(z+z')}}{\lambda z z'}\exp\left(\mathrm{i}\frac{k}{2z}(x^2+y^2)\right) \cdot$$
$$\iint_A \exp\left(\mathrm{i}\frac{k}{2}\left(\frac{1}{z}+\frac{1}{z'}\right)\rho_0^2\right)\exp\left(-\mathrm{i}\frac{k}{z}(xx_0+yy_0)\right)\mathrm{d}x_0\mathrm{d}y_0 \tag{3.104}$$

式中，$\rho_0^2 = x_0^2 + y_0^2$。定义光瞳函数 $g(A)$，式(3.104)表示为

$$\widetilde{U}(x,y) = C\iint_{-\infty}^{\infty} g(A)\exp\left(\mathrm{i}\frac{k}{2}\left(\frac{1}{z}+\frac{1}{z'}\right)\rho_0^2\right)\exp\left(-\mathrm{i}\frac{k}{z}(xx_0+yy_0)\right)\mathrm{d}x_0\mathrm{d}y_0 \tag{3.105}$$

式中，C 为

$$C = -\frac{\mathrm{i}\mathrm{e}^{\mathrm{i}k(z+z')}}{\lambda z z'}\exp\left(\mathrm{i}\frac{k}{2z}(x^2+y^2)\right) \tag{3.106}$$

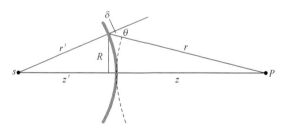

图3.41 入射波为球面波时菲涅耳衍射计算示意图

下面采用上述公式对圆屏的菲涅耳衍射场分布进行计算。由于圆屏的轴对称性，与式(3.42)的讨论类似，在极坐标下方程(3.105)化为

$$\widetilde{U}(\rho) = C\int_0^{\infty} g(\rho_0)\exp\left(\mathrm{i}\frac{k}{2}\left(\frac{1}{z}+\frac{1}{z'}\right)\rho_0^2\right)\mathrm{J}_0\left(\frac{k\rho\rho_0}{z}\right)2\pi\rho_0\mathrm{d}\rho_0 \tag{3.107}$$

J_0 为零阶贝塞尔函数。设圆孔半径为 a，参照前面菲涅耳数的定义，这里菲涅耳数为

$$N_F = \frac{a^2}{\lambda}\left(\frac{1}{z}+\frac{1}{z'}\right) = \frac{a^2}{\lambda L} \tag{3.108}$$

式中，$\dfrac{1}{L} = \dfrac{1}{z} + \dfrac{1}{z'}$。再令 $\bar{\rho}_0 = \dfrac{\rho_0}{a}$，式(3.107)简化为

$$\tilde{U}(\rho) = 2\pi C(N_F \lambda L) \int_0^\infty g(\bar{\rho}_0) \exp(\mathrm{i}\pi N_F \bar{\rho}_0^2) \mathrm{J}_0(\sigma\bar{\rho}_0) \bar{\rho}_0^2 \mathrm{d}\bar{\rho}_0 \tag{3.109}$$

式中，$\sigma = \dfrac{ka\rho}{z}$。

对圆孔情形，在孔内 $g(\rho)=1$，孔外为零，这时衍射场为

$$\tilde{U}(\rho) = 2\pi C(N_F \lambda L) \int_0^1 \exp(\mathrm{i}\pi N_F \bar{\rho}_0^2) \mathrm{J}_0(\sigma\bar{\rho}_0) \bar{\rho}_0 \mathrm{d}\bar{\rho}_0 \tag{3.110}$$

当 $N_F \ll 1$ 时，式(3.110)转化为圆孔的夫琅禾费衍射积分。尽管上积分式是在傍轴近似条件下获得的，没有反映出倾斜因子的影响，但式(3.110)仍广泛应用于在圆孔菲涅耳衍射的计算。图 3.42(a)包含 8 个菲涅耳波带的圆孔衍射场的计算结果，图 3.42(b) 是包含第 4 至 8 个菲涅耳波带圆环的衍射场。

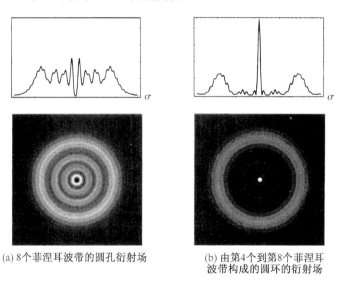

(a) 8 个菲涅耳波带的圆孔衍射场　　(b) 由第 4 个到第 8 个菲涅耳波带构成的圆环的衍射场

图 3.42　不同菲涅耳波带条件下的圆孔衍射场分布的计算结果

习　题

3.1　若一束激光射向一个正六边形的小孔光阑，试估计形成的衍射图样？

3.2　如习题 3.2 图所示。平面波射向小孔 D，孔半径为 R，小孔到接收屏 P 的距离为 r_0，讨论下列情况下圆孔中包含半波带数的变化：

（1）D 与 P 之间的距离不变，增大或减小孔径；

（2）孔径不变，变化 D 与 P 之间的距离。

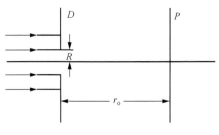

习题 3.2 图

3.3 参图 3.7,设源点 Q 距轴为 ρ_0,场点 P 距轴为 ρ,OO' 距离为 Z,波长为 λ,试讨论什么情况下,Q 相对于场平面同时满足旁轴条件和远场条件。对 P 点作同样讨论。

3.4 实验室中将 He-Ne 光通过直径为 1.0cm 的衍射孔,观察距离为多少时才能看到夫琅禾费衍射图样?

3.5 狭缝宽为 0.05mm,由 Nd:YAG 激光器的倍频光(532nm)照明,衍射屏距狭缝为 1m 远。
(1) 求 0 级最大与前两级衍射 0 点之间的距离,以及 0 级最大与一级最大之间的距离;
(2) 若狭缝宽度为 $1.0\mu m$ 时情况怎样?
(3) 若不倍频(1064nm)直接照射 $1.0\mu m$ 的狭缝情况怎样?

3.6 衍射图样中主最大的宽度为 5.00cm,接收屏与衍射屏相距 2.00m,若用 He-Ne 光进行实验,求狭缝宽度。

3.7 已知矩孔尺寸为 $a=0.05$mm,$b=0.15$mm,以 Nd:YAG 激光的倍频光(532nm)照射,在距孔 1m 远的屏上获得衍射图样,求 0 级最强的尺寸(以一级最弱为边界)。

3.8 若孔尺寸为 $a=2\mu m$,$b=8\mu m$,试计算上题。

3.9 若不倍频(1064nm)试进行上题的计算。

3.10 矩孔距接收屏之间的距离为 1m,以 He-Ne 激光为照明光源,观察到屏上有高 50cm,宽 25cm 的矩形亮斑,求矩孔尺寸。

3.11 矩孔距接收屏之间的距离为 1m,以 He-Ne 激光为照明光源,若观察到高 50mm,宽 25mm 的矩形亮斑,求矩孔尺寸。

3.12 一个直径 0.05mm 的圆孔被 Nd:YAG 的倍频光照明,在距孔 1m 远的屏上观察到的艾里斑尺寸为多少?若孔直径为 $2\mu m$,艾里斑尺寸为多少?

3.13 若 2m 外屏上艾里斑直径为 50cm,照明光采用 Nd:YAG 倍频光,求圆孔直径。

3.14 哈勃望远镜的主镜口径为 2.4m,设定观察波长为 550nm,求用它可分辨的 5 光年外的最近两个星体间的距离为多少?

3.15 照相机镜头为 $f=2.8m$,$D=17$cm,求该相机能够达到的最高分辨本领怎样?设平均波长为 550nm。若该相机为数码相机,其成像元件最小尺寸为多少?设定该相机分辨率为 1024×768 像素。

3.16 夜晚航船时,远处小岛上两盏灯相距 5m,假设灯光足够亮,试求船员目测,在多远处可将两盏灯分辨出来。设夜晚瞳孔直径为 7mm,灯塔灯光波长为 550nm。若要分辨相距 50cm 的两盏灯情况怎样?

3.17 试由位移-相移定理推出双缝夫琅禾费衍射场表达式及强度。其中双缝间隔为 d,缝宽为 a。

3.18 Li原子光谱双线为670.791nm和670.776nm,若用一个有效宽度为5cm的光栅在其第二级光谱中分辨该双线,那么该光栅的光栅常数为多少?

3.19 一维光栅的刻线密度为600mm^{-1},有效尺寸为10cm,入射光为532nm绿光时,求第一级和第二级主峰的半角宽度。若该光栅的$d/a = 5$,那么缺失的主峰为多少级?

3.20 某光栅宽度为20cm,光栅刻线密度为600mm^{-1},用He-Ne激光(632.8nm)作入射光时,求:

(1)第一级光谱的角色散本领D_θ;

(2)第一级光谱的线分辨本领D_e;(聚光镜焦距为500mm)

(3)第一级光谱的色分辨本领R;

(4)在该波长附近,第一、二级衍射分别能分辨的最小波长$\delta\lambda$;

(5)若将该光栅作为某单色仪的分光元件,求其在632.8nm附近的输出谱线宽度。设单色仪出射狭缝为0.1mm。

3.21 利用某光栅的一级光谱分析400nm附近的谱线,若该光栅的刻线槽密度为1500mm^{-1},求其闪耀角为多少度?

3.22 闪耀光栅可以作为激光腔的选频器件,代替光腔中的全反镜,此时光栅以自准直状态工作,衍射角等于入射角,求光栅常数为600mm^{-1},工作于一级衍射时,对于632.8nm的激光,其衍射角为多少? 如果工作于二级衍射情况,怎么样?

3.23 若某人在1km高空的飞机上,在白天视野很好的条件下(人瞳孔直径约为2mm),能够看清地面上多少尺寸的物体?

3.24 当一束HeNe光($\lambda = 632.8$nm)入射到口径为1.0cm的圆孔,当观察点在光轴上离圆孔5.0cm处时,求圆孔的菲涅耳数。中心波带对应的半径?

3.25 准直HeNe光($\lambda = 632.8$nm)照射一直径为2.0mm的圆孔,求以下观测点的菲涅耳波带数。

(1)15.0cm;

(2)1.5m;

(3)15m。

第 4 章 傅里叶光学基础

在第 3 章讨论夫琅禾费衍射中,我们知道当观察屏在透镜焦平面上,观察到的光斑分布为夫琅禾费衍射斑(图 4.1),这一衍射过程的数学描述,与屏函数的傅里叶变换几乎一样。如果观察屏再向右移动到恰当的位置,将会观察到衍射屏的像。相干成像过程的衍射分析最早由阿贝提出。在光学邻域引入傅里叶变换概念,是现代光学的重大进展。在数学上,通过傅里叶变换过程,对光学信号的空间频率进行分解与合成,即对频谱按照预定的方式加以改变,策尼克相衬显微镜就是一个进行空间信号处理的典型例子。正是以傅里叶变换的观念来认识光学系统,由此发展形成了光学的一个学科分支——傅里叶光学(Fourier optics),并导致了光学信息处理技术的兴起。在本章简单讨论傅里叶变换光学的基本思想、光学信息处理的基本原理以及全息术的基本知识。

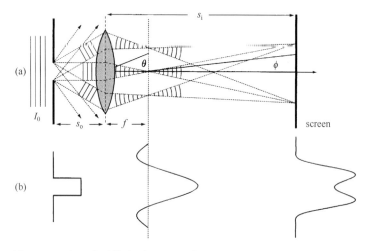

图 4.1 观察屏在透镜焦平面上,观察到的光斑分布为夫琅禾费衍射斑

4.1 线性系统与波前变换

本节在第 3 章惠更斯-菲涅耳原理和基尔霍夫衍射理论的基础上,以线性系统变换的概念对光的衍射过程进行重新认识。

*4.1.1 线性系统与线性变换

1. 系统的定义

在数学理论上,系统定义为一个映射,用数学符号 $\mathfrak{R}\{\}$ 表示,其作用是把一个或一组输入函数变为一个或一组输出函数。例如,光学成像系统,输入和输出信号是二维空间分布的实值函数(光强分布,对应非相干成像)或复值函数(复振幅分布,对应相干成像)。设 $f_1(x,y)$ 和 $f_2(u,v)$ 分别表示输入和输出函数,根据系统 $\Re\{\}$ 的定义,有

$$f_2(u,v) = \Re\{f_1(x,y)\} \tag{4.1}$$

对一个确定的系统,一个特定的输入必定对应一个确定的输出,反之,每一个输出不一定对应唯一的输入。这里我们只限于讨论线性系统系统。

2. 线性系统

若一个系统 $\Re\{\}$ 作用任两个输入函数 f 和 g,满足

$$\Re\{af(x,y)+bg(x,y)\} = a\Re\{f(x,y)\}+b\Re\{g(x,y)\} \tag{4.2}$$

式中,a 和 b 为任一复数,则此系统为线性系统,系统的变换具有线性性质。线性性质的一个重要的特点是,如果一个输入可分解为一些基元函数的叠加,则系统对该输入的变换可用系统对基元函数的变换表示。有多种方式将函数表示为基元函数的叠加,其中 δ 函数的筛选性质提供了一种基元函数的分解方法

$$f(x,y) = \iint_{-\infty}^{\infty} f(\xi,\eta)\delta(x-\xi,y-\eta)\mathrm{d}\xi\mathrm{d}\eta \tag{4.3}$$

式(4.3)表示函数 $f(x,y)$ 是一组经过加权重和位置平移的 δ 函数的线性叠加。而 $f(\xi,\eta)$ 为权重因子或叠加系数,δ 函数就是这种分解方法的基元函数。因此,将系统 $\Re\{\}$ 作用于式(4.3),利用系统的线性性质式(4.2),有

$$g(u,v) = \Re\{f(x,y)\} = \Re\left\{\iint_{-\infty}^{\infty} f(\xi,\eta)\delta(x-\xi,y-\eta)\mathrm{d}\xi\mathrm{d}\eta\right\}$$

$$= \iint_{-\infty}^{\infty} f(\xi,\eta)\Re\{\delta(x-\xi,y-\eta)\}\mathrm{d}\xi\mathrm{d}\eta \tag{4.4}$$

将式(4.4)中系统对 δ 函数的响应表示为

$$h(u,v;\xi,\eta) = \Re\{\delta(x-\xi,y-\eta)\} \tag{4.5}$$

即 $h(u,v;\xi,\eta)$ 表示系统在输出空间 (u,v) 点对输入空间的 (ξ,η) 点处 δ 函数响应或变换,函数 h 称为系统的脉冲响应(光学中称点扩展函数)。利用 h 函数的定义,式(4.4)可表示为

$$g(u,v) = \iint_{-\infty}^{\infty} f(\xi,\eta)h(u,v;\xi,\eta)\mathrm{d}\xi\mathrm{d}\eta \tag{4.6}$$

该式表明一个线性系统的性质完全由它对单位脉冲的响应表征。

3. 线性不变系统与传递函数

如果线性成像系统的脉冲响应函数 h 满足

$$h(u,v;\xi,\eta) = h(u-\xi,v-\eta) \tag{4.7}$$

即函数 h 只依赖距离 $(u-\xi)$ 和 $(v-\eta)$,称该系统为空间不变的(对光学系统是等晕的),或线性不变系统。例如,若成像系统是线性不变系统,当一个点光源在物场中移动时,则其像只改变位置而函数形式不变。线性不变系统有

$$g(u,v) = \iint_{-\infty}^{\infty} f(\xi,\eta) h(u,v;\xi,\eta) \mathrm{d}\xi \mathrm{d}\eta$$
$$= \iint_{-\infty}^{\infty} f(\xi,\eta) h(u-\xi,v-\eta) \mathrm{d}\xi \mathrm{d}\eta = f \otimes h \tag{4.8}$$

式中,$\otimes$ 表示两个函数的卷积,式(4.8)表示线性不变系统的输出函数是输入函数与系统脉冲响应的卷积。

设 $F(f_x,f_y)$ 和 $G(f_x,f_y)$ 为输入和输出函数的频谱,应用卷积的傅里叶变换定理,有

$$G(f_x,f_y) = H(f_x,f_y) F(f_x,f_y) \tag{4.9}$$

式中,H 为脉冲响应函数的傅里叶变换

$$H(f_x,f_y) = \iint_{-\infty}^{\infty} h(\xi,\eta) \exp(-\mathrm{i}2\pi(f_x\xi + f_y\eta)) \mathrm{d}\xi \mathrm{d}\eta \tag{4.10}$$

函数 H 称为系统的传递函数。在频谱空间输入和输出的频谱关系变得非常简单,将原来式(4.8)求系统输出需要进行的卷积运算,变换成式(4.9)频谱的乘积运算;乘积结果进行傅里叶逆变换得到输出函数。

4.1.2 衍射系统与波前变换

光的衍射过程为:入射光 $\tilde{U}_1$ 通过衍射屏的作用变换为出射光 $\tilde{U}_2$,$\tilde{U}_2$ 经过一定距离传输形成衍射场 $\tilde{U}$,如图 4.2 所示。光通过衍射屏的衍射过程,就是入射光 $\tilde{U}_1 \to \tilde{U}_2 \to \tilde{U}$ 的变换过程,衍射屏的作用使 $\tilde{U}_1 \to \tilde{U}_2$,波的传播使 $\tilde{U}_2 \to \tilde{U}$。因此,我们可以从另一个角度理解光衍射:通过衍射屏的作用,改变光波前的复振幅分布,使得光通过衍射屏后的传播发生改变(不再是自由传播时的光场)。

依据式(3.28),我们定义了衍射屏函数 $\tilde{t}(x,y)$,描述衍射屏对入射光的作用

$$\tilde{t}(x,y) = \frac{\tilde{U}_2(x,y)}{\tilde{U}_1(x,y)} = t(x,y) \mathrm{e}^{\mathrm{i}\varphi(x,y)}$$

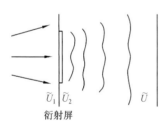

图 4.2 光衍射的变换过程

衍射屏可分三种类型:当模辐角函数 $\varphi(x,y) =$ 常数,仅有模函数 $t(x,y)$ 时,该衍射屏为振幅型,例如方孔和圆孔衍射屏;模函数 $t(x,y) =$ 常数,仅有辐角函数 $\varphi(x,y)$ 时,衍射屏为相位型,如闪耀光栅等;$t(x,y)$ 和 $\varphi(x,y)$ 均为变化量时,该衍射屏为复合型衍射屏。

入射光通过衍射屏,傍轴近似下从衍射屏到观测屏上的衍射为菲涅耳衍射,衍射场用式(3.19)描述

$$\tilde{U}(x,y) = \iint_{-\infty}^{\infty} \tilde{U}_2(x_0,y_0) h(x-x_0,y-y_0) \mathrm{d}x_0 \mathrm{d}y_0$$
$$= \tilde{U}_2(x,y) \otimes h(x,y)$$

$$= \iint_{-\infty}^{\infty} \widetilde{t}(x_0, y_0) \widetilde{U}_1(x_0, y_0) h(x-x_0, y-y_0) \mathrm{d}x_0 \mathrm{d}y_0 \quad (4.11)$$

$$h(x,y) = -\frac{\mathrm{i}\mathrm{e}^{\mathrm{i}kz}}{\lambda z} \exp\left(\mathrm{i}\frac{k}{2z}(x^2+y^2)\right)$$

远场条件下,为夫琅禾费衍射,衍射场由式(3.22)描述

$$\widetilde{U}(x,y) = -\frac{\mathrm{i}\mathrm{e}^{\mathrm{i}kz}}{\lambda z} \exp\left(\mathrm{i}\frac{k}{2z}(x^2+y^2)\right) \iint_{-\infty}^{\infty} \widetilde{U}_2(x_0,y_0) \exp\left(-\mathrm{i}\frac{k}{z}(xx_0+yy_0)\right) \mathrm{d}x_0 \mathrm{d}y_0$$

$$= -\frac{\mathrm{i}\mathrm{e}^{\mathrm{i}kz}}{\lambda z} \exp\left(\mathrm{i}\frac{k}{2z}(x^2+y^2)\right) \iint_{-\infty}^{\infty} \widetilde{t}(x_0,y_0) \widetilde{U}_1(x_0,y_0) \cdot$$

$$\exp\left(-\mathrm{i}\frac{k}{z}(xx_0+yy_0)\right) \mathrm{d}x_0 \mathrm{d}y_0 \quad (4.12)$$

式(4.11)和式(4.12)表明,菲涅耳衍射是线性不变系统,而夫琅禾费衍射除了一个相位因子外,实际是入射波函数与屏函数乘积的傅里叶变换。夫琅禾费衍射是光源和观察屏都在无穷远时的衍射,其定义装置如图4.3(a)所示,实际方便的方法是在透镜焦平面上观测夫琅禾费衍射,如图4.3(b)所示。下面以衍射理论为基础,以较严格的数学运算说明图4.3(b)中透镜的后焦平面得到的就是夫琅禾费衍射分布,并说明透镜如何实现傅里叶变换。

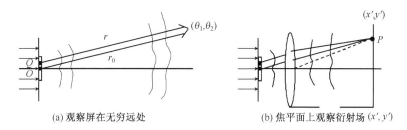

(a) 观察屏在无穷远处   (b) 焦平面上观察衍射场

图4.3 夫琅禾费衍射的定义装置

4.2 薄透镜相位变换器与傅里叶光学变换

透镜是光学成像系统和光学数据处理系统中最重要的元件。从几何光学知道,当一平行光入射正透镜时,在焦平面上产生一汇聚点。如果从波动光学观点考察,可认为是一平面波经过透镜后,变换为汇聚球面波,这一变换过程可以采用波动光学和光的衍射进行严格描述。

4.2.1 薄透镜的相位变换函数

假设透镜对入射光的吸收可忽略,即光波通过透镜后振幅不发生变化。如果同时满足薄透镜条件,即若有一条光线在入射面某一点(x,y)点入射,而从相对的出射面上近似相同的坐标点出射,如图4.4(a)所示,则薄透镜屏函数可表示为

$$\widetilde{t}_\mathrm{L}(x,y) = \mathrm{e}^{\mathrm{i}\varphi(x,y)} \quad (4.13)$$

表明如果将透镜看成衍射屏,它是相位型衍射屏,其中 $\varphi(x,y)$ 是出射波相位 $\varphi_2(x,y)$ 与入射波之差 $\varphi_1(x,y)$,它与光入射面到出射面的光程差的关系为

$$\varphi(x,y) = \varphi_2(x,y) - \varphi_1(x,y) = k(\Delta_1 + n\Delta(x,y) + \Delta_2)$$

式中,n 为透镜折射率;$\Delta(x,y)$ 为坐标(x,y)处透镜的厚度。设 Δ_0 为透镜轴上的最大厚度,则 $\Delta(x,y) = \Delta_0 - \Delta_1 - \Delta_2$,代入上式有

$$\varphi(x,y) = kn\Delta_0 - k(n-1)(\Delta_1 + \Delta_2) \tag{4.14}$$

$\Delta_{1,2}$ 与透镜曲率半径 $r_{1,2}$ 的几何关系如图 4.4(b)所示,为透镜中点相切的前后平面分别到前后透镜曲面坐标(x,y)的厚度。在傍轴条件下

$$\Delta_1(x,y) = r_1 - \sqrt{r_1^2 - (x^2+y^2)} \approx \frac{x^2+y^2}{2r_1}$$

$$\Delta_2(x,y) = (-r_2) - \sqrt{r_2^2 - (x^2+y^2)} \approx -\frac{x^2+y^2}{2r_2}$$

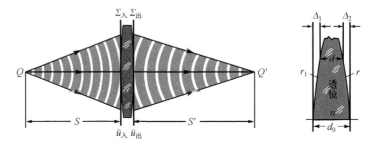

(a) 薄透镜的入射与出射波函数

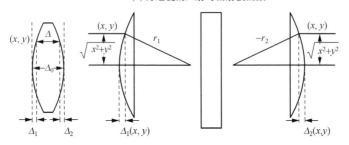

(b) 薄透镜的相位变换计算示意图

图 4.4 薄透镜的屏函数求解图

曲率半径 $r_{1,2}$ 的符号规定:当光线从左至右传输时,遇到的凸面的曲率半径为正,凹面的曲率半径为负,故 r_1 为正,r_2 为负。将上二式代入式(4.14),相位差为

$$\varphi(x,y) = kn\Delta_0 - k\frac{x^2+y^2}{2F}$$

式中

$$F = \frac{1}{(n-1)\left(\dfrac{1}{r_1} - \dfrac{1}{r_2}\right)} \tag{4.15}$$

将式(4.15)代入透镜屏函数,略去常数相位因子不写,则薄透镜的屏函数为

$$\tilde{t}_L(x,y) = \exp\left(-ik\frac{x^2+y^2}{2F}\right) \quad (4.16)$$

该式给出了薄透镜对入射光变换的基本表达式,这里忽略了透镜的有限大小。为了理解参量 F 的物理意义,设一平面波垂直入射透镜,透镜后侧面的出射波为

$$\tilde{U}_2 = A\tilde{t}_L(x,y) = A\exp\left(-ik\frac{x^2+y^2}{2F}\right)$$

由 3.3 节傍轴近似下球面波的表达式,上式是一列傍轴球面波的波函数,其球心坐标为 $(0,0,F)$。如果 F 大于零,则球面波将在透镜轴上距离透镜 F 处一点汇聚,即 F 为透镜的焦距;若 F 小于零,则出射波为发散球面波,球心在透镜的左侧,如图 4.5 所示。

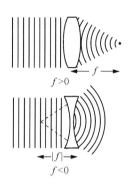

图 4.5 平面波经薄透镜变换后为球面波

4.2.2 透镜衍射的傅里叶变换性质

透镜的最重要性质之一是将傅里叶变换在物理上付诸实现。讨论图 4.6 所示两种最简单的光路中透镜焦平面的衍射场。

1. 透镜作为衍射屏的衍射性质

以一单色平面波 $\tilde{U}_0 = A$ 垂直入射透镜,透镜的衍射屏函数满足式(4.16),平面波经透镜后的波函数复振幅 $\tilde{U}_1$ 为

$$\tilde{U}_1 = \tilde{U}_0 P(x,y)\tilde{t}_L = \tilde{U}_0 P(x,y)\exp\left(-ik\frac{x^2+y^2}{2F}\right) \quad (4.17)$$

式中,$P(x,y)$ 为透镜的光瞳函数

$$P(x,y) = \begin{cases} 1 & (\text{透镜孔内}) \\ 0 & (\text{透镜孔外}) \end{cases}$$

利用菲涅耳衍射公式,在透镜后焦平面的衍射场为

$$\tilde{U}_f(u,v) = -\frac{ie^{ikF}}{\lambda F}\exp\left(i\frac{k}{2F}(u^2+v^2)\right)\iint_{-\infty}^{\infty}\tilde{U}_1(x,y)\cdot$$
$$\exp\left(i\frac{k}{2F}(x^2+y^2)\right)\exp\left(-i\frac{k}{F}(ux+vy)\right)dxdy \quad (4.18)$$

将式(4.17)代入式(4.18),被积函数中的指数二次因子刚好相互抵消,有

$$\tilde{U}_f(u,v) = -\frac{ie^{ikF}}{\lambda F}\exp\left(i\frac{k}{2F}(u^2+v^2)\right)\cdot$$
$$\iint_{-\infty}^{\infty}\tilde{U}_0(x,y)P(x,y)\exp\left(-i\frac{k}{F}(ux+vy)\right)dxdy \quad (4.19)$$

式(4.19)表明,焦平面上的衍射场与透镜孔径中入射场的傅里叶变换成正比。如果式(4.19)积分中不体现瞳函数,积分只在透镜衍射面 S 上进行,则衍射场为

$$\widetilde{U}_{\mathrm{f}}(u,v) = -\frac{\mathrm{i}\mathrm{e}^{\mathrm{i}kF}}{\lambda F}\exp\left(\mathrm{i}\frac{k}{2F}(u^2+v^2)\right)\iint_S \widetilde{U}_{\mathrm{o}}(x,y)\exp\left(-\mathrm{i}\frac{k}{F}(ux+vy)\right)\mathrm{d}x\mathrm{d}y$$
(4.20)

即透镜焦平面上的衍射场是入射到透镜上的场的夫琅禾费衍射。通过波动光学和衍射,在较严格的数学上说明了为什么通过透镜焦平面来观测的衍射场就是夫琅禾费衍射场。在式(4.20)中除了与场点有关的二次指数相位因子外,衍射场的其他部分是入射场的傅里叶变换,其频率为 $(f_x = u/\lambda F, f_y = v/\lambda F)$。

焦平面上的衍射场的光强分布为

$$I_{\mathrm{f}}(u,v) = \frac{A^2}{(\lambda F)^2}\left|\iint_S \widetilde{U}_{\mathrm{o}}(x,y)\exp\left(-\mathrm{i}\frac{k}{F}(ux+vy)\right)\mathrm{d}x\mathrm{d}y\right|^2 \quad (4.21)$$

这时式(4.20)中的二次相位因子不重要了。若要讨论光波的进一步传播,这时二次相位因子必须考虑在内。

2. 衍射屏紧贴透镜

将一衍射屏紧贴透镜面放置,如图 4.6(a)所示,衍射屏的屏函数为 $\widetilde{t}(x,y)$。设平行光 $\widetilde{U}_{\mathrm{o}} = A$ 垂直衍射屏入射,经透镜后的波函数为

$$\widetilde{U}_1 = \widetilde{U}_{\mathrm{o}}\widetilde{t}\Gamma(x,y)\widetilde{t}_{\mathrm{L}} = \widetilde{U}_{\mathrm{o}}\widetilde{t}\Gamma(x,y)\exp\left(\mathrm{i}k\frac{x^2+y^2}{2F}\right)$$

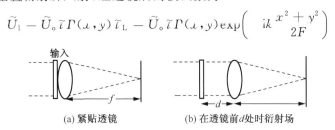

(a) 紧贴透镜 (b) 在透镜前 d 处时衍射场

图 4.6 衍射屏紧贴透镜和在透镜前 d 处时衍射场分析光路图

类似式(4.21),焦平面的夫琅禾费衍射场为

$$\widetilde{U}_{\mathrm{f}}(u,v) = -\frac{\mathrm{i}A\mathrm{e}^{\mathrm{i}kF}}{\lambda F}\exp\left(\mathrm{i}\frac{k}{2F}(u^2+v^2)\right)\iint_S \widetilde{t}(x,y)\exp\left(-\mathrm{i}\frac{k}{F}(ux+vy)\right)\mathrm{d}x\mathrm{d}y$$

上式积分表示衍射屏在焦平面的衍射场,是屏函数的傅里叶变换。

3. 衍射屏位于透镜之前[*]

现在讨论较一般的情形,如图 4.6(b)衍射屏位于透镜前 d 处。一垂直入射的平面波照射衍射屏,由菲涅耳衍射(4.11),光波从衍射屏传播到透镜前的波函数为

$$\widetilde{U}_1'(x,y) = \widetilde{U}_{\mathrm{o}}(x,y) \otimes h(x,y) \quad (4.22)$$

式中,$\widetilde{U}_{\mathrm{o}} = A\widetilde{t}(x,y)$,$h(x,y)$ 由式(4.11)的第二式确定。光波 $\widetilde{U}_1'(x,y)$ 通过透镜后的波函数为

$$\widetilde{U}_1 = \widetilde{U}_1'(x,y)P(x,y)\exp\left(-\mathrm{i}k\frac{x^2+y^2}{2F}\right)$$

$$= \widetilde{U}_{\mathrm{o}}(x,y) \otimes h(x,y)\left(P(x,y)\exp\left(-\mathrm{i}k\frac{x^2+y^2}{2F}\right)\right) \quad (4.23)$$

同样利用菲涅耳衍射公式,将式(4.23)代入式(4.18),得到透镜后焦平面的衍射场

$$\widetilde{U}_{\mathrm{f}}(u,v) = -\frac{\mathrm{i}\mathrm{e}^{\mathrm{i}kF}}{\lambda F}\exp\left(\mathrm{i}\frac{k}{2F}(u^2+v^2)\right)\iint_{-\infty}^{\infty}\widetilde{U}_{\mathrm{o}}(x,y)\otimes$$

$$h(x,y)\exp\left(-\mathrm{i}\frac{k}{F}(ux+vy)\right)\mathrm{d}x\mathrm{d}y \tag{4.24}$$

这里没有考虑透镜孔径的有限大小效应。式(4.24)中积分是一个傅里叶变换,被积函数为两个函数的卷积。根据傅里叶变换性质,两个卷积函数的傅里叶变换等于它们分别傅里叶变换的乘积,因此有

$$\mathcal{F}\{\widetilde{U}_{\mathrm{o}}(x,y)\otimes h(x,y)\} = F_{\mathrm{o}}(f_x,f_y)\exp(-\mathrm{i}\pi d(f_x^2+f_y^2)) \tag{4.25}$$

式中, $\mathcal{F}\{\}$ 表示傅里叶变换,而等式右边分别为函数 $\widetilde{U}_{\mathrm{o}}(x,y)$ 和 $h(x,y)$ 的傅里叶变换

$$F_{\mathrm{o}}(f_x,f_y) = \mathcal{F}\{\widetilde{U}_{\mathrm{o}}\} = \mathcal{F}\{At(x,y)\},$$
$$H(f_x,f_y) = \mathcal{F}\{h(x,y)\} = \exp(-\mathrm{i}\pi d(f_x^2+f_y^2))$$

将式(4.25)代入式(4.24),有

$$\begin{aligned}\widetilde{U}_{\mathrm{f}}(u,v) &= -\frac{\mathrm{i}\mathrm{e}^{\mathrm{i}kF}}{\lambda F}\exp\left(\mathrm{i}\frac{k}{2F}\left(1-\frac{d}{F}\right)(u^2+v^2)\right)F_{\mathrm{o}}(f_x,f_y)\\
&= -\frac{A\mathrm{i}\mathrm{e}^{\mathrm{i}kF}}{\lambda F}\exp\left(\mathrm{i}\frac{k}{2F}\left(1-\frac{d}{F}\right)(u^2+v^2)\right)\cdot\\
&\quad\iint_{-\infty}^{\infty}\widetilde{t}(\xi,\eta)\exp\left(-\mathrm{i}\frac{k}{F}(u\xi+v\eta)\right)\mathrm{d}\xi\mathrm{d}\eta\end{aligned} \tag{4.26}$$

式(4.26)与图4.6(a)情形的结果相似,同样除了与场点有关的二次指数相位因子外,焦平面的衍射场是衍射屏的傅里叶变换,当 $d=F$ 时,得到衍射屏函数与衍射场是完全的傅里叶变换关系。

通过两种较为简单情形,在认为透镜孔径足够大时,得到透镜焦平面上的衍射场与衍射屏函数的傅里叶变换成正比,更一般的情形这里不作讨论,同样可得到与式(4.20)和式(4.26)相似的关系。

4. 傅里叶光学的基本思想

屏函数的傅里叶变换实际上是将屏函数转化为许多平面波的叠加,每一个平面波的传播方向为 $(\sin\theta_x = u/F = \lambda f_x, \sin\theta_y = v/F = \lambda f_y)$,在透镜焦平面焦距对应为亮点,即衍射斑(若考虑透镜孔径大小,衍射斑为艾里斑)。式(4.20)和式(4.26)表明,屏函数(输入图像)的空间频率与透镜焦平面的衍射斑一一对应,即后焦平面是输入图像的傅里叶频谱面,亦即夫琅禾费衍射是图像的一个空间频谱分析器。傅里叶光学的基本思想是,对衍射屏(或物点的图像)产生的复杂波前进行傅里叶变换,衍射场分解为一系列不同方向、不同振幅的平面衍射波;特定方向的平面衍射波,出现在夫琅禾费衍射场的相应位置,实现了分谱,若在衍射场平面对频谱进行选择,就实现了空间滤波操作,因此傅里叶光学也是空间滤波和光学信息处理的理论基础。

4.2.3 余弦光栅的衍射场

一个典型的沿 x 轴方向的一维余弦光栅的屏函数(或透过率函数)为

$$\tilde{t}(x,y) = t_0 + t_1\cos(2\pi f_0 x + \varphi_0) \tag{4.27}$$

式中,f_0 为空间频率,空间周期 $d=1/f_0$。余弦光栅采用图 4.7 所示的光路制作,在乳胶干版上记录两束相干平行光的干涉场,其干涉强度分布为

$$I(x,y) = I_0(1 + \gamma\cos(2\pi f_0 x + \varphi_0))$$

$$f_0 = \frac{1}{d} = \frac{\sin\theta_1 + \sin\theta_2}{\lambda} \tag{4.28}$$

再将该干版通过适当的化学处理,得到透过率函数与干涉强度成正比,即式(4.27)所表示的屏函数形式的余弦光栅。

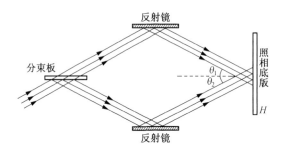

图 4.7 余弦光栅制作光路图

让一单色平行光垂直照射光栅,设入射波的波函数为 $\tilde{U}_1 = A$,经余弦光栅后透射波波函数为

$$\tilde{U}_2(x,y) = \tilde{t}\tilde{U}_1 = A(t_0 + t_1\cos(2\pi f_0 x + \varphi_0))$$

应用欧拉公式,并取 $\varphi_0 = 0$,上式可分解为

$$\tilde{U}_2(x,y) = \tilde{U}_0 + \tilde{U}_+ + \tilde{U}_- \tag{4.29}$$

式中

$$\tilde{U}_0 = At_0, \qquad \tilde{U}_+ = \frac{1}{2}At_1\exp(\mathrm{i}2\pi f_0 x) = At_1\exp(\mathrm{i}k(f_0\lambda)x)$$

$$\tilde{U}_- = \frac{1}{2}At_1\exp(-\mathrm{i}2\pi f_0 x) = At_1\exp(\mathrm{i}k(-f_0\lambda)x)$$

可见透射波函数的衍射场分解为三列平面波,一列正出射,两列向上和向下斜出射,倾角为

$$\sin\theta_\pm = \pm f_0\lambda$$

用几何成像理论,简单分析可知,在透镜后焦平面与这三个平面波传播方向对应的位置上,可以观测到这三列平面波的像,即余弦光栅的夫琅禾费衍射场分布,如图 4.8 所示。

另一方面,若直接将余弦光栅函数(4.27)代入(4.26),利用傅里叶变换公式,可以得到相同的结果。如考虑实际光栅的宽度或透镜孔径的尺度 D 时,这三列衍射波的在

透镜后焦平面上的衍射斑,不同于几何光学给出的简单亮点,而是半角宽度分别为

$$\Delta\theta_0 \approx \frac{\lambda}{D}, \quad \Delta\theta_\pm \approx \frac{\lambda}{D\cos\theta_\pm}$$

的三个衍射斑。

通过余弦光栅衍射这一简单例子的分析,可以得到通过屏函数的平面波展开中相位因子,就可以获得衍射场衍射斑的位置分布。

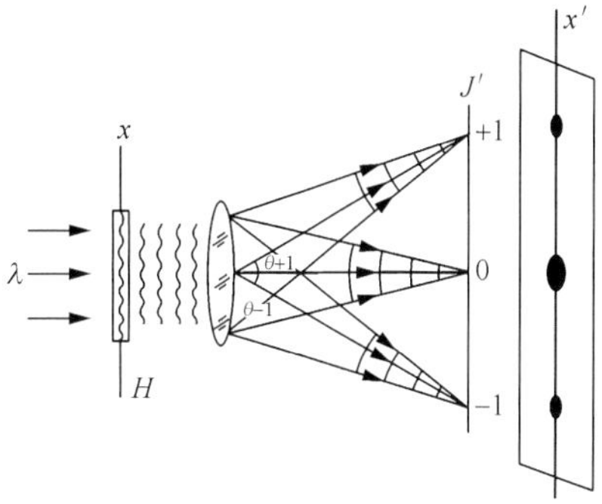

例 4.1 两个余弦光栅 G_1 和 G_2 正交密接,如图 4.9 所示。两个光栅屏函数为

$$G_1: \tilde{t}(x,y) = t_{01} + t_1 \cos(2\pi f_1 x)$$
$$G_2: \tilde{t}'(x,y) = t_{02} + t_2 \cos(2\pi f_2 y)$$

图 4.8 余弦光栅衍射场分布

则组合光栅屏函数为

$$\begin{aligned}\tilde{t}_合(x,y) &= \tilde{t}(x,y)\tilde{t}'(x,y)\\ &= t_{01}t_{02} + t_{02}t_1\cos 2\pi f_1 x + t_{01}t_2\cos 2\pi f_2 y\\ &\quad + \frac{1}{2}t_1t_2\cos 2\pi(f_1 x + f_2 y) + \frac{1}{2}t_1t_2\cos 2\pi(f_1 x - f_2 y)\end{aligned}$$

类似一维余弦光栅衍射场分布的分析方法,上式屏函数的夫琅禾费衍射场含 9 列平面衍射波,在焦平面上将出现 9 个衍射斑,9 个衍射斑的方位角分别为

$$(\sin\theta_1, \sin\theta_2) = ((0,0), (\pm f_1\lambda, 0), (0, \pm f_2\lambda), \pm(f_1\lambda, f_2\lambda), (\pm f_1\lambda, \mp f_2\lambda))$$

分布如图 4.9 所示。

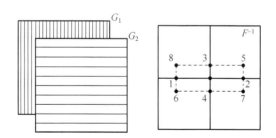

图 4.9 正交密接余弦光栅和衍射场分布

4.3 阿贝成像原理与空间滤波

4.3.1 阿贝成像原理

德国科学家阿贝(Ernst Abbe,1840~1905),在研究如何提供显微镜分辨本领时,从光的衍射和干涉角度,提出了一个关于相干成像原理。从现代傅里叶变换光学观点来看,阿贝成像原理为空间滤波和信息处理的概念奠定了基础。傅里叶光学成为光学

信息处理的理论基础,人们根据需要可任意变化空间频谱。这类实验首先是阿贝于 1893 年、而后波特于 1906 年报道的。他们的实验是为了验证阿贝提出的显微镜相干成像理论,并诠释阿贝成像的物理含义。

以一束单色平行光照射一物体,为了讨论方便,假设物体为线形物体,用 A、B 和 O 分别表示物体的上下端点和中心,通过透镜相干成像,如图 4.10 所示。从几何光学成像观点看,物体上的点 A、B、O 等,经透镜后成相对的点 A'、B'、O' 等。

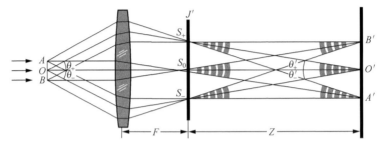

图 4.10 阿贝成像原理

另一观点着眼于光的夫琅禾费衍射的频谱变换。由 4.2 节,将物体看成屏函数,由傅里叶变换理论,其屏函数可以认为由一系列不同空间频率成分的平面波集合而成,而相干成像过程分为两步完成。第一步是平面波照射物体,发生夫琅禾费衍射,在透镜后焦平面上衍射场形成与物体平面波集合一一对应的衍射斑;第二步是衍射斑看成是一个个点源,这些点源发出次级波,在像平面上相干叠加,形成的干涉图样就是物体所成的像。这种相干成像过程的两步分析观点,称为阿贝成像原理。

我们通过余弦光栅为物,说明阿贝成像原理,因为余弦函数是任何图像傅里叶展开的基元函数。由 4.2 节,平行光入射余弦光栅,其透过率函数即物的波前函数为

$$\tilde{U}_O(x,y) = A(1 + \cos(2\pi f_0 x + \varphi_0)) = A\left(1 + \frac{1}{2}(\exp(\mathrm{i}2\pi f_0 x) + \exp(-\mathrm{i}2\pi f_0 x))\right)$$

(4.30)

这里为行文方便,取 $t_0 = t_1 = 1$。式(4.30)物函数为三列平面波的叠加,它们在透镜后焦平面上形成三个夫琅禾费衍射斑 S_0 和 $S_\pm$。将它们看着三个点源,在像平面产生干涉场。设焦平面坐标为 (ξ, η),像平面坐标为 (u, v),且像方满足傍轴条件,由式(3.13) $\tilde{U}(P) \approx \frac{A\mathrm{e}^{\mathrm{i}kz}}{z}\exp\left(\mathrm{i}k\frac{x_0^2+y_0^2}{2z}\right)\exp\left(-\mathrm{i}k\frac{xx_0+yy_0}{z}\right)$,则点源 S_0 和 $S_\pm$ 在像平面的波函数为

$$\tilde{U}_{S_o}(u,v) = \frac{A_{S_o}\mathrm{e}^{\mathrm{i}kz}}{z}\exp\left(\mathrm{i}k\frac{\rho^2}{2z}\right) = \frac{A_{S_o}\exp(\mathrm{i}k(S_oO'))}{z}\exp\left(\mathrm{i}k\frac{\rho^2}{2z}\right)$$

$$\tilde{U}_{S_\pm}(u,v) = \frac{A_{S_\pm}\mathrm{e}^{\mathrm{i}kz}}{z}\exp\left(\mathrm{i}k\frac{\rho_0^2+\rho^2-2\xi_\pm u}{2z}\right) = \frac{A_{S_\pm}\exp(\mathrm{i}k(S_\pm O'))}{z}\exp\left(\mathrm{i}k\frac{\rho^2-2\xi_\pm u}{2z}\right)$$

式中

$$\rho_0^2 = \xi^2 + \eta^2, \quad \rho^2 = u^2 + v^2$$

式中，系数 A_{S_o} 和 $A_{S_\pm}$ 的振幅分别为 A 和 $A/2$，相位由光栅中心 O 分别到 S_0 和 $S_\pm$ 的光程确定，即

$$A_{S_o} = A\exp(ik(OS_o)), \quad A_{S_\pm} = \frac{A}{2}\exp(ik(OS_\pm))$$

综合以上各式，并利用傍轴近似下，光线经透镜会聚角 $\theta'_\pm$ 满足 $\sin\theta'_\pm \approx \frac{\xi_\pm}{z}$ 和物象等光程性

$$(OS_oO') = (OS_o) + (S_oO') = (OS_+) + (S_+O') = (OS_-) + (S_-O')$$

得到像平面的干涉场为

$$\tilde{U}_I(u,v) = \tilde{U}_{S_o}(u,v) + \tilde{U}_{S_+}(u,v) + \tilde{U}_{S_-}(u,v)$$
$$= A\exp\left(ik\frac{\rho^2}{2z}\right)\frac{\exp(ik(OS_oO'))}{z} \cdot$$
$$\left(1 + \frac{1}{2}(\exp(-iku\sin\theta'_+) + \exp(-iku\sin\theta'_-))\right)$$

由于 ± 1 级衍射波的方向角 $\theta_\pm$ 与聚角 $\theta'_\pm$ 相对应，它们满足阿贝正弦条件

$$\sin\theta_\pm = M\sin\theta'_\pm$$

M 为透镜的横向放大率，而 $\sin\theta_\pm = \pm f_0\lambda$，则像平面的干涉场可化为

$$\tilde{U}_I(u,v) = A\exp\left(ik\frac{\rho^2}{2z}\right)\frac{\exp(ik(OS_oO'))}{z}\left(1 + \frac{1}{2}\cos(2\pi f'u)\right)$$
$$= C\exp\left(ik\frac{\rho^2}{2z}\right)\tilde{U}_O(x,y)$$
$$C = \frac{A\exp(ik(OS_oO'))}{z}, \quad f' = f_0/M, \quad (x,y) = (u/M, v/M) \quad (4.31)$$

将式(4.31)与物平面的波函数(4.30)比较，像平面的空间频率比物平面的频率小了 M 倍，波前的空间分布除了公共的相位因子外，是几何相似的，强度分布也是几何上完全相似。由于任何形式物的波函数 $\tilde{U}_O$ 数学上总可以展开为余弦函数的叠加，每一个余弦分量都满足式(4.31)，则它们的和同样满足该式。故对任一物波函数 $\tilde{U}_O$，相干成像条件下，其像的波函数满足

$$\tilde{U}_I(u,v) = C\exp\left(ik\frac{\rho^2}{2z}\right)\tilde{U}_O(x,y), \quad f' = f_0/M, \quad (x,y) = (u/M, v/M)$$

(4.32)

阿贝成像原理把几何成像过程分为两步，第一步是在相干光照射下，在焦平面产生衍射斑，射斑实际上是物面波函数的空间频谱，对频谱加以处理，将会使得第二步成像发生改变，从而实现光学信息处理。

4.3.2 阿贝-波特实验与空间滤波

阿贝和波特实验对相干成像的傅里叶分析基本原理，以及相干成像的机制提供了

最直接证明。为了清晰了解阿贝-波特实验的滤波过程,以一张简单周期细丝网格构成的物体为例进行讨论。设平行光垂直照射该网格,如图 4.11 所示在透镜后焦平面呈现出网格的傅里叶频谱,各傅里叶频谱作为点源,产生次级波在像平面相干叠加,形成网格的像。图 4.12(a)是周期结构网格在焦平面的频谱分布,图 4.12(b)是原网格的像。若用某种屏(如光圈、狭缝或光阑等)放置在焦平面是,就直接改变了像的频谱。

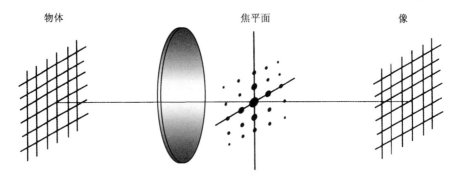

图 4.11 阿贝-波特滤波实验

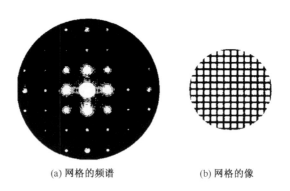

(a) 网格的频谱　　　　(b) 网格的像

图 4.12 方形网格的衍射及网格的象

例如,如图 4.13(a)所示,在焦平面上插入一个狭缝,只让单独一行频谱分量通过,对像平面相干叠加有贡献的正是水平方向的复振幅分量,对应的像只有网格的竖直部分(图 4.13(b))。

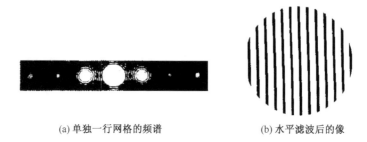

(a) 单独一行网格的频谱　　　　(b) 水平滤波后的像

图 4.13 在焦平面水平方向放置狭缝

若将焦平面上的狭缝竖直放置,只有竖直方向一列频谱通过,如图 4.14(a)所示,则像平面的像只包含图 4.14(b)所示网格的水平结构。若在焦平面放置一个可变光阑,光阑口径由小变大,通过光阑的频谱成分的频率也由小变大,可以在像平面看到网格一步步的傅里叶合成过程。如果在焦平面中心处放置一小光阑,只挡住中心级或零谱成分,将会看到网格像的衬度反转。由于透镜口径尺寸总是一定的,频率超过一定值的成分从透镜边缘漏掉,如图 4.15 所示,从阿贝成像观点看透镜本生是一个低通滤波器。

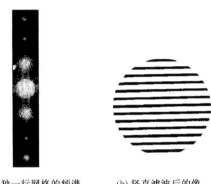

(a) 单独一行网格的频谱　　(b) 竖直滤波后的像

图 4.14　在焦平面竖直方向放置狭缝

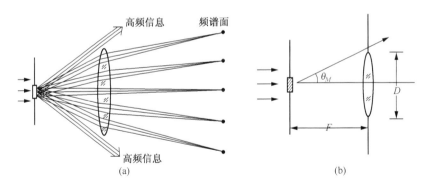

图 4.15　透镜的低通滤波作用

4.3.3　策尼克相衬显微镜

在显微镜要观察的许多物体中,其中不少是透明度很高的物体(如生物切片、晶体切片等)。这样的物体对光的作用,主要体现在其内部的折射率的不均匀或几何厚度不均匀,而对光的吸收很小且近似均匀,因而当光通过这样的物体时,出射光波主要发生相位变化,即等效一个相位屏。最主要的效应是产生一个空间相移变换。物体的这一效应,使得用普通的显微镜观察时,其衬比度非常小,无法直接观察。

1935 年,策尼克发明的相衬法和相衬显微镜,是将光学空间滤波应用于实际光学仪器的首创性工作。策尼克根据空间滤波原理提出相衬法,最重要的特点是使观察到像的强度与物体引起的相移呈线性关系。

设透明物体的透过率函数为

$$\tilde{t}_O(x,y) = e^{i\varphi(x,y)} \tag{4.33}$$

以一正入射的平行波照射透明物体,物平面的复振幅为

$$\tilde{U}_O(x,y) = A\tilde{t}_O(x,y) = Ae^{i\varphi(x,y)} = Ae^{i\varphi_0}e^{i\Delta\varphi(x,y)} \approx Ae^{i\varphi_0}(1+i\Delta\varphi(x,y)) \tag{4.34}$$

式中,φ_0 表示由物体产生的平均相移,$\Delta\varphi$ 是物体引起的相移的变化部分,假设 $\Delta\varphi$ 远小于 2π 弧度,因此略去 $(\Delta\varphi)^2$ 及高阶项。式(4.34)第一项表示沿轴向传播的平面衍射波,在后焦平面,即傅里叶面上是零级衍射斑。其他项代表复杂的波前,产生较弱的偏离光轴的衍射波,其频谱弥散在傅里叶面上。

普通显微镜对透明物体的相干成像,由式(4.32),其复振幅 $\tilde{U}_1$ 与物的复振幅成正比,像的强度分布

$$I = |\tilde{U}_1(u,v)|^2 \propto |\tilde{U}_O(u,v)|^2 = |Ae^{i\varphi_0}(1+i\Delta\varphi)|^2 \approx A^2$$

因此普通显微镜观察到的透明物体近似为均匀亮度,看不到物体的细节。策尼克认识到,只有相位变化的透明物体,其结构在像平面观察不到,是由于透明物体的零级衍射波与其他级的衍射波之间的存在 $\pi/2$ 的相位差(这可以从式(4.34)看到,式中第一项与第二项相差单位复数,写成相位形式相当于差 $\pi/2$ 的相位差)。如果改变这两者之间的相位正交关系,这两项将会在像平面产生干涉,形成可以观察到的像的强度变化。由于零级衍射波会聚在轴上焦点上,较高空间频率成分的衍射波则离焦点在焦平面上散开,因此策尼克提出在焦平面上放置一块相位板来改变零级衍射波和其他级衍射波的相位关系。

相位板一般由一块玻璃上涂一小滴透明的电介质物质构成,小滴电介质位于光轴焦点上,其厚度及折射率的设计满足这样的要求,即使得衍射光通过焦平面后,零级衍射波相位相对其他高阶衍射波的相位延迟 $\pi/2$ 或 $3\pi/2$。故像平面的复振幅与物平面复振幅式(4.34)的差别,在于式(4.34)中,第一项产生 $\pi/2$ 或 $3\pi/2$ 的附加相位。在 $\pi/2$ 附加相位情形下,相干成像条件下,由式(4.32),像平面的强度分布为

$$I = |\tilde{U}_1(u,v)|^2 \propto |\tilde{U}_O(x,y)|^2 \propto \left|Ae^{i\varphi_0}\left(\exp\left(i\frac{\pi}{2}\right)+i\Delta\varphi\right)\right|^2 \approx A^2(1+2\Delta\varphi)$$

在 $3\pi/2$ 附加相位情形下,像平面的强度分布为

$$I = |\tilde{U}_1(u,v)|^2 \propto |\tilde{U}_O(x,y)|^2 \propto \left|Ae^{i\varphi_0}\left(\exp\left(i\frac{3\pi}{2}\right)+i\Delta\varphi\right)\right|^2 \approx A^2(1-2\Delta\varphi)$$

由以上二式,在对零级衍射波附加一定的相移后,像的强度分布与物体相位的变化 $\Delta\varphi$ 成线性关系。在零级衍射波上附加 $\pi/2$ 相移情形,称为正相衬,附加 $3\pi/2$ 情形称为负相衬。如果同时使小滴电介质物质具有部分透光,透光系数为 a,则可以改善像的强度变化的衬比度,即上二式可表示为 $I \propto A^2(a-2\Delta\varphi)$。若小滴电介质物质对光全部吸

收,透光系数 $a=0$,这时像的强度变化满足
$$I \propto 2A^2 \Delta\varphi$$
相位的变化全部表现为强度变化,这是相衬的暗场法。

策尼克相衬法通过改变频谱面上相位分布,巧妙地实现强度的相位调制,即相衬法是一种将空间相位调制转换成空间强度分布的方法。该方法是实际应用光学信息处理的先声,而获得1935年诺贝尔物理学奖。

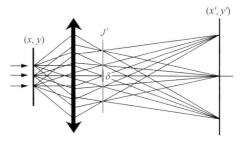

图 4.16 相衬显微镜原理图

4.4 相干光信息处理简例

4.4.1 4F 图像处理系统

1. 4F 系统及波前变换

由阿贝成像原理结合傅里叶变换思想,发展起来的光学信息处理技术,由单透镜系统发展为复合透镜系统,使得光学信息处理便捷而又丰富多彩。图 4.17 给出一种典型的滤波原理图,称为"4F"系统,这一系统把输入物面和输出像面由 4 个分立的焦距隔开。系统中前后透镜 L_2 和 L_1 共焦组合,即前后焦平面重合,共焦面用 $T(\xi,\eta)$ 表示;物 $O(x,y)$ 位于透镜 L_1 的前焦平面上,透镜 L_2 的后焦平面为输出平面,用 $I(u,v)$ 表示。由几何光学可知,L_2 的后焦平面为输入物面的成像平面。

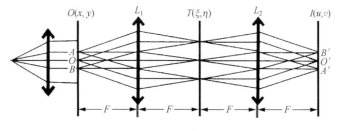

图 4.17 4F 系统原理图

共焦面 T 对透镜 L_1 是频谱面,对透镜 L_2 是物平面,其频谱在系统的像平面上。因此,在 4F 系统中从物场到像场,经历了两次傅里叶变换。若在共焦面 T 处插入空间滤波器,共焦面为变换平面即滤波平面,可以根据实际应用的需要,实现对物的空间频率的改变。现在我们对 4F 系统的空间滤波进行分析。

点光源通过透镜产生一平行相干光照射物平面上。设光通过物面后的复振幅为 $\tilde{U}_0(x,y)$,由于物位于透镜 L_1 的焦平面上,根据透镜的夫琅禾费衍射(4.26),物场 $\tilde{U}_0$ 经过 L_1 后,实现了第一次傅里叶变换,其频谱为

$$\tilde{U}_1(\xi,\eta) = \mathcal{F}\{\tilde{U}_0(x,y)\} \tag{4.35}$$

变换平面上的坐标 (ξ,η) 与物平面的空间频率 (f_x,f_y) 的关系为

$$(\xi,\eta) = (F\lambda f_x, F\lambda f_y)$$

若在变换平面 T 上放置一透过率函数为 $H(\xi,\eta)$ 滤波器,出射变换平面的波函数 $\tilde{U}_2(\xi,\eta)$ 为

$$\tilde{U}_2(\xi,\eta) = H(\xi,\eta)\tilde{U}_1(\xi,\eta) \tag{4.36}$$

上式可理解为滤波函数 $H(\xi,\eta)$ 改变了物的频谱,产生了一个新的频谱。$\tilde{U}_2(\xi,\eta)$ 相对于 L_2,它是一个新的物波前,经过 L_2 后,再一次进行傅里叶变换,得到频谱分布

$$\tilde{U}_1(u,v) = \mathcal{F}\{\tilde{U}_2(\xi,\eta)\} \tag{4.37}$$

像平面上的坐标 (u,v) 与变换平面的空间频率 (f_ξ, f_η) 的关系为

$$(u,v) = (F\lambda f_\xi, F\lambda f_\eta)$$

将式(4.35)和式(4.36)代入式(4.37),输出像场为

$$\tilde{U}_1(u,v) = \mathcal{F}\{H(\xi,\eta)\tilde{U}_1(\xi,\eta)\} = \mathcal{F}\{H(\xi,\eta)\,\mathcal{F}\{\tilde{U}_0(x,y)\}\} \tag{4.38}$$

当变换平面不放置滤波器,即 $H(\xi,\eta) = 1$ 时,输出场为

$$\tilde{U}_1(u,v) = \mathcal{F}\{\mathcal{F}\{\tilde{U}_0(x,y)\}\} = \tilde{U}_0(-x,-y)$$

上式第二个等式是根据傅里叶变换性质,函数两次傅里叶变换,其结果仍为原函数,只是坐标反号。上式表明 4F 系统是一个其像重现物且倒置的系统,即 4F 系统是一个连续两次傅里叶变换的一个光学模拟系统。

2. 相干光学传递函数

通过前面的讨论,我们看到通过空间滤波,即通过改变物的频谱成分,实现其对应像的特征的改变。反之,也可以通过比较物和像的空间频率变化,来评价和衡量光学系统传输性能。人们引入光学传递函数 OTF(optical transfer function),它被定义为像场频谱与物场频谱之比

$$\text{OTF} = \frac{\mathcal{F}\{\tilde{U}_1\}}{\mathcal{F}\{\tilde{U}_0\}} \tag{4.39}$$

我们以 4F 系统为例,计算光学传递函数 OTF。将像场函数(4.38)代入式(4.39),有

$$\text{OTF} = \frac{\mathcal{F}\{\tilde{U}_1\}}{\mathcal{F}\{\tilde{U}_0\}} = \frac{\mathcal{F}\{\mathcal{F}\{H(\xi,\eta)\,\mathcal{F}\{\tilde{U}_0(x,y)\}\}\}}{\mathcal{F}\{\tilde{U}_0\}}$$

利用两次连续傅里叶变化性质,并且考虑到坐标反转并无实际意义,上式简化为

$$\text{OTF} = \frac{H\,\mathcal{F}\{\tilde{U}_0\}}{\mathcal{F}\{\tilde{U}_0\}} = H \tag{4.40}$$

式(4.40)表明,4F 系统中的滤波函数 H,就是相干光学信息处理系统的光学传递函数 OTF。

4.4.2 图像的相加和相减处理方法

两幅图像 A 和 B 位于 4F 系统物面上,设 B 的中心在 x 轴方向上相距为 a,在 4F 系统中选用余弦光栅

$$H(u,v) = t_0 + t_1 \cos(2\pi f_0 u) \tag{4.41}$$

作为滤波器,可以实现图像的相加或相减。我们首先定性分析图像的加减工作原理。

如图 4.18 所示,设前焦平面上一物点 A,经过透镜 L_1 后,产生一列平行光。由 4.2.3 节可知,该平行光通过余弦光栅滤波器后,形成 0 和 ±1 级三列不同空间频率的平面衍射波,并在透镜 L_2 的后焦平面上出现三个衍射斑,即是与物点 A 对应的三个像点 A_0、$A_\pm$。如果输入的是一个物面,由点及面类推,输出的将是三个像面;如果输入的是两个物 A 和 B,则输出为对应 6 个像:A_0、$A_\pm$ 和 B_0、$B_\pm$。

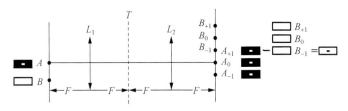

图 4.18 图像加减工作原理的定性分析

假设物 A 的中心位于 4F 系统光轴上,物 B 的中心在 x 负方向离轴 a 的位置,即

$$x(A) = 0, \quad x(B) = -a$$

由余弦光栅衍射特征,经 4F 系统并在余弦光栅滤波器的作用下,物 A 和 B 的形成的两组图像的中心位置为

$$\begin{cases} u(A_0) = 0 \\ u(A_\pm) = \pm f_0 \lambda F, \end{cases} \quad \begin{cases} u(B_0) = a \\ u(B_\pm) = \pm f_0 \lambda F + a \end{cases}$$

为了实现图像的加减,假设图像 A_+ 与图像 B_- 重合,即应使 $u(A_+) = u(B_-)$,利用上式,有

$$f_0 \lambda F = -f_0 \lambda F + a \quad 或 \quad a = 2 f_0 \lambda F \tag{4.42}$$

式(4.42)为两幅输入图像的间隔与滤波器的频率的关系。这也是物面上两幅图像允许的最大尺寸,因为若物面上的两幅图像大于 a,则它们在物面上有部分重叠。

要实现图像 A_+ 与图像 B_- 的加或减,除了实现它们重叠外,还必须满足图像 A_+ 与图像 B_- 的波函数相差 2π 或 π 的相位差。由位移-相移定理,衍射屏发生一位移,将产生夫琅禾费衍射场的相位,而不改变也是图像的位置。设让衍射屏作一位移 $\Delta \xi$,衍射场产生一相移 $\Delta \varphi$

$$\Delta \varphi = -k \Delta \xi \sin \theta$$

上式表明,对相同的位移量,对不同的衍射角 θ,会产生不同的相移值。在我们讨论的图像加减中,衍射屏就是式(4.41)表述的一个余弦光栅滤波器。由上式可知,+1 级图

像 A_+ 与 -1 级图像 B_- 的相移量分别为

$$\Delta\varphi(A_+) = -k\Delta\xi\sin\theta_+ = -k\Delta\xi f_0\lambda = -2\pi\Delta\xi f_0$$
$$\Delta\varphi(B_-) = -k\Delta\xi\sin\theta_- = k\Delta\xi f_0\lambda = 2\pi\Delta\xi f_0 \quad (4.43)$$

当二图像相位差 $\delta = \Delta\varphi(B_-) - \Delta\varphi(A_+) = \pi$ 时，图像 A_+ 与图像 B_- 的波函数在像平面叠加时，产生相减运算，即实现了图像的相减。由式(4.43)得到图像实现相减的条件为

$$2\pi\Delta\xi f_0 - (-2\pi\Delta\xi f_0) = \pi, \quad \Delta\xi = \frac{1}{4f_0} = \frac{d}{4} \quad (4.44)$$

式(4.44)表明，余弦光栅滤波器每移动四分之一光栅周期，图像 A_+ 与图像 B_- 之间的相位差改变 π，两幅图像产生相减运算。同样的分析，可知当余弦光栅滤波器每移动二分之一光栅周期，图像 A_+ 与图像 B_- 之间的相位差改变 2π，它们产生相加运算。应用透镜衍射的傅里叶变换公式，对以上分析可以进行严格的数学计算。

*4.5　透镜相干成像的衍射分析

4.5.1　正透镜的点扩展函数

1. 点源的透镜衍射场分布

设一物面放置在离一正透镜距离 z_1 处，单色波照射物面，其物面的波函数为 $\tilde{U}_0(x,y)$。物函数 $\tilde{U}_0(x,y)$ 通过透镜，在离透镜为 z_2 的平面是产生一输出波函数 $\tilde{U}_1(u,v)$，如图 4.19 所示。下面我们用光的衍射理论，分析这一相干成像过程，即输出函数 $\tilde{U}_1(u,v)$ 成为物函数 $\tilde{U}_0(x,y)$ 的像的条件。

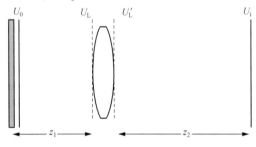

图 4.19　透镜成像衍射分析光路图

设复振幅为 $\tilde{U}_0(x,y)$ 的物面由分为许许多多的点源构成，物面坐标 (x,y) 上的单位振幅点源在输出面坐标 (u,v) 上产生的复振幅为 $h(u,v;x,y)$。由于光波传输的线性性质，输出场的 $\tilde{U}_1(u,v)$ 是所有点源产生的复振幅的叠加

$$\tilde{U}_1(u,v) = \iint_{-\infty}^{\infty} \tilde{U}_0(x,y)h(u,v;x,y)\mathrm{d}x\mathrm{d}y \quad (4.45)$$

因此，只要确定单位点源的传播函数 $h(u,v;x,y)$，就能完备的描述成像系统的性质，人们称函数 $h(u,v;x,y)$ 为脉冲响应函数或点扩展函数，它通过光衍射求得。

在傍轴近似条件下,物平面上 (x,y) 处的点源发射到透镜前表面上的球面波为

$$\tilde{U}_L(\xi,\eta) = \frac{1}{i\lambda z_1}\exp\left(i\frac{k}{2z_1}((x-\xi)^2+(y-\eta)^2)\right) \qquad (4.46)$$

这里 (ξ,η) 为透镜平面坐标。由式(4.16),透镜屏函数 $\tilde{t}_L(x,y) = \exp\left(-ik\frac{x^2+y^2}{2F}\right)$,通过透镜后的出射波函数为

$$\tilde{U}'_L(\xi,\eta) = \tilde{U}_L(\xi,\eta)P(\xi,\eta)\tilde{t}_L = \tilde{U}_L(\xi,\eta)P(\xi,\eta)\exp\left(-i\frac{k}{2F}(\xi^2+\eta^2)\right) \qquad (4.47)$$

式中,$P(\xi,\eta)$ 为透镜光瞳函数。$\tilde{U}'_L(\xi,\eta)$ 传播距离 z_2 后的波函数,即点扩展函数,通过菲涅耳衍射公式确定

$$h(u,v;x,y) = \frac{1}{i\lambda z_2}\iint_{-\infty}^{\infty}\tilde{U}'_L(\xi,\eta)\exp\left(-i\frac{k}{2z_2}((u-\xi)^2+(v-\eta)^2)\right)d\xi d\eta \qquad (4.48)$$

这里我们舍去了常数相位因子。将式(4.46)和式(4.47)代入式(4.48)得

$$h(u,v;x,y) = \frac{1}{\lambda^2 z_1 z_2}\exp\left(i\frac{k}{2z_2}(u^2+v^2)\right)\exp\left(i\frac{k}{2z_1}(x^2+y^2)\right)\cdot$$

$$\iint_{-\infty}^{\infty} P(\xi,\eta)\exp\left(i\frac{k}{2}\left(\frac{1}{z_1}+\frac{1}{z_2}-\frac{1}{F}\right)(\xi^2+\eta^2)\right)\cdot$$

$$\exp\left(-ik\left(\left(\frac{x}{z_1}+\frac{u}{z_2}\right)\xi+\left(\frac{y}{z_1}+\frac{v}{z_2}\right)\eta\right)\right)d\xi d\eta \qquad (4.49)$$

式(4.49)和式(4.45)提供了物波函数 $\tilde{U}_O(x,y)$ 和输出波函数 $\tilde{U}_I(u,v)$ 之间关系的形式解。由于式(4.49)形式复杂,从该式很难确定 $\tilde{U}_I(u,v)$ 是 $\tilde{U}_O(x,y)$ 的像的条件。

2. 满足透镜成像定理的点扩展函数

若能将式(4.49)中的三个二次相位因子除去,点扩展函数可以得到简化。当输出平面的位置 z_2 满足

$$\frac{1}{z_1}+\frac{1}{z_2}-\frac{1}{F} = 0 \qquad (4.50)$$

即物像满足几何成像关系时,式(4.49)积分中的二次相位因子 $\exp\left(i\frac{k}{2}\left(\frac{1}{z_1}+\frac{1}{z_2}-\frac{1}{F}\right)(\xi^2+\eta^2)\right)$ 被消除。

在式(4.49)中依赖像平面坐标 (u,v) 的二次相位因子 $\exp\left(i\frac{k}{2z_2}(u^2+v^2)\right)$,在式(4.45)积分中可以提到积分号外面来,即它对积分不产生影响;如果感兴趣只是像的强度分布,与像坐标相联系的相位因子不起作用。因此,可以忽略这个二次相位因子。

式(4.49)中与物平面坐标 (x,y) 有关的二次相位因子 $\exp\left(i\frac{k}{2z_1}(x^2+y^2)\right)$,其变量是积分式(4.45) $\tilde{U}_I(u,v) = \iint_{-\infty}^{\infty}\tilde{U}_O(x,y)h(u,v;x,y)dxdy$ 中的变量,它对积分产生

影响。但如果满足如下三种条件之一,这一项也可以忽略。这三个条件为:①物在一个球面上,球心是光轴和透镜中心的交点,半径为 z_1;②物由一球面波照射,会聚点是光轴和透镜中心的交点;③在物对具体像点(u,v)处的场有重要贡献的区域里,二次相位因子的变化远小于 1 弧度。这里我们对这三个条件不进行一一讨论。一般情况下,当物的尺寸大于透镜尺寸的约四分之一,条件③即成立。因此这一二次相位因子也忽略。

最后得到单透镜成像系统的点扩展函数化为

$$h(u,v;x,y) \approx \frac{1}{\lambda^2 z_1 z_2} \iint_{-\infty}^{\infty} P(\xi,\eta) \exp\left(-\mathrm{i}k\left(\left(\frac{x}{z_1}+\frac{u}{z_2}\right)\xi + \left(\frac{y}{z_1}+\frac{v}{z_2}\right)\eta\right)\right) \mathrm{d}\xi\mathrm{d}\eta$$

(4.51)

定义成像系统的放大率:$M = -\frac{z_2}{z_1}$,这里加负号是为了消除倒像效果。这时点扩展函数简化为

$$h(u,v;x,y) \approx \frac{1}{\lambda^2 z_1 z_2} \iint_{-\infty}^{\infty} P(\xi,\eta) \exp\left(-\mathrm{i}\frac{2\pi}{z_2\lambda}((u-Mx)\xi + (v-My)\eta)\right) \mathrm{d}\xi\mathrm{d}\eta$$

(4.52)

式(4.52)表明,当物和像面相对透镜的位置满足几何成像定理时,点扩展函数就是透镜孔径的夫琅禾费衍射场,其中衍射场的中心是几何成像的像点$(u=M\xi,v=M\eta)$处。

4.5.2 物像关系的衍射理论分析

现在我们应用式(4.45)和式(4.52)

$$\widetilde{U}_1(u,v) = \iint_{-\infty}^{\infty} \widetilde{U}_\mathrm{O}(x,y) h(u,v;x,y) \mathrm{d}x\mathrm{d}y$$

$$h(u,v;x,y) \approx \frac{1}{\lambda^2 z_1 z_2} \iint_{-\infty}^{\infty} P(\xi,\eta) \exp\left(-\mathrm{i}\frac{2\pi}{z_2\lambda}((u-Mx)\xi + (v-My)\eta)\right) \mathrm{d}\xi\mathrm{d}\eta$$

讨论考虑衍射效应后,相干光成像的物象的对应关系。为了更明确以上二式所表示出的物象的关系,定义归一化物平面坐标:

$$\widetilde{x} = Mx, \quad \widetilde{y} = My \tag{4.53}$$

则式(4.52)的点扩展函数化为

$$h(u,v;\widetilde{x},\widetilde{y}) = \frac{1}{\lambda^2 z_1 z_2} \iint_{-\infty}^{\infty} P(\xi,\eta) \exp\left(-\mathrm{i}\frac{2\pi}{z_2\lambda}((u-\widetilde{x})\xi + (v-\widetilde{y})\eta)\right) \mathrm{d}\xi\mathrm{d}\eta$$

$$= h(u-\widetilde{x}, v-\widetilde{y}) \tag{4.54}$$

点扩展函数是坐标变量$(u-\widetilde{x},v-\widetilde{y})$的函数,它是透镜光瞳函数的夫琅禾费衍射场。式(4.52)化为

$$\widetilde{U}_1(u,v) = \iint_{-\infty}^{\infty} \widetilde{U}_\mathrm{O}(x,y) h(u,v;x,y) \mathrm{d}x\mathrm{d}y$$

$$= \iint_{-\infty}^{\infty} \widetilde{U}_\mathrm{O}\left(\frac{\widetilde{x}}{M},\frac{\widetilde{y}}{M}\right) h(u-\widetilde{x},v-\widetilde{y}) \frac{1}{M^2} \mathrm{d}\widetilde{x}\mathrm{d}\widetilde{y} \tag{4.55}$$

再作一次变量代换

$$\tilde{\xi} = \frac{\xi}{\lambda z_2}, \quad \tilde{\eta} = \frac{\eta}{\lambda z_2}, \quad \tilde{h} = \frac{1}{|M|}h$$

代入式(4.54),有

$$\tilde{h}(u-\tilde{x},v-\tilde{y}) = \frac{1}{|M|}h(u,v;\tilde{x},\tilde{y})$$
$$= \iint_{-\infty}^{\infty} P(\lambda z_2 \tilde{\xi}, \lambda z_2 \tilde{\eta}) \exp(-\mathrm{i}2\pi((u-\tilde{x})\tilde{\xi}+(v-\tilde{y})\tilde{\eta})) \mathrm{d}\tilde{\xi}\mathrm{d}\tilde{\eta}$$

(4.56)

同时定义

$$\tilde{U}_\mathrm{g}(\tilde{x},\tilde{y}) = \frac{1}{|M|}\tilde{U}_\mathrm{o}\left(\frac{\tilde{x}}{M},\frac{\tilde{y}}{M}\right) \tag{4.57}$$

利用式(4.56)和式(4.57),最终式(4.55)化为

$$\tilde{U}_\mathrm{I}(u,v) = \iint_{-\infty}^{\infty} \frac{1}{|M|}\tilde{U}_\mathrm{o}\left(\frac{\tilde{x}}{M},\frac{\tilde{y}}{M}\right) \frac{1}{|M|} h(u-\tilde{x},v-\tilde{y}) \mathrm{d}\tilde{x}\mathrm{d}\tilde{y}$$
$$= \iint_{-\infty}^{\infty} \tilde{U}_\mathrm{g}(\tilde{x},\tilde{y}) \tilde{h}(u-\tilde{x},v-\tilde{y}) \mathrm{d}\tilde{x}\mathrm{d}\tilde{y}$$

或

$$\tilde{U}_\mathrm{I}(u,v) = \tilde{h}(u,v) \otimes \tilde{U}_\mathrm{g}(u,v) \tag{4.58}$$

定义式(4.57) $\tilde{U}_\mathrm{g}(\tilde{x},\tilde{y}) = \frac{1}{|M|}\tilde{U}_\mathrm{o}\left(\frac{\tilde{x}}{M},\frac{\tilde{y}}{M}\right)$ 实际上是几何光学中理想成像条件,它意味像是物的一个倒立和放大(或缩小)的复制品。式(4.58)表示,相干成像系统中像的波函数是点扩展函数与几何光学理想成像波函数的卷积,即衍射效应是使像的波函数为几何成像与透镜光瞳的夫琅禾费衍射场的卷积。

4.5.3 相干成像系统的光学传递函数

由4.4节,光学系统传递函数定义为像场频谱与物场频谱之比

$$\mathrm{OTF} = \frac{\mathcal{F}\{\tilde{U}_\mathrm{I}\}}{\mathcal{F}\{\tilde{U}_\mathrm{o}\}}$$

对相干成像系统,成像波函数满足式(4.58),将其代入上式,利用傅里叶变换卷积定理,有

$$\mathrm{OTF} = \frac{\mathcal{F}\{\tilde{U}_\mathrm{I}\}}{\mathcal{F}\{\tilde{U}_\mathrm{o}\}} = \frac{\mathcal{F}\{\tilde{h} \otimes \tilde{U}_\mathrm{g}\}}{\mathcal{F}\{\tilde{U}_\mathrm{o}\}} = \frac{\mathcal{F}\{\tilde{h}(u,v)\} \mathcal{F}\{\tilde{U}_\mathrm{g}\}}{\mathcal{F}\{\tilde{U}_\mathrm{o}\}} \tag{4.59}$$

注意到坐标变换式(4.53),利用 $\tilde{h}$ 与 h 的关系式(4.56),$\tilde{U}_\mathrm{g}$ 与 $\tilde{U}_\mathrm{o}$ 的关系式(4.57),式(4.59)简化为

$$\mathrm{OTF} = \mathcal{F}\{h(u,v)\} = H(f_u,f_v) \tag{4.60}$$

由式(4.56) $h(u,v) = |M|\mathcal{F}\{P(\lambda z_2 \tilde{\xi}, \lambda z_2 \tilde{\eta})\}$,有

$$H(f_u, f_v) = \mathcal{F}\{|M|\mathcal{F}\{P(\lambda z_2 \tilde{\xi}, \lambda z_2 \tilde{\eta})\}\} = |M|P(-\lambda z_2 f_u, -\lambda z_2 f_v) \quad (4.61)$$

表明相干成像的传递函数就是光瞳函数,只要用 $(-\lambda z_2 f_u, -\lambda z_2 f_v)$ 置换光瞳函数的自变量。式(4.61)中的放大率系数和负号并不重要,所以一般将其写为

$$H(f_u, f_v) = P(\lambda z_2 f_u, \lambda z_2 f_v) \quad (4.62)$$

这个公式表示相干成像系统的传递函数就是光瞳函数。如果光瞳函数在确定的每个区域为1,其他区域为0,则从频谱空间看,光瞳取到低通滤波作用,通过此通带内的全部频谱成分没有振幅和相位畸变。在通带的边界处,频率突然变为零,即通带外的频谱分量完全消失。

例如,设透镜成像系统,透镜的半径为 R,透光本身取光瞳作用,其光瞳函数

$$P(u, v) = \text{circ}\left(\frac{\sqrt{u^2 + v^2}}{R}\right)$$

由傅里叶变换公式和式(4.62),对应的传递函数是

$$H(f_u, f_v) = P(\lambda z_2 f_u, \lambda z_2 f_v) = \text{circ}\left(\frac{\sqrt{f_u^2 + f_v^2}}{R/\lambda z_2}\right)$$

因此,半径为 R 光瞳的截止频率为 $f_0 = R/\lambda z_2$。

*4.6 非相干成像系统的频谱分析

4.6.1 非相干成像系统的强度传递函数

相干成像系统,像的波函数是物的波函数与点扩展函数的卷积(4.58)描述,则其像平面的强度分布

$$I_1 = |\tilde{U}_1(u,v)| = \left|\iint_{-\infty}^{\infty} \tilde{U}_g(\tilde{x}, \tilde{y}) \tilde{h}(u-\tilde{x}, v-\tilde{y}) \mathrm{d}\tilde{x} \mathrm{d}\tilde{y}\right| = |\tilde{h}(u,v) \otimes \tilde{U}_g(u,v)|$$

对非相干成像系统,像平面上的强度分布是物平面每一个点源在像平面产生的强度求和。由于点扩展函数是物平面上单位强度的点源在像平面产生的衍射场,其强度分布为

$$I_h = |\tilde{h}(u-x, v-y)|^2$$

非相干成像系统是强度线性系统,用 $I_O(x,y)$ 表示物平面某一点 (x,y) 处的强度,则物平面所有点源对像平面强度的贡献为

$$I_1(u,v) = c\iint_{-\infty}^{\infty} I_O(x,y) |h(u-x, v-y)|^2 \mathrm{d}x\mathrm{d}y \quad (4.63)$$

式中

$$I_O(\tilde{x}, \tilde{y}) = \left|\tilde{U}_O\left(\frac{\tilde{x}}{M}, \frac{\tilde{y}}{M}\right)\right|^2 = |\tilde{U}_O(x,y)|^2, \quad x = \frac{\tilde{x}}{M}, \quad y = \frac{\tilde{y}}{M}$$

式(4.63)表示非相干成像系统,像平面的衍射强度分布是点扩展函数的强度 $|h|^2$ 与物

平面强度 $|\widetilde{U}_\mathrm{O}(x,y)|^2$ 的卷积。我们称点扩展函数的强度 $|h|^2$ 为强度点扩展函数。非相干成像变换的点扩展函数是振幅点扩展函数的模的平方。由式(4.63)的卷积形式,采用频谱描述更为方便。为此,定义 I_I、I_O 和 $|h|^2$ 的归一化频谱

$$\widetilde{I}_\mathrm{I}(f_u,f_v)=\frac{\iint_{-\infty}^{\infty} I_\mathrm{I}(u,v)\exp(-\mathrm{i}2\pi(f_u u+f_v v)\mathrm{d}u\mathrm{d}v)}{\iint_{-\infty}^{\infty} I_\mathrm{I}(u,v)\mathrm{d}u\mathrm{d}v}$$

$$=\frac{\mathcal{F}\{I_\mathrm{I}\}}{\iint_{-\infty}^{\infty} I_\mathrm{I}(u,v)\mathrm{d}u\mathrm{d}v} \quad (4.64)$$

$$\widetilde{I}_\mathrm{O}(f_u,f_v)=\frac{\iint_{-\infty}^{\infty} I_\mathrm{O}(u,v)\exp(-\mathrm{i}2\pi(f_u u+f_v v)\mathrm{d}u\mathrm{d}v)}{\iint_{-\infty}^{\infty} I_\mathrm{O}(u,v)\mathrm{d}u\mathrm{d}v}$$

$$=\frac{\mathcal{F}\{I_\mathrm{O}\}}{\iint_{-\infty}^{\infty} I_\mathrm{O}(u,v)\mathrm{d}u\mathrm{d}v} \quad (4.65)$$

$$\widetilde{H}(f_x,f_y)=\frac{\iint_{-\infty}^{\infty} |\widetilde{h}(u,v)|^2\exp(-\mathrm{i}2\pi(f_u u+f_v v)\mathrm{d}u\mathrm{d}v)}{\iint_{-\infty}^{\infty} |\widetilde{h}(u,v)|^2\mathrm{d}u\mathrm{d}v}$$

$$=\frac{\mathcal{F}\{|\widetilde{h}(u,v)|^2\}}{\iint_{-\infty}^{\infty} |\widetilde{h}(u,v)|^2\mathrm{d}u\mathrm{d}v} \quad (4.66)$$

对式(4.63)应用傅里叶变换的卷积定理,得到

$$\widetilde{I}_\mathrm{I}(f_u,f_v)=\widetilde{H}(f_u,f_v)\widetilde{I}_\mathrm{O}(f_u,f_v) \quad (4.67)$$

或

$$\widetilde{H}(f_u,f_v)=\frac{\widetilde{I}_\mathrm{I}(f_u,f_v)}{\widetilde{I}_\mathrm{O}(f_u,f_v)} \quad (4.68)$$

函数 $\widetilde{H}(f_u,f_v)$ 称为非相干成像系统的光学传递函数(optical transfer function,OTF),它的模 $|\widetilde{H}|$ 叫做调制传递函数(modulation transfer function,MTF)。由点扩展函数(4.60) $H(f_u,f_v)=\mathcal{F}\{h(u,v)\}$ 和傅里叶变换的瑞利定理,式(4.66)可化为

$$\widetilde{H}(f_x,f_y)=\frac{\mathcal{F}\{|\widetilde{h}(u,v)|^2\}}{\iint_{-\infty}^{\infty}|\widetilde{h}(u,v)|^2\mathrm{d}u\mathrm{d}v}$$

$$=\frac{\iint_{-\infty}^{\infty} H\left(u+\frac{f_x}{2},v+\frac{f_y}{2}\right)H^*\left(u-\frac{f_x}{2},v-\frac{f_y}{2}\right)\mathrm{d}u\mathrm{d}v}{\iint_{-\infty}^{\infty}|\widetilde{h}(u,v)|^2\mathrm{d}u\mathrm{d}v} \quad (4.69)$$

式(4.69)表示,非相干成像系统的传递函数是相干成像系统传递函数的自相关函数,同时也给出了相干系统与非相干系统性质的联系。

4.6.2 无像差系统的传递函数

前面讨论非相干成像系统的传递函数时,对系统有无像差,式(4.69)都适用。在系统没有像差时,衍射成像系统传输产生影响唯一因素是光瞳口径。相干成像系统中,相干传递函数由式(4.62):$H(f_u,f_v) = P(\lambda z_2 f_u, \lambda z_2 f_v)$ 确定,将它代入非相干成像系统传递函数(4.69),有

$$\tilde{H}(f_x,f_y) = \frac{\iint_{-\infty}^{\infty} P\left(u+\frac{\lambda z_2 f_x}{2}, v+\frac{\lambda z_2 f_y}{2}\right) P^*\left(u-\frac{\lambda z_2 f_x}{2}, v-\frac{\lambda z_2 f_y}{2}\right) \mathrm{d}u\mathrm{d}v}{\iint_{-\infty}^{\infty} |P(u,v)|^2 \mathrm{d}u\mathrm{d}v}$$

(4.70)

由于光瞳函数 $P(x,y)$,在光瞳内为 1,光瞳外为 0,故式(4.70)分母积分值是光瞳的面积。而分子积分值是两个错开的光瞳函数相互重叠的面积,这两个相互错开光瞳的中心分别在 $(\lambda z_2/2, \lambda z_2/2)$ 和 $(-\lambda z_2/2, -\lambda z_2/2)$。故对具有较简单形式的光瞳形状的成像系统,其非相干传递函数的可以直接计算归一化重叠面积得到。

例如,我们计算单透镜成像系统传递函数。设透镜的半径为 R,其光瞳函数:

$$P(u,v) = \mathrm{circ}\left(\frac{\sqrt{u^2+v^2}}{R}\right)$$

由于 OTF 相对坐标原点是圆对称的,故只须计算 f_x 方向 OTF。如图 4.18 所示,重叠面积是扇形 $A+B$ 中阴影部分 B 的面积的 4 倍。扇形面积 $A+B$ 是

$$S(A+B) = \frac{\theta}{2\pi}(\pi R^2) = \frac{\arccos(\lambda z_2 f_x/2R)}{2\pi}(\pi R^2)$$

三角形面积:$\Delta(A) = \frac{1}{2}\left(\frac{\lambda z_2 f_x}{2}\right)\sqrt{R^2 - \left(\frac{\lambda z_2 f_x}{2}\right)^2}$。于是有

$$\tilde{H}(f_x,0) = \frac{4(S(A+B) - \Delta(A))}{\pi R^2}$$

$$= \begin{cases} 2R^2\left(\arccos(\lambda z_2 f_x/2R) - \frac{\lambda z_2 f_x}{2R}\sqrt{1-\left(\frac{\lambda z_2 f_x}{2R}\right)^2}\right), & f_x \leqslant \frac{2R}{\lambda z_2} \\ 0, & \text{其他} \end{cases}$$

对频谱面上的径向距离 f_ρ,即用极坐标系的空间频率 f_ρ 表示,有

$$\tilde{H}(f_\rho) = \frac{4(S(A+B) - \Delta(A))}{\pi R^2}$$

$$= \begin{cases} 2R^2\left(\arccos(\lambda z_2 f_\rho/2R) - \frac{\lambda z_2 f_\rho}{2R}\sqrt{1-\left(\frac{\lambda z_2 f_\rho}{2R}\right)^2}\right), & f_\rho \leqslant \frac{2R}{\lambda z_2} \\ 0, & \text{其他} \end{cases}$$

图 4.20 给出了圆形光瞳的 OTF 分布。可看到非相干成像系统的截止频率 $f_{\rho c} = 2R/\lambda z_2$ 是相干成像系统截止频率的 2 倍。

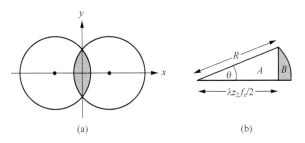

图 4.20　圆形光瞳的 OTF 计算

4.6.3　像差对成像系统的影响

在以上讨论成像系统的光的传输性质中,只考虑了透镜二次相位变换和它的光瞳有限尺寸产生的衍射作用。这样的系统称作衍射制限系统。如果出射成像系统的光波还产生了附加的像差、或相位畸变,如成像系统中透镜的球差、彗差等,或光路中传输介质对光波产生各种波前差。当成像系统只是衍射制限系统时,振幅或强度点扩展函数是光瞳函数的夫琅禾费衍射场,其中心在理想成像点上。当系统存在附加像差时,人们引入广义光瞳函数

$$\widetilde{P}(x,y) = P(x,y)e^{ikW(x,y)} \tag{4.71}$$

式中,$kW(x,y)$ 为光瞳 (x,y) 点的相位差;$W(x,y)$ 为有效光程差。式(4.71)表示,当成像系统存在像差时,可认为像差的作用是在理想成像系统中,光瞳函数出射波函数产生了一个附加的相位差 $kW(x,y)$。这样,4.5 节和 4.6 节关于相干成像和非相干成像的传递函数公式,适用于有像差的情形,只是光瞳函数中包含有相位差的指数因子。

对相干成像系统,由传递函数(4.62) $H(f_u,f_v) = P(\lambda z_2 f_u, \lambda z_2 f_v)$,当有像差时,其传递函数为

$$H(f_u,f_v) = \widetilde{P}(\lambda z_2 f_u, \lambda z_2 f_v) = P(\lambda z_2 f_u, \lambda z_2 f_v)\exp(ikW(\lambda z_2 f_u, \lambda z_2 f_v)) \tag{4.72}$$

显然,对相干成像系统,像差的存在只在通带内产生附加的相位畸变,不影响传递函数的通带限制。通带限制仍然由光瞳孔径尺寸确定。

对非相干成像系统,有像差存在时,强度传递函数(4.70)为

$$\widetilde{H}(f_x,f_y) = \frac{\iint_{-\infty}^{\infty} \widetilde{P}\left(x+\frac{\lambda z_2 f_x}{2}, y+\frac{\lambda z_2 f_y}{2}\right)\widetilde{P}^*\left(x-\frac{\lambda z_2 f_x}{2}, y-\frac{\lambda z_2 f_y}{2}\right)dxdy}{\iint_{-\infty}^{\infty} |P(x,y)|^2 dxdy} \tag{4.73}$$

为书写简洁,定义 $A(f_x,f_y)$ 为两个光瞳函数

$$P\left(x+\frac{\lambda z_2 f_x}{2}, y+\frac{\lambda z_2 f_y}{2}\right) \quad \text{和} \quad P\left(x-\frac{\lambda z_2 f_x}{2}, y-\frac{\lambda z_2 f_y}{2}\right)$$

的重叠面积区域。将式(4.72)代入式(4.73),利用重叠积分区域的定义,有

$$\widetilde{H}(f_x,f_y) = \frac{\iint\limits_{A(f_x,f_y)} \exp ik\left[W\left(x+\frac{\lambda z_2 f_x}{2}, y+\frac{\lambda z_2 f_y}{2}\right) - W\left(x-\frac{\lambda z_2 f_x}{2}, y-\frac{\lambda z_2 f_y}{2}\right)\right] \mathrm{d}x\mathrm{d}y}{\iint\limits_{A(0,0)} \mathrm{d}x\mathrm{d}y}$$

(4.74)

式(4.74)为有像差时的非相干成像系统的传递函数。理论上可以证明,像差的存在,不会增大 MTF(传递函数的模),即 $|\widetilde{H}(f_x,f_y)|_{有像差} \leqslant |\widetilde{H}(f_x,f_y)|_{无像差}$。因此,像差一般会降低像的空间频率分量的反差。像差不会改变绝对截止频率,但严重的像差会使 OTF 的高频成分大大降低,这相当于通带宽度减小。理论上只要知道像差 $W(x,y)$,应用式(4.74),可以计算出系统的传递函数,从而在频率域上了解像差对系统成像的影响。

4.7 光学全息

英籍匈牙利裔物理学家伽博(D. Gabor)在研究如何提高电子显微镜的分辨本领时,于 1948 年提出了全息术原理,并开始全息(holography)照相的研究。1960 年以后,随着激光的出现,全息技术及其应用获得了迅速的发展,伽博也因发明全息术获得 1971 年诺贝尔物理学奖。

4.7.1 全息术的基本原理

全息照相能够再现实际景物的三维图像,在拍摄、观察和基本原理方面,与普通照相有着根本区别。全息照相是一个无透镜两步成像技术:记录和再现。第一步全息记录。通过物光和参考光干涉,在记录介质上形成由干涉条纹组成的全息图,全息图上记录了物光波的振幅和相位信息,实现了对物光波前的全息记录。第二步,波前重建或再现。用一参考光照射全息图,通过光波衍射而实现物光波前的再现(wavefront reconstruction),再现物光波前的意义在于,再现物光波前也就再现了物体。人眼对物体的成像,是由于物体的反射光波入射到人眼而形成物的像,如果有与此物体相同的波前入射到人眼,同样在人眼中成像,而该物不真实存在(图 4.21(a)(b))。

1. 物光波前的全息记录

波前的全息记录是记录光波的全部信息。全息记录如图 4.21(c)所示,将一激光束经光学元件生成两束宽孔径的相干光束。其中,一束作为参考光波 $\widetilde{R} = A_R(x,y)\exp(\mathrm{i}\varphi_R(x,y))$ 直接投射到记录介质(乳胶干版) H 面上,它通常被调节为平面波或球面波。另一束投射到物体身上,经物体上各点漫反射而形成一物光波 $\widetilde{O}$,传播到记录介质 H 面上。$\widetilde{O}$ 和 $\widetilde{R}$ 在记录介质平面 H 上交叠,形成干涉场

$$\widetilde{U}_H(x,y) = \widetilde{O}(x,y) + \widetilde{R}(x,y) \qquad (4.75)$$

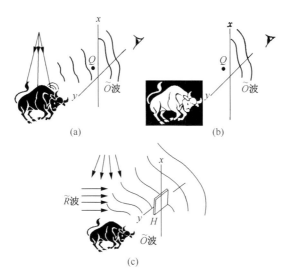

图 4.21 物光波前的全息记录

物光波 $\tilde{O}$ 是物体上各点源发射的大量次波 $\tilde{U}_n(x,y)$ 的相干叠加

$$\tilde{O}(x,y) = \sum_n \tilde{U}_n(x,y) = A_O(x,y)\exp(i\varphi_O(x,y)) \tag{4.76}$$

次波 $\tilde{U}_n(x,y)$ 决定于相应物点的亮度和位置,光波前 $\tilde{O}$ 是这些次波在 H 面上的自相干场,其振幅分布和相位分布反映了物体的三维形貌。

与普通照相的胶片一样,记录介质记录的仍然是光强分布,这时的光强是 $\tilde{O}$ 波和 $\tilde{R}$ 波的干涉叠加的干涉强度分布

$$\begin{aligned}I_H(x,y) &= \tilde{U}_H \cdot \tilde{U}^* \\ &= (\tilde{O}+\tilde{R})(\tilde{O}^*+\tilde{R}^*) \\ &= |\tilde{O}|^2 + |\tilde{R}|_R^2 + \tilde{R}^* \cdot \tilde{O} + \tilde{R} \cdot \tilde{O}^* \\ &= A_O^2 + A_R^2 + A_R\exp(-i\varphi_R(x,y)) \cdot \tilde{O} + A_R\exp(i\varphi_R(x,y)) \cdot \tilde{O}^* \end{aligned} \tag{4.77}$$

再将记录了干涉强度分布的记录介质线性冲洗后,就得到一张全息图。全息图的屏函数 $\tilde{t}_H$ 与干涉强度函数 I_H 成线性关系

$$\begin{aligned}\tilde{t}_H(x,y) &= t_0 + \beta I_H(x,y) \\ &= t_0 + \beta(A_O^2 + A_R^2) + \beta\tilde{R}^* \cdot \tilde{O} + \beta\tilde{R} \cdot \tilde{O}^*\end{aligned} \tag{4.78}$$

式中,t_0 和 β 为常数。式(4.78)表明,通过干涉曝光和线性冲洗,就记录了物光波 $\tilde{O}$ 及其共轭波 $\tilde{O}^*$ 的全部信息。全息图只是一张干涉条纹图片,下一步就是如何将全息图中记录的物波前再现出来。

2. 物光波前的再现

如图 4.22 所示,用一准单色光波 $\tilde{R}' = A_{R'}\exp i\varphi_R'$ 照射全息底片,则通过全息图波

前函数或衍射波为

$$\widetilde{U}'_H = \widetilde{R}'\widetilde{t}_H$$
$$= (t_0 + \beta A_O^2 + \beta A_R^2)\widetilde{R}' + \beta \widetilde{R}'\widetilde{R}^* \cdot \widetilde{O} + \beta \widetilde{R}'\widetilde{R} \cdot \widetilde{O}^*$$
$$= T_1 \widetilde{R}' + T_2 \widetilde{O} + T_3 \widetilde{O}^* \tag{4.79}$$

式(4.79)的表示方式,是为了突出物光波及其共轭波,而将其系数 T_1、T_2 和 T_3 看做一种操作或变换

$$T_1 = t_0 + \beta A_O^2 + \beta A_R^2 \tag{4.80}$$

$$T_2 = \beta \widetilde{R}'\widetilde{R}^* = \beta A'_R A_R \exp(\mathrm{i}(\varphi'_R - \varphi_R)) \tag{4.81}$$

$$T_3 = \beta \widetilde{R}'\widetilde{R} = \beta A'_R A_R \exp(\mathrm{i}(\varphi'_R + \varphi_R)) \tag{4.82}$$

式(4.79)中各项代表的波场可以通过波函数特别是其相位因子做出判断。

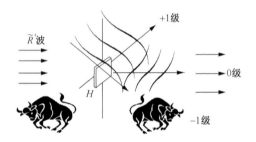

图 4.22 物光波前的再现

(1) 0 级衍射波。通常参考波 $\widetilde{R}$ 为平面波或傍轴球面波,因此变换因子 $T_1 = t_0 + \beta A_O^2 + \beta A_R^2$ 中的 A_R^2 为常数,A_O^2 是物光波在全息底片上衍射强度分布,当其主要成分是慢变的低频成分,将其作为一个弱的杂散光,即 A_O^2 近似为常数。故变换因子 $T_1 \approx$ 常数,则式(4.79)中的第一项 $T_1\widetilde{R}'$ 表示照射光波 $\widetilde{R}'$ 的直接透射波,其系数 T_1 只是使照射波的振幅受到调制。一般称透射波 $T_1\widetilde{R}'$ 为全息图的 0 级衍射波。

(2) 参考光和再现光波为正入射平面波情形。$\widetilde{R}$ 和 $\widetilde{R}'$ 为正入射平面波,其相位在全息图上为常量,可设 $\varphi_R = \varphi'_R = 0$,由式(4.81)和式(4.82),有 $T_2 = T_3 = \beta A'_R A_R$,则式(4.79)中的第二、三项为

$$T_2 \widetilde{O} = \beta \widetilde{R}'\widetilde{R}^* = \beta A'_R A_R \widetilde{O}, \quad T_3 \widetilde{O}^* = \beta \widetilde{R}'\widetilde{R}\widetilde{O}^* = \beta A'_R A_R \widetilde{O}^* \tag{4.83}$$

这时,$T_2\widetilde{O}$ 为物波前的再现,是发散波,它产生一虚像,称此波为 +1 级衍射波;$T_3\widetilde{O}^*$ 为物波前的共轭波,是汇聚波,它产生一实像,称此波为 -1 级衍射波,并且与物镜像对称,如图 4.22 所示。

(3) 参考光和再现光波为斜入射平面波情形。这时平面波 $\widetilde{R}$ 和 $\widetilde{R}'$ 的相位因子是线性相位因子,即 $\varphi_R = \varphi'_R = k(ax + by)$($a$、$b$ 为常数系数),则变换因子 $T_2 = \beta A'_R A_R$ 为常数,$T_3 = \beta A'_R A_R \exp(\mathrm{i}2\varphi_R(x,y))$ 等效一个光束的倾斜变换。故式(4.79)中的第二、三项化为

$$T_2\widetilde{O} = \beta\widetilde{R}'\widetilde{R}^* = \beta A'_R A_R \widetilde{O},$$
$$T_3\widetilde{O}^* = \beta\widetilde{R}'\widetilde{R}\widetilde{O}^* = \beta A'_R A_R \exp(\mathrm{i}2\varphi_R(x,y))\widetilde{O}^* \tag{4.84}$$

$T_2\widetilde{O}$ 仍为物波前的再现, $T_3\widetilde{O}^*$ 也仍为的物波前的共轭波, 但产生发生偏转, 如图 4.23 所示。

（4）参考光和再现光波为相同的球面波。傍轴条件下, 参考光波和照射光波（$\widetilde{R}$ 和 $\widetilde{R}'$）的相位因子为二次相位因子, 即 $\varphi_R = \varphi'_R = k[(x-x_0)^2 + (y-y_0)^2]/z_0$, 于是, 变换因子 $T_2 = \beta A'_R A_R$ 为常数, $T_3 = \beta A'_R A_R \exp(\mathrm{i}2\varphi_R(x,y))$ 等效透镜变换。同前一情形, 式（4.79）中的第二、三项化为

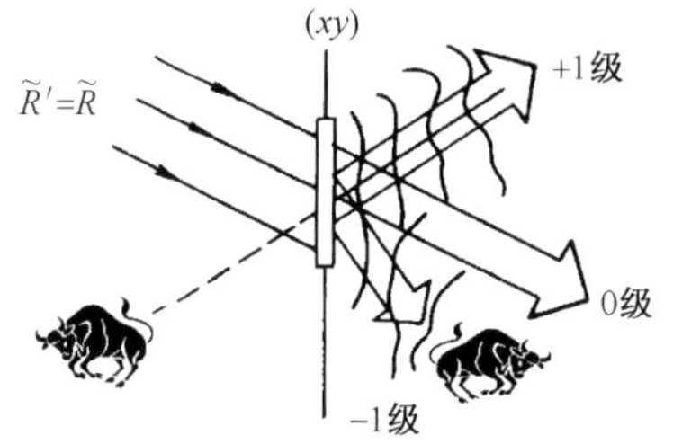

$$T_2\widetilde{O} = \beta\widetilde{R}'\widetilde{R}^* = \beta A'_R A_R \widetilde{O},$$
$$T_3\widetilde{O}^* = \beta\widetilde{R}'\widetilde{R}\widetilde{O}^* = \beta A'_R A_R \exp(\mathrm{i}2\varphi_R(x,y))\widetilde{O}^* \tag{4.85}$$

图 4.23　$\widetilde{R}$ 和 $\widetilde{R}'$ 平面波为相同平面波, 且斜入射, 全息图的再现

$T_2\widetilde{O}$ 为物波前的再现, 即 +1 级衍射波生成大小和方位与原物相同的虚像。由于 T_3 等效透镜的作用, 因此 $T_3\widetilde{O}^*$ 表示孪生的共轭波受到一等效透镜的作用, 此时 -1 级衍射波生成一个位置发生移动、图像发生偏转和缩放的实像, 如图 4.24 所示。

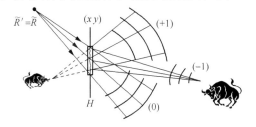

图 4.24　$\widetilde{R}$ 和 $\widetilde{R}'$ 波为相同球面波, 全息图的再现

（5）参考光和再现光波波互为一共轭波。这时, 波函数 $\widetilde{R}' = \widetilde{R}^*$, 则相位函数 $\varphi'_R = -\varphi_R$, 有 $\varphi'_R - \varphi_R = 2\varphi_R$, $\varphi'_R + \varphi_R = 0$, 则变换因子 T_2 和 T_3 为

$$T_2 = \beta A'_R A_R \exp(-\mathrm{i}2\varphi_R(x,y)), \quad T_3 = \beta A'_R A_R \approx 常数 \tag{4.86}$$

式（4.86）表明, -1 级衍射波 $T_3\widetilde{O}^*$ 无附加相位因子, 它生成一个与原物相同实像; +1 级衍射波 $T_2\widetilde{O}$ 产生了附加相位因子, 使得再现的虚像的位置或大小等发生变换, 其变化形式由波函数 $\widetilde{R}$ 的相位因子确定。图 4.25 给出了当 $\widetilde{R}$ 为球面波时, 全息图的再现情况。

以上为讨论方便, 假设参考光波和照射光波存在一定关系的条件下, 对全息图的物波前再现进行了分析。通过以上五种情形看到, 全息图的衍射场中存在三列波: 0 级衍

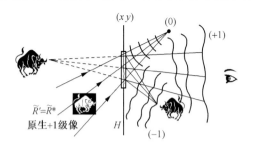

图 4.25　$\tilde{R}$ 和 $\tilde{R}'$ 波互为共轭球面波的全息图再现

射波是照射光波的直接透射波；一对孪生的虚像和实像的 ±1 级衍射波。这一特点具有普遍意义，并不要求 $\tilde{R}$ 和 $\tilde{R}'$ 存在一定的关系，它们中一个是平面波，另一个可以是球面波，且其波长也可以不同，这样只不过再现的虚像和实像存在位移和缩放的变化。

4.7.2　典型全息图

根据记录全息图干涉条纹的空间周期和记录介质厚度的关系，分为平面全息图和体全息图。平面全息图一般是用薄记录介质记录的空间频率较低的全息图，这种全息图的条纹通常大于记录介质的厚度或与之相当。当再现物时，将平面全息图作为二维平面光栅处理。体全息图是用厚记录介质记录空间频率较高的全息图，记录介质的厚度比全息图条纹间距大，再现时必须作为三维光栅处理。

照射到记录平面上的物体光波通常有三种方式：物光波是被记录物体的菲涅耳衍射波，得到的全息图为菲涅耳全息图；当物光波是被记录物体的傅里叶变换频谱，这时为傅里叶变换全息图；物体光波是被记录物体的像，为像全息图。这里介绍几种典型的全息图。

1. 菲涅耳全息图

用它验证全息术两步成像原理，伽博设计了图 4.26 所示的同轴全息装置，其样品是透明的振幅型薄片，其透过率函数为 $t(x,y) = t_0 + t_1(x,y)$，记录介质 H 面记录的即是菲涅耳全息图。平行光入射 A，通过样品的透射光波函数为

$$\tilde{U}_H = At(x,y) = At_0 + At_1(x,y)$$

上式表示透射波分为两列波：一列直接透射的平面波 At_0，另一列蕴含样品信息的衍射波 $At_1(x,y)$。这两列波相干叠加，在记录介质 H 上产生干涉图，通过线性冲洗处理，获得一张共轴全息图。因此，这是一种自生参考光波的单光束全息记录装置。若用一平行光照射共轴全息图，产生 0 级和 ±1 级三列衍射波，如图 4.26(b)所示，±1 级光波分别对应物的虚像和实像。共轴全息图的 0 级和 ±1 级三列再现波，其传播主体方向基本一致，在空间不能分离，这对使得观察非常不方便。

1961 年，利思(E. N. Leith)等提出了斜参考光束法，即离轴全息记录和再现方法。图 4.27(a)和(b)给出了两种离轴全息记录光路图，我们在前面讨论全息图记录中给出的图 4.21 就是离轴记录全息图原理图。当时，利思利用氦氖激光拍摄了第一张全息

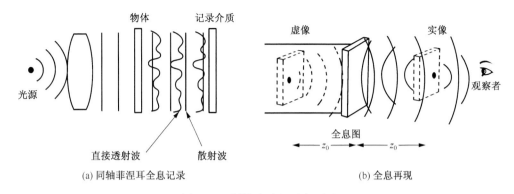

(a) 同轴菲涅耳全息记录　　　　(b) 全息再现

图 4.26　同轴全息记录与再现

图,而这个时期激光器的出现,为离轴全息术提供了高亮度、高相干光源,大大促进了光学全息的发展。离轴全息图的再现,与 4.7.1 节讨论的再现原理相同,用再现光波照射全息图,可以获得传播方向分离的三列衍射波,从而再现被记录的物体的像。

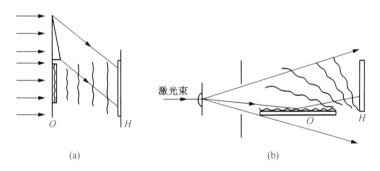

(a)　　　　(b)

图 4.27　离轴菲涅耳全息记录光路图

2. 共面全息记录

图 4.28 显示了共面全息记录光路图,因为参考球面波中心与二维物处于一个平面,记录介质 H 记录的全息图为共面全息。用平面波作为再现波,则变换因子 T_2 和 T_3 为

$$T_2 = \beta AA_R \exp\left(-ik\frac{x_0^2+y_0^2}{2Z}\right)\exp\left(-ik\frac{x^2+y^2}{2Z}\right)\exp\left(ik\frac{x_0 x+yy_0}{Z}\right),$$

$$T_3 = \beta AA_R \exp\left(ik\frac{x_0^2+y_0^2}{2Z}\right)\exp\left(ik\frac{r^2+y^2}{2Z}\right)\exp\left(-ik\frac{x_0 x+yy_0}{Z}\right)$$

这里 (x,y) 记录平面的坐标,坐标中心与物的中心在同一水平线上,(x_0,y_0) 参考球面波中心离物中心的坐标位置,Z 为物体中心点到 H 面的距离。因此,$+1$ 级衍射波 $T_2\tilde{O}$,相当于一个会聚透镜和偏转因子作用在原生物像 $\tilde{O}$ 上;-1 级衍射波 $T_3\tilde{O}^*$,相当于一个发散透镜和偏转因子作用在原生共轭像 $\tilde{O}^*$ 上,且与 $\tilde{O}$ 偏转方向相反。由于共面记录,这一对再现孪生像,都位于等效焦距 $F=Z$ 的透镜的前焦平面上,故孪生像在无穷远处,通过透镜获得物的孪生再现像,如图 4.28(b)。

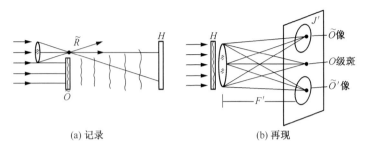

(a) 记录 (b) 再现

图 4.28 共面全息记录光路图

3. 傅里叶变换全息图

傅里叶变换全息图记录的是物体的空间频谱信息，即物光波是物函数的傅里叶变换空间频谱。同样再现的是物的空间频谱。傅里叶变换全息图在合成复空间滤波器和光信息储存方面具有重要应用。

图 4.29(a)是傅里叶变换全息图的实现记录的原理光路图。它与共面记录全息图光路相似，不同的是，二维物体与点光源所处的平面是透镜的前焦平面。全息记录干版在透镜的后焦平面上，因此，H 记录的是物体的空间频谱与参考光的频谱的干涉图，而实现物函数的频谱记录。

将傅里叶变换全息图放置在透镜的前焦平面上，用平行光照射它，则在后焦平面上得到三列波，其中在上下位置分别为原物正立的共轭像 $\tilde{O}^*$ 和倒立原物物体的实像 $\tilde{O}$，如图 4.29(b)所示。关于傅里叶变换全息图的记录和再现的严格数学运算，这里不作介绍。

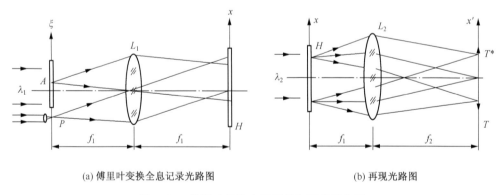

(a) 傅里叶变换全息记录光路图 (b) 再现光路图

图 4.29 傅里叶变换全息记录与再现后改图

4.7.3 全息图应用简介

人们探索了全息术的众多应用，有些直接导致成功的商业应用，另一些则是某些科学和工程研究中的重要检测手段。

1. 显微术和高分辨率体成像

历史上，全息术在显微术中的应用，大大地推动了波前重建的研究工作。全息术在普通显微镜中的应用，是提高它的高分辨率体成像。在常规的显微术中，高的横向分辨率必须以有限的焦深为代价才能实现。成像系统能达到的最高横向分辨率为 λ/NA 的量级（NA 为数值孔径）。可以证明，对这一的横向分辨率，其焦深在光轴方向量级为 $\lambda/(NA)^2$ 的距离间隔内。如果数值孔径趋近于 1 的情况，焦深将变得短到只有一个波长的量级。此时，只存在一个非常有限的体积可以对焦。

通过记录这个物体的一张全息图是解决这一问题的办法之一。使用脉冲激光器进行短时间曝光，可记录静态或动态的物体整个物体体积所需要的全部信息。照明这幅全息图，用一个辅助的光学系统就可以在各个深度上探测物的实像或虚像。因此就可以对像体积进行顺序观测。这种方法曾被应用于活体生物标本的三维显微观测中和烟雾中微粒大小尺寸分布的测量中。

2. 全息干涉测量术

全息术的一些最重要的科学应用是它所呈现的独一无二的干涉测量能力。全息干涉测量术可以取许多不同的形式，但其基本思想是，在同一记录介质上的一张全息图可以同时存储两个或更多个复数波场，这些波场一起被再现后发生的干涉，通过再现的干涉分布获得测量对象的性质。这一思想的全息干涉测量术是多重曝光全息干涉测量术。

全息干涉测量技术建立在伽博等所强调的一个性质上，这个性质是，通过全息图的多重曝光，可以实现复波前的相干叠加。对这个性质作简单的论述。令一全息记录介质依次进行 N 次曝光记录。设每次曝光的参考光为 $\tilde{R}$，第 j 次物光波为 $\tilde{O}_j$，则第 j 次曝光的入射光波为 $\tilde{R}+\tilde{O}_j$，曝光时间为 T_j，曝光强度为 I_j。则经 N 次曝光后，记录介质的总曝光量为

$$I = \sum_{j=1}^{N} T_j I_j = \sum_{j=1}^{N} T_j |\tilde{R}+\tilde{O}_j|^2$$
$$= \sum_{j=1}^{N} T_j |\tilde{R}|^2 + \sum_{j=1}^{N} T_j |\tilde{O}_j|^2 + \sum_{j=1}^{N} T_j \tilde{R}^* \tilde{O}_j + \sum_{j=1}^{N} T_j \tilde{R} \tilde{O}_j^* \quad (4.87)$$

记录介质进行线性冲洗后，得到一张经 N 次曝光的全息图。从式(4.87)看出，用波前 $\tilde{R}$ 照射全息图，再现一个透射场分量，它正比于 $\sum_{j=1}^{N} T_j \tilde{O}_j$ 的衍射波函数，它们是 N 个虚像波函数之和，这 N 个相干虚像将会将会线性叠加并且将相互干涉，再现的是它们的干涉条纹。同样，用波前 $\tilde{R}^*$ 照射全息图，也会再现一个正比于 $\sum_{j=1}^{N} T_j \tilde{O}_j^*$ 的衍射波函数，这 N 个相干的实像波函数也相互干涉，再现它们的干涉条纹。

图 4.30 演示了全息干涉测量的应用潜力。用一束脉冲激光进行两曝光获得全息

图,第一次脉冲仅仅记录背景一颗子弹静止时漫散射背景的全息图;第二次脉冲记录在相同背景中飞行子弹的全息图。通过再现两次曝光条件下的波函数,产生图 4.30 所示的干涉条纹。由于子弹飞行时产生空气折射率发生变化,干涉条纹描述了子弹飞行时产生的冲击波的形态。

3. 红外、微波及超声全息照相技术

全息照相在军事观察、侦察和监视上具有重要意义。我们知道,一般的雷达系统只能探测到目标的距离、方位、速度等,而全息照相则能提供目标的立体形象,这对于及时识别飞机、导弹、舰艇等有很大作用,因而受到人们的重视。但是可见光在大气及水中传播时衰减较大,在不良的气候条件下甚至无法工作。为了克服这个困难,发展出红外、微波及超声全息技术,也就是用相干的红外光、微波及超声

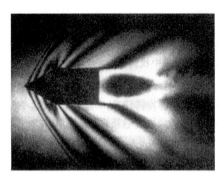

图 4.30 用激光脉冲两次曝光得到的全息图再现的干涉条纹

被拍摄全息照片,然后用相干可见光再现物像。这种全息技术在原理上和可见光全息照相完全一样,技术上的关键问题是寻找灵敏的记录介质和合适的再现方法。

超声全息照相能再现潜伏于水下物体的三维图像,可以用来进行水下侦察和监视,因而受到极大重视。由于对可见光不透明的物体往往对超声波"透明",超声全息照相也能用于医疗透视诊断,还可以在工业上用作无损探伤。

4. 全息照相存储技术

存储器是电子计算机中的重要部分。它在计算机中的作用,就像人的大脑那样,起记忆数字、信息、中间结果的作用。目前计算技术发展很快,而且容量也很大。这就要求有高速度、大容量而且可靠性很高的存储器与之相配合。全息存储器是目前正在大力发展的几种存储器之一。体全息具有很大的信息存储量,在一张全息图上可以并存许多全息图,利用角度选择性可以依次读出不同的信息。由于这种存储器是用照相的方法将信息固定在全息图上的,所以保存信息的可靠性很高。全息照相用于信息处理和信息显示,也是目前正在大力发展的一个重要的应用方向。

习　题

4.1 解释什么是系统？什么是线性系统？什么是线性空间不变系统？如何在空间域和空间频率域描述一个线性空间不变系统的输出/输入关系？

4.2 为什么说:菲涅耳衍射是线性不变系统？夫琅禾费衍射除了一个相位因子外,实际是入射波函数的傅里叶变换？

4.3 傅里叶变换算符可以看成是函数到其变换式的变换,因此他满足关于系统的定义,请问:
(1) 这个系统是线性的吗？

(2) 你是否能具体给出一个表征这个系统的传递函数？

4.4 将衍射屏函数分别为 $\tilde{t}_1(x,y)$ 和 $\tilde{t}_2(x,y)$ 的两个衍射屏叠置在一起,可视为一个衍射屏,求其衍射屏函数？

4.5 如习题 4.5 图所示,一余弦光栅 G 复振幅透过率函数为 $\tilde{t}_G(x,y) = t_0 + t_1\cos(2\pi f_1 x + \varphi_0)$,将其覆盖在一记录胶片 H 之上,用一束平行光照射,然后对曝光了的胶片进行线性洗印。求线性洗印后的这块新光栅 H 的复振幅透过率,指出其屏函数包含有几个空间频率？

4.6 聚焦光纤为折射率连续变化的梯度型光纤,折射率变化呈抛物型函数：$n(r) = n_0\left(1 - \frac{1}{2}ar^2\right)$,其中 $r^2 = x^2 + y^2$,将该聚焦光纤切割厚度为 d 的薄片,如习题 4.6 图所示。设其厚度为 d,孔径为 a,且满足 $a \gg d \gg \lambda$。

(1) 给出聚焦光纤薄片的屏函数 $\tilde{t}(x,y)$；

(2) 设平行光垂直薄片平面入射,给出通过薄片的出射场函数,并分析该薄片为一微透镜,且焦距公式为 $F = \dfrac{1}{an_0 d}$ 或 $F = \dfrac{a^2}{2(n_0 - n_a)d}$。

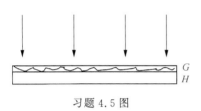

习题 4.5 图

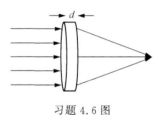

习题 4.6 图

4.7 证明双凸透镜、平凸透镜和正弯月形透镜的焦距总是正的,而双凹透镜、平凹透镜和负弯月形透镜的焦距总是负的。

4.8 导出透明薄楔形棱镜的相位变换函数和透过率函数,设楔角为 α 棱镜材料的折射率为 n。

4.9 设一波长为 λ 的平行光束斜入射于一余弦光栅 $\tilde{t}(x,y) = t_0 + t_1\cos 2\pi fx$,如习题 4.9 图所示,试给出透射场的复振幅表达式,分析透射场的主要特征,证明其 ± 1 级平面衍射的方位角 $\theta_{\pm 1}$ 满足下式：$\sin\theta_{+1} = \sin\theta_0 + f\lambda$, $\sin\theta_{-1} = \sin\theta_0 - f\lambda$。

4.10 如习题 4.10 图所示,设在物函数中含有从低频到高频各种结构信息,它被直径为 $l = 2\text{cm}$ 的圆孔所限制,将它放在直径 $L = 4\text{cm}$,焦距 $f = 50\text{cm}$ 的透镜的前焦平面上,今用 $\lambda = 600\text{nm}$ 的单色平面波垂直照明该透明物,并测量透镜后焦面上的光强分布。问：

(1) 物函数中什么频率范围内的信息被截止？

(2) 什么频率范围内的频谱可以通过测量得到准确值？

4.11 简述阿贝成像原理及过程。

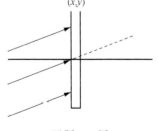

习题 4.9 图

4.12 在相干光学信息处理 4F 系统中,试做以下空间滤波实验,设输入图片的透过率函数为

$$\tilde{t}_{ob}(x) = t_0 + t_1\cos 2\pi fx$$

且 $t_0 = 0.6, t_1 = 0.3, f = 400\text{mm}^{-1}$,傅里叶透镜的焦距 $F = 200\text{mm}$,照明光波长为 633nm。

(1) 若变换平面上不设置任何滤波器,试给出输出像面 (x', y') 上的像场函数 $\tilde{U}_1(x', y')$ 及其光强分布 $I(x', y')$。

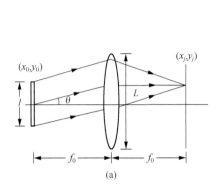
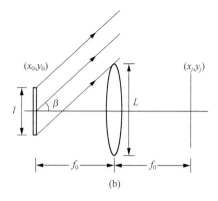

习题 4.10 图

(2) 若用一张黑纸作为空间滤波器而遮挡住 0 级谱斑,试给出像场函数 $\tilde{U}_1(x', y')$ 及其光强分析布 $I(x', y')$,并给出相应的空间频率数值。

(3) 若用一张黑纸遮挡住上半部非零级谱斑,试给出像场函数 $\tilde{U}_1(x', y')$ 及其光强分布 $I(x', y')$ 和相应的空间频率数值。

4.13　一个物体的振幅透射率为一方波,如习题 4.13 图所示,通过一光瞳为圆形的透镜成像。透镜的焦距为 10cm,方波的基频是 1000 周/cm,物距为 10cm,波长为 10^{-4}cm,试问在下述两种情况下:

(1) 物体用相干光照射时;

(2) 物体用非相干光照射时。

透镜的直径最小应为多少,才会使象平面上出现强度的任何变化?

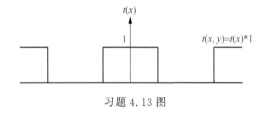

习题 4.13 图

4.14　一个正弦振幅光栅,振幅透射率为
$$t(x_0, y_0) = \frac{1}{2} + \frac{1}{2}\cos 2\pi \tilde{f} x_0$$
放在一个直径为 l 的圆形会聚透镜(焦距为 f)之前,并且用平面单色波倾斜照射,平面波的传播方向在 $x_0 z$ 平面内,与 z 轴夹角为 θ,如习题 4.14 图所示,求通过物透镜的光振幅分布的频谱。

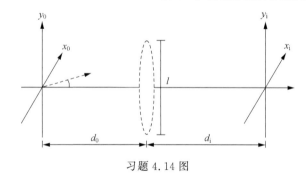

习题 4.14 图

4.15　设衍射受限系统的出射光瞳是半径为 w 的圆形,光瞳与观察平面的距离为 z_i,求其光学传递函数 OTF。

4.16 设一个物的强度分布是空间频率 f_0 的余弦函数,表示成 $I_0(x) = \alpha + \beta\cos2\pi f_0 x$,将此信号输入到非相干空间不变系统中,并假定系统的放大率为1,求该系统输出像的强度分布和调制传递函数 MTF。

4.17 试简述全息照相的工作原理及过程。

4.18 物体的复振幅透过率为 $t_1(x) = \left|\cos 2\pi \dfrac{x}{b}\right|$,将此物通过一横向放大率为1的光学系统成像,系统的出瞳是半径为 a 的圆形孔径,试问对于该物体成像采用相干照明好还是非相干照明好? 设 d_i 为出瞳到像面的距离,λ 为光波长,孔径 a 满足关系:$\dfrac{\lambda d_i}{b} < a < \dfrac{z\lambda d_i}{b}$。

4.19 以全息术的眼光重新看待两束平行的干涉,如习题 4.19 所示,两束相干的平行光束可分别看做物光波 $\tilde{O}$ 和参考光波 $\tilde{R}$,两者波长相同即其波矢均为 k 值,且方向平行于 (xz) 平面,与纵轴 z 之夹角分别为 θ_O 和 θ_R。

(1) 试写出 $\tilde{O}$ 波与 $\tilde{R}$ 波的干涉场在全息干版 H 面上的波前函数 $\tilde{U}(x,y)$;

(2) 求全息干版上所呈现的干涉条纹的间距 Δx 当 $\theta_O = \theta_R = 1°$ 时,或当 $\theta_O = \theta_R = 60°$ 时,设光波长为 633nm;

(3) 某感光胶片厂生产了一种记录干版,其性能为:感光层厚度 l 约 $8\mu m$,分辨 2000 线/mm。问,若选择 $\theta_O = \theta_R = 60°$ 来拍摄这干涉场,该记录介质的分辨率是否适用?

(4) 经线性冲洗后获得一张全息图,若照明的平行光束 $\tilde{R}'$ 沿原记录时的参考光 $\tilde{R}$ 方向,斜入射于这张全息图,如习题 4.19 图(b)所示,试写出再现光的波前函数 $\tilde{U}_H(x,y)$,并从分析出该衍射波场的主要成分及其特点。

(5) 若照明光波 $\tilde{R}'$ 正入射于这张全息图,如习题 4.19 图(c)所示,试写出再现光的波前函数 $\tilde{U}_H(x,y)$,并从分析出该衍射波场的主要成分及其特点;

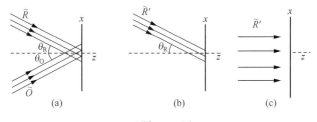

习题 4.19 图

4.20 以全息术的眼光重新看待球面波与平面波的干涉,如习题 4.20 图所示,正入射的一束平行光作为一个参考光波 $\tilde{R}$,与轴外点源发射的傍轴球面波 $\tilde{O}$ 相干叠加记录介质 H 平面,

(1) 试写出 $\tilde{O}$ 波,$\tilde{R}$ 波干涉场在 H 面上波前函数 $\tilde{U}(x,y)$,设物点位置坐标为 $(x_0,0,z_0)$;波长为 λ;

(2) 分析全息干版 H 上所呈的干涉条纹的特征;

(3) 记录介质经曝光和线性冲洗后成为一张全息图,若用一束平行光 $\tilde{R}'$ 正入射于这张全息图,如习题 4.20 图(b)所示,试写出再现光的波前函数 $\tilde{U}_H(x,y)$,并从中分析出该衍射波场的主要成分及其特点,要求作图示意;

(4) 若用一束傍轴球面波 $\tilde{R}'$ 照明这张全息图,如习题 4.20 图(c)所示,试写出再现光的波前函数 $\tilde{U}_H(x,y)$,并从中分析出该衍射波场的主要成分及其特点,设照明点源的纵向距离为 z'。

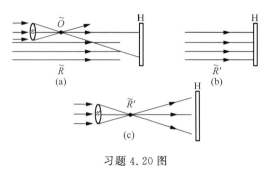

习题 4.20 图

第 5 章 晶 体 光 学

前面讨论都集中在各向同性介质中,本章涉及光在各向异性介质中的传播规律。组成某些物质的原子或分子之间的相互作用各方向均等,这类物质就是各向同性的;而在某些物质中,原子或分子间的相互作用随方向而变,这类物质就是各向异性的。光学各向异性介质的典型代表就是某些固态的晶体。

晶体中的原子是按照严格的周期加以排列。光学各向异性晶体的一个标志性特性,是能对光产生双折射和偏振效应。晶体光学本身是光学的一个分支,它又是非线性光学、导波光学、半导体光学等光学前沿的必要基础。在激光和光电子技术中,晶体已经被广泛应用于制作光学器件。在本章,我们对晶体的双折射现象进行介绍,重点讨论单轴晶体的光学性质,同时介绍偏振光的产生和检验、偏振光的干涉及旋光、电光效应及应用。

5.1 晶体双折射

5.1.1 双折射现象

前面我们曾经讨论过当一束光射到空气和某种各向同性介质(如玻璃、水等)的交接面时,它将遵循折射定律沿某一方向折射;但是如果光入射到各向异性介质(如方解石)中时,折射光将分开成两束,各自沿着不同的方向传播,它们的折射程度不同,这种现象叫做双折射(birefringence)。

以常见的方解石(冰洲石)晶体为例,化学成分是碳酸钙($CaCO_3$)。这是一种双折射现象非常显著的天然晶体。外形为平行 6 面体。每个面都是菱形,且每个菱面都具有 102°和 78°的一对角度。由于方解石的双折射特性,如图 5.1 所示,通过方解石可以看到两个像,这就是双折射现象。

下面我们将介绍研究光在双折射晶体中传播时所涉及的基本概念。

1. 寻常光线(ordinary light,o 光)和非常光线(extro-ordinary light,e 光)

光入射到双折射晶体中,折射光被分成两束,满足通常各向同性介质中折射定律的光称之为寻常光,简称 o 光;不服从通常折射定律的光,称之为非常光,简称 e 光。晶体中 o 光和 e 光的折射率并不相同,而且 e 光的折射率还与传播方向有关。

2. 晶体的光轴(optical axis of crystal)

晶体的光轴是指晶体中存在的一个特殊方向,光沿这个方向传播时不发生双折射。

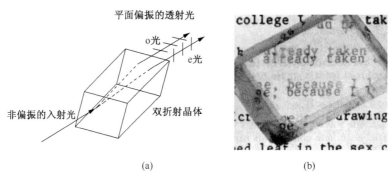

图 5.1 冰洲石的双折射现象

需要特别强调的是,光轴指的不是一条线,而是晶体中的一个特定方向。当光在晶体中沿此方向传播时不产生双折射现象,在晶体中凡是与此方向平行的任何直线都是晶体的光轴。当光在晶体内沿光轴方向传播时,o 和 e 光的传播方向、速度相同,不产生双折射。

冰洲石晶体的光轴方向沿其两个钝棱角顶点的连线方向,如图 5.2 虚线所示。如果切磨掉这两个钝棱角,令其表面法线方向与原来对角线方向一致,再让一细光束正入射于这表面,则只有一束光从另一表面正投射而出。这说明在光这个方向上传播是不发生双折射现象的,这个方向就是冰洲石晶体的光轴。

3. 主截面(principal section)

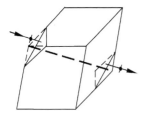

图 5.2 冰洲石的光轴

假设一光线以方向 r_1 入射于晶体表面,入射点处晶体表面的法线为 N_s,晶体的光轴为 z。晶面法线 N_s 和光轴 z 组成的平面被称为晶体的主截面。晶体主截面是与晶体本身相关的一个平面,与入射光的条件无关。入射光线 r_1 与光轴 z 构成的平面被称为入射面。

需要注意的是,当入射面与主截面重合一致时,则 e 光偏折依然在入射面内;当入射面与主截面不一致时,则 e 光射线就可能不在入射面内。

4. 主平面(principal plane)

光线在晶体中的传播方向与光轴组成的平面称为主平面。

当光在主截面内入射时,此时入射面与主截面重合时,o、e 光都在该平面内,该平面也就是 o、e 光的共同主平面。

值得注意的是,大多数情况下 o、e 光的两主平面并不重合,但为分析问题的简单,人们常常有意选取入射面与主截面重合的情况。

5. o 光和 e 光的偏振方向

假设入射光为自然光,从双折射晶体中透射出来的两束光是线偏振光,且偏振方向不相同。o 光电矢量的振动方向与主平面垂直,e 光电矢量的振动方向在主平面内。

可以通过实验来验证以上结论。图 5.1(b)显示了当一冰洲石置于一行文字上面时,看到的像有两个,一高一低,彼此错开稍许位置;当在纸面上旋转晶体时,那两个像中一个保持不动,而另一个随之转动;当用一偏振片观察这两个像时,一个清晰而另一个消失,再转动偏振片 $\pi/2$ 角度时,则一个像消失而另一个像清晰。大家可以自己通过分析 o 光和 e 光的偏振方向来解释一下产生该现象的原因。

6. o 光和 e 光的相对光强

自然光入射双折射晶体的情况下,o 光和 e 光的偏振方向不同,但振幅是相同的;当偏振光入射时,o 光和 e 光的振幅不一定相同,随着晶体方向的改变,它们的振幅也发生相应变化。

图 5.3 中的 AA' 表示垂直入射的偏振光的振动面与纸面的交线,OO' 表示晶体的主截面与纸面的交线,θ 即为振动面与主截面的夹角,由于 o 光的振动面垂直于主截面,e 光的振动面平行于主截面,则 o 光和 e 光的振幅分别为

$$A_o = A\sin\theta \quad (5.1)$$
$$A_e = A\cos\theta$$

式中,A 为入射平面偏振光的振幅。

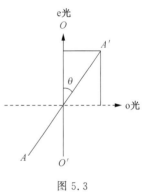

图 5.3

下面我们将要讨论晶体中 o 光和 e 光的折射率并不相同,而且 e 光的折射率还与传播方向有关的情况。因此,在晶体中 o 光和 e 光的强度应分别为

$$\begin{aligned} I_o &= n_o A_o^2 = n_o A^2 \sin^2\theta \\ I_e &= n_e(\alpha) A_e^2 = n_e(\alpha) A^2 \cos^2\theta \end{aligned} \quad (5.2)$$

相对光强为

$$I_o/I_e = \frac{n_o}{n_e(\alpha)}\tan^2\theta \quad (5.3)$$

式中,α 为 e 光传播方向和光轴的夹角,如果 o 光和 e 光射出晶体后,这两束光都在空气中传播,这时就没有 o 光和 e 光之分,它们的相对光强应为

$$I_o/I_e = \tan^2\theta \quad (5.4)$$

另外,我们应该注意区分,晶体双折射现象和棱镜折射现象是截然不同的。棱镜将白光色散为各种颜色光,是由于棱镜对不同波长的光的折射率不同,所以不同波长的光产生了不同程度的折射现象;这里双折射现象是使同一波长的光再各自分成两束偏振光线,寻常 o 光线和非常 e 光线。

5.1.2 单轴晶体中的波面

晶体按光学性质分类,被分为 3 大类:①单轴晶体。只有一个光轴方向,叫做单轴晶体。三角晶系、四角晶系和六角晶系,均属单轴晶体,比如方解石、红宝石、石英、冰,等;②双轴晶体。有两个光轴方向,叫做双轴晶体。单斜晶系、三斜晶系和正交晶系,均

属双轴晶体,比如蓝宝石、云母、正方铅矿、硬石膏等;③立方晶体。各向同性晶体,不是双折射晶体,比如食盐晶体。

双折射晶体包括单轴晶体和双轴晶体。双轴晶体内光的传播规律较为复杂,这里只讨论单轴晶体。如图 5.4(a)和(b)所示,假设晶体内有一个子波源,在单轴晶体中 o 光传播规律与普通各向同性媒质中相同,沿各个方向的传播速度都相同为 v_o,所以其波面也是球面;但 e 光沿各个方向的传播速度都不同,沿光轴方向的传播速度与 o 光一样为 v_o,垂直光轴的方向的传播速度是 v_e,对于其他传播方向,e 光速度介于 v_o 和 v_e 之间,其波面是围绕光轴方向的回转椭球面。如果把两波面画在一起,它们在光轴的方向上相切。

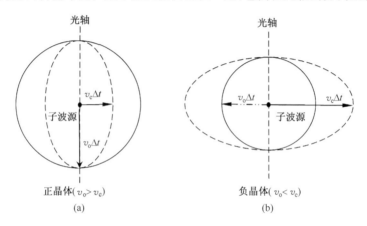

图 5.4 单轴晶体中的波面

真空中光速 c 与媒质中光速 v 之比,等于该媒质的折射率 n。对于 o 光,沿各个方向的传播速度都相同,晶体的折射率可以用 n_o 来表示;对于 e 光,晶体的折射率不能简单用一个折射率来反映它的折射规律,但真空中光速 c 与 e 光沿垂直光轴的方向的传播速度 v_e 的比值 n_e,也是晶体的一个重要光学参量。我们把与上述光速 v_o 和 v_e 对应的折射率称为单轴晶体的两个主折射率,即

$$n_o = \frac{c}{v_o}, \quad n_e = \frac{c}{v_e} \tag{5.5}$$

单轴晶体可以划分为两类:

(1) 负晶体,e 光为快光,o 光为慢光,有

$$v_e \geqslant v_e(\xi) \geqslant v_o \quad 即 \quad n_e \leqslant n_e(\xi) \leqslant n_o$$

式中,ξ 角指称 e 光的传播方向与光轴之夹角,负晶体中的 o 光和 e 光的波面如图 5.4(b) 所示,典型的材料如冰洲石。

(2) 正晶体,o 光为快光,e 光为慢光,有

$$v_e \leqslant v_e(\xi) \leqslant v_o \quad 即 \quad n_e \geqslant n_e(\xi) \geqslant n_o$$

正晶体中的 o 光和 e 光的波面如图 5.4(a)所示,典型的材料比如石英。表 5.1 列出冰洲石、石英对应几条特征谱线的主折射率 n_o 和 n_e 数据。

表 5.1 单轴晶体的主折射率 n_o 和 n_e

元素	谱线波长/nm	方解石(冰洲石)		水晶(即石英)	
		n_o	n_e	n_o	n_e
Hg	404.656	1.68134	1.49694	1.55716	1.56671
	546.072	1.66168	1.48792	1.54617	1.55535
Na	589.290	1.65836	1.48641	1.54425	1.55336

5.1.3 晶体中的惠更斯作图法

通过前面的讨论我们知道,假设已知光在介质或晶体中的传播速度,通过惠更斯作图法,可以求得折射光线的方向。

在晶体中,惠更斯作图法的基本思想和操作程序与各向同性介质情形是大体相同,与各向同性介质情形区别在于:界面上的一个点次波源将产生两个次波面进入晶体,一个是 o 光次波面呈球面状,另一个是 e 光次波面呈旋转椭球面状;相应地有两个包络面分别为 o 光和 e 光的宏观波面。

如图 5.5 对应于晶体表面的一个入射点,共有 6 个方向、4 个面和 3 个角需要注意。

(1) 6 个方向:晶体光轴方向 z,入射光传播方向 r_1,表面法线方向 N_s,体内 o 光传播方向 r_o,体内 e 光传播方向 r_e,体内 e 光波面法线方向 N_e;

(2) 4 个面:入射面,晶体主截面,o 光主平面,e 光主平面;

(3) 3 个角:r_e 与光轴 z 之夹角 ξ;N_e 与光轴 z 之夹角 θ,r_e 与 N_e 之夹角 α。

如图 5.6 所示,晶体惠更斯作图法的具体步骤为:

(1) 首先作出晶体与空气的交接面,假设光束的入射角为 θ,将入射光用一对平行线作出,分别与晶体的表面交于 A、B 两点。

(2) 作入射光的波面:过 A 点作入射光的垂线 AB',AB' 即为入射光的波面。从 B' 传播到 B 的时间为 $\Delta t = B'B/c$,c 为光速。

(3) 作 o 光的波面:o 光波面呈球面状,以 A 为中心,$v_o \Delta t$ 为半径作圆。过 B 点作该圆的切线,切点为 A_o',则 $A_o'B$ 就是 o 光的波面。

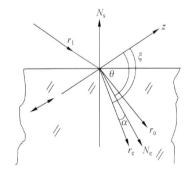

图 5.5 晶体光学中的点、线、面和角

(4) 作 o 光的传播方向:连接 AA_o',AA_o' 就是 o 光的传播方向。

(5) 作 e 光的波面:e 光波面呈旋转椭球面状,椭球面的一个轴为晶体的光轴,o 光和 e 光在光轴方向的传播速度相同,波面相切;椭球面的另一个轴与光轴垂直,半轴长度为 $v_e \Delta t$。

这里需要注意的是:晶体分为负晶体和正晶体,对负晶体来说,$v_o > v_e$,e 光椭球波

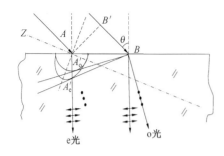

图 5.6 晶体中的惠更斯作图法

面的短轴和 o 光球面波面的半径相同；对正晶体来说，$v_o < v_e$，e 光椭球波面的长轴和 o 光球面波面的半径相同。

（6）作 e 光的传播方向：过 B 点作该椭球面的切线，切点为 A'_e，则 AA'_e 就是 e 光的传播方向。

图 5.7 给出了负晶体和正晶体中用惠更斯作图法画出的波面，请大家自己根据图示进行分析。

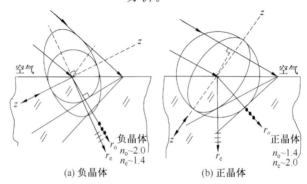

图 5.7 晶体中的波面

5.1.4 晶体双折射的四个重要情形

1. 光束正入射，光轴与晶体表面垂直

此时惠更斯作图法做出的 o 光和 e 光的波面是重合的，即不仅 o 光、e 光方向相同，速度也是相同的，这时并没有发生双折射。这就是沿着光轴方向入射的特殊情形（图 5.8）。

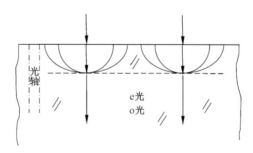

图 5.8 光束正入射，光轴与晶体表面垂直的情况

2. 光束正入射，光轴平行表面

此时 o 光波面和 e 光波面均平行于晶体表面，且光射线方向均与波面正交，在空间方向两者一致，表观上看并无双折射，但两者在晶体内的传播速度不同，此时还是发生了双折射（图 5.9）。

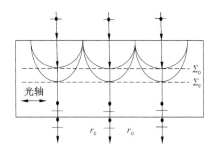

图 5.9　晶片厚度均匀、光轴平行表面且光束正入射的情况

在经历晶片厚度 d 以后，o 光和 e 光两者光程不同，从而使出射的两个偏振正交光之间添加了一相位差

$$\delta_{oe} = \frac{2\pi}{\lambda}(n_e - n_o)d \tag{5.6}$$

3. 光束正入射，光轴任意取向

由惠更斯作图法分析，光束正入射，光轴任意取向时，e 光波面平行于晶体表面，光轴 z 取向是任意的，如图 5.10(a)所示，但此时体内 e 光传播方向却是倾斜的，与波面法线方向并不一致，两者之分离角为

$$\alpha = \xi - \theta \tag{5.7}$$

式中，ξ 角指称 e 光的传播方向与光轴 z 之夹角；θ 角指称波面法线方向与 z 之夹角，如图 5.10(b)和图 5.10(c)所示。

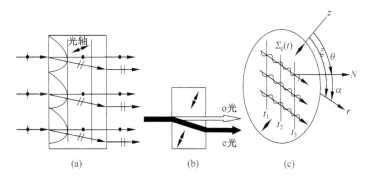

图 5.10　晶片厚度均匀、光轴任意取向且光束正入射情况

e 光的传播方向代表了 e 光相位的传播方向，也代表了 e 光能流方向，这里 e 光的传播方向与波面法线方向的分离事实说明，在晶体内部波面法线方向并无直接的物理意义，但有鲜明的几何意义。理论上已知传播方向与波面法线方向的关系，可以通过波面法线方向求得 e 光的传播方向，这在晶体器件设计与制作时有广泛的应用。

4. 光线斜入射，入射面与光轴垂直

此时 o 光、e 光的波面，球面和椭球面在入射面上的投影都是圆。由于 o 光、e 光的速度不同,两圆的半径不同,因而发生双折射,o 光、e 光不仅方向不同,速度也不同。但是,这时 e 光的波面与其传播方向垂直(图 5.11)。

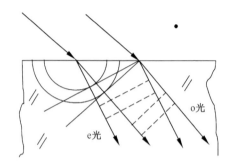

图 5.11 光线斜入射,入射面与光轴垂直情况

5.2 晶体光学器件

5.2.1 晶体偏振器

由于晶体双折射现象中的 o 光和 e 光均是 100% 的线偏振光,利用双折射现象制作出的偏振器件,性能优于玻片堆和人造偏振片,广泛应用于起偏或检偏。

晶体棱镜是一种偏振器,通常由两块按一定方式切割下来的晶体三棱镜组合而成。通过晶体棱镜,入射的自然光被分解为两束线偏振光,从空间不同方向出射。因而,下面介绍几种典型的晶体棱镜。

1. 尼科耳棱镜

尼科耳棱镜(Nicol prism)的主要功能是通过晶体棱镜,入射的自然光被分解为两束线偏振光,从空间不同方向出射。

尼科耳棱镜中由两块方解石直角棱镜黏合而成,其光轴平行于两个端面。常用黏合剂为加拿大树胶,对于 Na 黄光,其折射率约为 $n \approx 1.55$,介于棱镜两个主折射率 $n_e \approx 1.4864, n_o \approx 1.6584$ 之间。o 光和 e 光有不同的折射率,但对加拿大树胶,由于是各向同性的,其折射率相同。正入射自然光在左侧那第一块棱镜传播时,虽然表观上不发生双折射,但 e 光为快光而 o 光为慢光,当它们到达界面 AB 时,对 o 光而言,是从光密介质到光疏介质,只要入射角大于临界角,就将发生全反射;对 e 光而言,是从光疏介质到光密介质,不可能发生全反射,发生的是常规的折射现象,e 光将从 CB 面出射(图 5.12)。

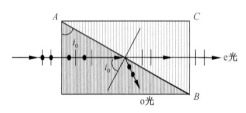

图 5.12 尼科尔棱镜($n_o > n_e$)

简言之,在尼科耳棱镜的黏合面,o光全反射,e光透射,两者传播方向分离。通常将全反射 o 光束到达的侧面涂黑以吸收 o 光而免除实验时的杂散光,而从入射光透射的方向获得一束线偏振光,其振动方向平行于主平面或主截面,最终尼科耳棱镜实现了偏振器的功能。

例 5.1 如何确定尼科耳棱镜中直角棱镜各角的角度和长宽比?

解: 首先估算一下这全反射临界角的数值

$$i_C = \arcsin \frac{n}{n_o} = \arcsin \frac{1.55}{1.6581} \approx 69°$$

这就要求入射角应当 $i_o > 69°$。i_o 角也正是直角棱镜的长边所对应的那个锐角,故也就确定了长边与短边的比值应大于 $\tan 69° \approx 2.6$ 倍。

另外考虑到入射光束并不一定是一平行光束,它有一定的发散角,一般设定 i_o 值要稍大于 i 值几度。即使这样,能发生全反射的 o 光束发散角是受限的,同理,不发生全反射的 e 光束发散角也是受限的。所以尼科耳棱镜有一个缺点是入射光束的发散角不能太大。

2. 罗雄棱镜

罗雄棱镜(Rochon prism)由两块冰洲石直角三棱镜黏合而成,如图 5.13 所示,第一块棱镜光轴垂直棱镜入射表面,第二块棱镜光轴平行表面,当自然光正入射于第一块棱镜时不发生双折射,光束横平面上各方向的振动均以相同速度传播,到达界面进入第二块棱镜便出现双折射。

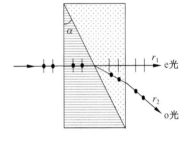

图 5.13 罗雄棱镜($n_o > n_e$)

简言之,罗雄棱镜第一块棱镜中无双折射,第二块棱镜中有双折射,假设光到达黏合界面的入射角为 i_1,第二块棱镜中 o、e 光的折射角为 i_{2o}, i_{2e}

$$\begin{cases} n_o \sin i_1 = n_o \sin i_{2o} \\ n_o \sin i_1 = n_e \sin i_{2e} \end{cases} \Rightarrow \begin{cases} i_{2o} = i_1 \\ \sin i_{2e} = \dfrac{n_o}{n_e} \sin i_1 > \sin i_1 \end{cases} \Rightarrow i_{2e} > i_{2o}$$

所以 o 光、e 光传播方向分离。

因此,只要将输出的两路偏振光挡掉一路,罗雄棱镜可以做偏振器件使用,也可以用于偏振分光元件,在一些激光器中可以用它作内调制的耦合输出元件。

3. 沃拉斯顿棱镜

沃拉斯顿棱镜(Wollaston prism)是由两块冰洲石直角三棱镜黏合而成,第一块棱镜的光轴平行于入射表面,并与第二块棱镜的光轴方向正交。在第一块棱镜中作为慢光的 o 光,进入第二块棱镜后成为快光的 e 光。同理,e 光从第一棱镜进入第二棱镜后其身份也发生了变化,转变为 o 光。

简言之,第一镜中 o 光进入第二镜时,变为 e 光;第一镜中 e 光进入第二镜时,变为 o 光,所以通过沃拉斯顿棱镜出现了双折射现象,o 光、e 光传播方向分离。

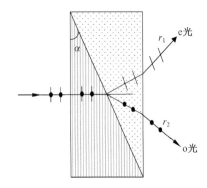

图 5.14 沃拉斯顿棱镜($n_o > n_e$)

若在同样的棱角条件下,沃拉斯顿棱镜生成的两束线偏振光其空间分离角 $\Delta\theta$ 显然地大于罗雄棱镜。

例 5.2 沃拉斯顿棱镜由冰洲石制成,其顶角 $\alpha = 25°$。当一窄光束正入射时,最终出射的两束偏振光的空间分离角为多少?

参见图 5.14,这光束到达黏合界面的入射角 $i = \alpha = 25°$。由于第二块棱镜的主截面正交于入射面,可以根据折射定律得到两束偏振正交光束的折射角 i_1, i_2 分别由下式决定

$$n_e \sin i = n_o \sin i_1$$
$$n_o \sin i = n_e \sin i_2$$

故

$$i_1 = \arcsin\left(\frac{n_e}{n_o}\sin i\right) = \arcsin\left(\frac{1.4864}{1.6584}\sin 25°\right) \sim 22°16'$$

$$i_2 = \arcsin\left(\frac{n_o}{n_e}\sin i\right) = \arcsin\left(\frac{1.6584}{1.4864}\sin 25°\right) \sim 28°8'$$

可见,那两束偏振正交光束在第二棱镜内的分离角为

$$\Delta\theta = (i_2 - i_1) = 28°8 - 22°16 \sim 5°52'$$

两束光到达第二棱镜出射端面的入射角分别为

$$\alpha_1 = (i_1 - \alpha) = 22°16 - 25° \sim -2°44'$$
$$\alpha_2 = (i_2 - \alpha) = 28°8 - 25° \sim 3°8'$$

根据折射定律计算出那两束光进入空气的折射角

$$i_1' = \arcsin(n_o \sin\alpha_1) = \arcsin(1.6584 \times \sin(-2°44')) \sim -4°32'$$
$$i_2' = \arcsin(n_e \sin\alpha_2) = \arcsin(1.4864 \times \sin(3°8')) \sim 4°40'$$

因此,沃拉斯顿棱镜生成的两束线偏振光其空间分离角为

$$\Delta\theta' = (i_2' - i_1') = 4°40 - (-4°32) \sim 9°12'$$

5.2.2 波晶片

波晶片又称为位相延迟片,通常是由水晶中切割下来的一厚度均匀且光轴平行入射表面的薄片。假设一平行光束正入射,正如 5.1.4 节中的第二种情况"光束正入射,光轴平行表面",表观上并无双折射,但 o 光和 e 光的传播速度分别为 v_o 和 v_e,相应的折射率分别为 n_o 和 n_e,此时还是发生了双折射。在经历晶片厚度 d 以后,两者光程不同,从而使出射的两个正交光振动 $E_o(t)$ 和 $E_e(t)$ 之间添加了一相位差。波晶片内附加的相位差,

$$\delta_{oe} = \frac{2\pi}{\lambda_0}(n_e - n_o)d \tag{5.8}$$

1. 四分之一波晶片(quarter-wave plate)，记做 $\lambda/4$ 片

通过 $\lambda/4$ 片而产生的附加相位差为

$$\delta_{oe} = \pm(2k+1)\frac{\pi}{2}, \quad k=0,1,2\cdots \tag{5.9}$$

对正晶体制成的 $\lambda/4$ 片，因 $n_o > n_e$，有

$$\delta_{oe} = \frac{\pi}{2}, \frac{3}{2}\pi, \frac{5}{2}\pi, \cdots$$

对负晶体制成的 $\lambda/4$ 片，因 $n_o < n_e$，有

$$\delta_{oe} = -\frac{\pi}{2}, -\frac{3}{2}\pi, -\frac{5}{2}\pi, \cdots$$

我们知道，相位差对物理结果的影响是以 2π 为周期的，故 $3\pi/2$ 与 $-\pi/2$ 是等效的，$-3\pi/2$ 与 $\pi/2$ 是等效的，因此，$\lambda/4$ 片所提供的有效相位差为

$$\delta_{oe} = \pm\frac{\pi}{2} \tag{5.10}$$

这里的±号并不对应正、负晶体，不过若无其他特别说明，人们将正晶体制成的四分之一波晶片的有效相位差理解为 $+\pi/2$，将负晶体制成的四分之一波晶片的有效相位差理解为 $-\pi/2$。

结合式(5.8)、式(5.9)，四分之一波晶片的厚度 d 应满足以下条件

$$d = (2k+1)\frac{\lambda}{4\Delta n}, \quad \Delta n = |n_e - n_o| \tag{5.11}$$

其厚度最小值为

$$d_m = \frac{\lambda}{4\Delta n} \tag{5.12}$$

2. 二分之一波晶片(half-wave plate)，记做 $\lambda/2$ 片

通过 $\lambda/2$ 片产生的附加相位差为

$$\delta_{oe} = \pm(2k+1)\pi, \quad k=0,1,2\cdots \tag{5.13}$$

从而 $\lambda/2$ 片所附加的有效相位差总是

$$\delta_{oe} = \pi \tag{5.14}$$

对正、负晶体均为此值，相应地，$\lambda/2$ 片的厚度 d 应满足以下条件

$$d = (2k+1)\frac{\lambda}{2\Delta n}, \quad \Delta n = |n_e - n_o| \tag{5.15}$$

其厚度最小值为

$$d_m = \frac{\lambda}{2\Delta n} \tag{5.16}$$

3. 全波晶片(one-wave plate)，记做 λ 片

通过 λ 片产生的附加相位差为

$$\delta_{oe} = \pm 2k\pi, \quad k=1,2,3\cdots \tag{5.17}$$

λ片所附加的有效相位差总是

$$\delta_{oe} = 0$$

厚度满足

$$d = k\frac{\lambda}{\Delta n}, \quad \Delta n = |n_e - n_o| \tag{5.18}$$

其厚度最小值为

$$d_m = \frac{\lambda}{\Delta n} \tag{5.19}$$

制作波晶片的选材非常重要,常用的材料有石英、云母片等。云母片是一种双轴晶体,其双光轴恰好在自然解理面上,双光轴之夹角取决于云母矿的化学组成及其晶体结构,最普通的云母为一种呈淡棕色的白云母,其两光轴之夹角142°。沿垂直于云母片表面方向传播的光束,其横平面上两个正交振动有两个传播速度,对应两个折射率(n_x, n_z)。其中,一个振动 $E_x(t)$ 对应折射率为 n_x,另一个正交方向的振动 $E_z(t)$ 对应折射率为 n_z,故通过厚度为 d 的云母片,光束的两个正交振动 $E_x(t)$、$E_z(t)$ 之间将添加一相位差

$$\delta_{xz} = \frac{2\pi}{\lambda_0}(n_z - n_x)d \tag{5.20}$$

例 5.3 一把小刀和一台螺旋测微器就可以剥离出合适厚度的云母片,从而制作出各种波晶片。已知普通的云母片对钠黄光的三个主折射率为 $n_x = 1.5601$, $n_y = 1.5936$, $n_z = 1.5977$。为了制作 λ/2 片、λ/4 片和 λ 片,需要剥离云母片的厚度是多少?

解: 可以首先计算制作各种波晶片的最小厚度 d_{min},考虑到实际剥离云母片太薄不易操作,需要在最小厚度上再加产生 λ 位相差的整数倍的厚度。

λ 片的 $d_{min} = \frac{\lambda}{\Delta n} \approx 15.7\mu m$

实际操作厚度可以设定为 $2 \times 15.7 = 31.4\mu m\cdots$

λ/2 片的 $d_{min} = \frac{\lambda}{2\Delta n} \approx 7.84\mu m$

实际操作厚度可以设定为 $7.84 + 15.7 = 23.54\mu m$, $7.84 + 2 \times 15.7 = 39.24\mu m\cdots$

λ/4 片的 $d_{min} = \frac{\lambda}{4\Delta n} = \frac{589.3nm}{4 \times (1.5977 - 1.5601)} \approx 3.92\mu m$

实际操作厚度可以设定为 $3.92 + 2 \times 15.7 \approx 35.3\mu m$, $3.92 + 3 \times 15.7 \approx 51.0\mu m\cdots$

5.2.3 晶体补偿器

波晶片的厚度是均匀不变的,在光束出射表面上只能获得固定的附加相位差。采用厚度线性变化的楔形晶体薄棱镜,可以获得连续可变的附加相位差,称为晶体补偿器。

一个棱角 α 很小的水晶薄棱镜,如图 5.15(a)所示,其光轴平行于棱边。在 (xy) 平

面上相互正交的两个偏振方向之间的附加相位差为

$$\delta(x,y) = \frac{2\pi}{\lambda}(n_e - n_o)d(x) \tag{5.21}$$

式中

$$d(x) \approx d_0 - \alpha x$$

d_0 是楔形水晶棱镜在原点处的厚度。

当一束线偏振光正入射于这楔形水晶片时,出射光的偏振态则随位置而异,可能为斜椭圆,正椭圆,斜椭圆,线偏振,斜椭圆,⋯单个楔形水晶片的缺点是无法确保零附加相位值的位置,为此人们设计了巴比涅补偿器(Babinet compensator)。

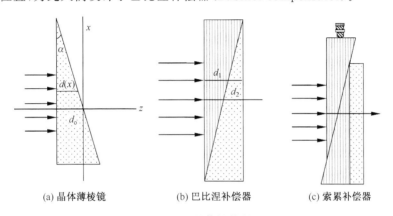

(a) 晶体薄棱镜　　　(b) 巴比涅补偿器　　　(c) 索累补偿器

图 5.15　晶体补偿器

巴比涅补偿器,如图 5.15(b)所示,其左右两块楔形水晶棱镜的光轴方向彼此正交,这结构相同于沃拉斯顿棱镜,第一块棱镜的光轴平行于入射表面,并与第二块棱镜的光轴方向正交。当正入射光束通过这补偿器时,两个正交振动之一所对应的折射率从 n_o 转变为 n_e,另一个所对应的折射率从 n_e 转变为 n_o。补偿器引起的附加相位差为

$$\delta \sim \frac{2\pi}{\lambda_o}((n_o d_1 + n_e d_2) - (n_e d_1 + n_o d_2)) = \frac{2\pi}{\lambda_o}(n_e - n_o)(d_2 - d_1) \tag{5.22}$$

式中,d_1 和 d_2 分别为光束所历经的左右楔形棱镜的厚度。可见在不同位置处,对应不同的 d_1、d_2 值,因此厚度差$(d_2 - d_1)$从上至下会发生连续变化,从而获得了连续变化的附加相位差值。巴比涅补偿器存在一特殊位置,这里对应着 $d_1 = d_2$,于是,这里就对应着附加相位差为零值,可以标定这个位置为巴比涅补偿器的中心。

在巴比涅补偿器中,光束通过左侧棱镜而进入右侧棱镜后将发生双折射,自然地光束前进方向要偏离水平方向。当棱角 α 很小时,此偏离角也很小,保证了上述近似是合理的。

巴比涅补偿器的缺点是能获得固定附加相位差只能局限于某一特定部位,这不满足同一入射位置附加相位差可调的要求。于是出现了索累补偿器(Solei compensator),如图 5.15(c)所示,光轴彼此平行的两个楔形水晶棱镜,其中一个楔形棱镜安装在

螺旋微动器上,通过螺旋运动而驱使其在另一个楔形棱镜上滑动,从而改变光束通过的有效厚度,实现了对附加相位差的连续可调,形成了一个厚度可调的波晶片;两块棱镜的右侧是一个厚度均匀的水晶平板,保证光束出射棱镜时折射率不变,不会引起两光束方向上的分离,光束依然保持在水平方向传播直至出射。因此,公式对索累补偿器是严格成立的。

5.3 圆偏振光、椭圆偏振光的产生和检验

5.3.1 通过波晶片后的偏振态分析

本节分析偏振光通过波晶片后,出射光偏振态的变化,其实验装置如图5.16所示,对这类问题的分析步骤如下:

(1) 以波晶片的光轴方向为基准,将入射光的电矢量按照波晶片的特点,求出o光和e光的振幅A_o和A_e,并且确定在晶片入射点o光和e光的初始相位差$\delta_0(A)$;

(2) 根据波晶片的种类确定附加相位差δ';

(3) 计算光在波晶片出射点的相位差$\delta = \delta_0(A) + \delta'$;

(4) 判定波晶片出射光的偏振态。

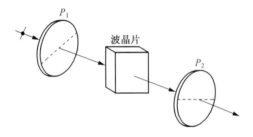

图5.16 偏振光通过波晶片后的偏振态

该方法适用于入射光为任意偏振态、波晶片为任意种类或厚度的情形。

现将偏振光通过$\lambda/2$片或$\lambda/4$片的不同结果列出图表,见图5.17。这里为了书写简便,用$+\lambda/4$片表示δ'取值$+\pi/2$,用$-\lambda/4$片表示δ'取值$-\pi/2$。

值得注意的是,对任何种类任何厚度的波晶片而言,当入射光的线偏振方向平行或垂直于波晶片光轴时,出射光则依然为线偏振光且偏振方向不变,这时波晶片提供的附加相位差不起作用,因为另一个偏振方向的振幅为零。

由图5.17可见,线偏振光入射时,我们可以通过选择波晶片是$+\lambda/4$片还是$-\lambda/4$片及入射线偏振光的方位来获得右旋或左旋的椭圆偏振光。特别地,当入射光的线偏振方位与$\lambda/4$片光轴夹角为$\pi/4$时,两个正交振动的振幅相等,且$\lambda/4$片又提供$\pm\pi/2$的附加相位差,其合成结果是一个圆偏振光。这些结论在以后的学习中还会得到广泛应用。

序号	入射光偏振态	通过λ/2片
(1)	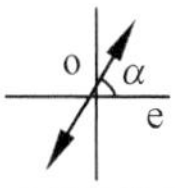	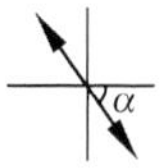
(2)	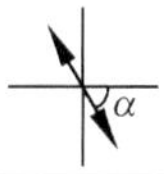	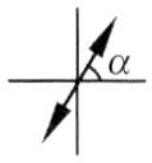

(a)

序号	入射光偏振态	通过+λ/4片	通过−λ/4片
(1)	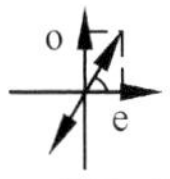	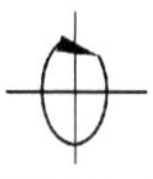	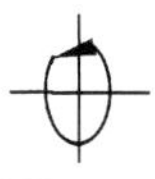
(2)	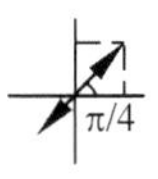	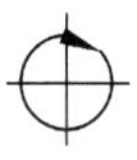	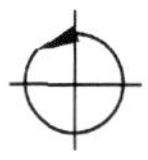
(3)	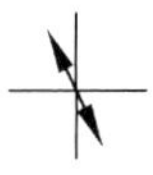	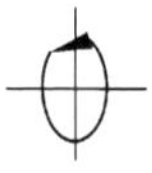	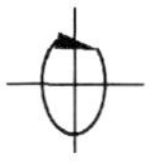
(4)	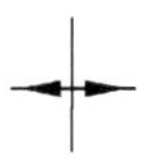	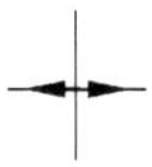	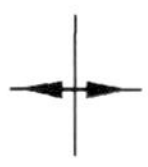
(5)	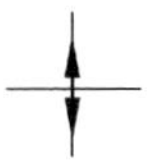	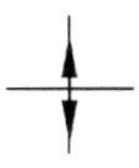	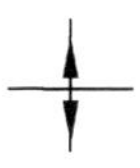
(6)	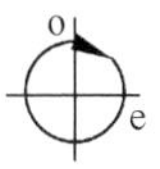	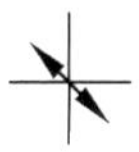	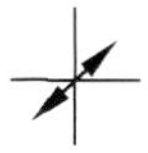
(7)	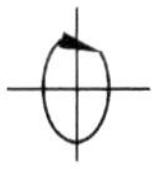	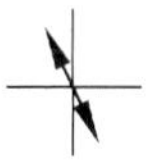	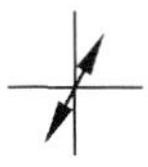
(8)	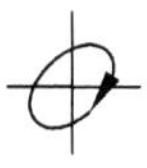	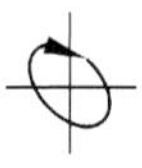	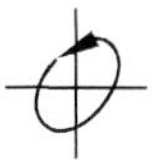

(b)

图 5.17　偏振光通过波晶片后的偏振态

5.3.2　椭圆偏振光和圆偏振光的产生

我们这里所指的椭圆偏振光和圆偏振光的产生，是指利用偏振器件把自然光改造成椭圆偏振光或圆偏振光。

根据 5.3.1 节的知识，椭圆偏振光的产生只需令自然光通过一个起偏器和一个 $\lambda/4$ 波晶片即可，条件是起偏器的偏振方向与 $\lambda/4$ 波晶片的光轴方向的夹角不是 0、π、$\pi/4$。

圆偏振光的产生,需要保证出射光满足两个条件:① e 光和 o 光的振幅相等;② e 光和 o 光的位相差为 $\pm\pi/2$。因此同样需要一个偏振器和一个 $\lambda/4$ 片联合作用,条件是要保证偏振器透振方向与光轴方向之夹角为 $\pi/4$。

在这个过程中,关键问题是在圆偏振光的产生过程中,我们如何确保偏振器透振方向与光轴方向之夹角为 $\pi/4$。

我们可以按照以下步骤来实现:如图 5.18 所示:

(1) 两个偏振片 P_1 和 P_2,安排在光路中,转动其一达到消光为止,这表明此时两个透振方向正交,即 $P_1 \perp P_2$。

(2) $\lambda/4$ 片插入于 P_1 和 P_2 之间,转动 $\lambda/4$ 片达到消光为止,在 $\lambda/4$ 片转动一周过程中将出现 4 次消光状态,消光时 $\lambda/4$ 片光轴方向处于图 5.17(4)或(5)状态,即 $e // P_1$ 或 $e \perp P_1$ 状态。

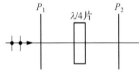

图 5.18 圆偏振光的产生

(3) 通过与偏振片套装在一起的一个角度刻盘可以精确获得偏振片的转动角度。转动 $P_1 + \pi/4$ 角或 $-\pi/4$ 角,可以保证透振方向 P_1 与波晶片光轴之夹角为 $\pi/4$,此时从 $\lambda/4$ 片出射的光必定是一束圆偏振光。我们可以通过转动第二个偏振片 P_2 予以验证,在 P_2 转动过程中出射光强应该始终不变。

5.3.3 偏振光的检验方法

现在我们可以来讨论偏振光的检验方法了。入射光有五种可能性,即自然光、部分偏振光、线偏振光、圆偏振光、椭圆偏振光,利用一块偏振片和 $\lambda/4$ 片我们可以将它们完全区别出来。

(1) 利用一块偏振片,令入射光通过偏振片,改变偏振片的透射方向,观察投射光的强度变化。

有消光现象的入射光是线偏振光,强度无变化的是自然光或圆偏振光,强度有变化但无消光的是部分偏振光或椭圆偏振光。

(2) 令自然光或圆偏振光依次通过 $\lambda/4$ 片和一块偏振片。

如果入射的圆偏振光通过 $\lambda/4$ 片,必将成为一线偏振光,在我们转动后面的偏振片过程中,其透射光强将出现消光状态;如果入射光为自然光,它包含大量的、不同取向的、彼此不相关的线偏振光如图 5.17(b)所示,通过 $\lambda/4$ 片以后,则出射光的偏振结构是大量的、具不同长短轴之比值、彼此不相关的椭圆光的集合,这种在微观上看来区别于入射自然光的偏振结构,在宏观上仍表现出轴对称性,当后面的偏振片转动时,出射光强依然如原来那样始终不变,不会出现消光现象。

(3) 令部分偏振光或椭圆偏振光依次通过 $\lambda/4$ 片和一块偏振片,只是 $\lambda/4$ 片的光轴方向必须与第一步中偏振片产生的强度极大或极小的透射方向重合。

如果入射的是椭圆偏振光,通过 $\lambda/4$ 片,必将成为一线偏振光,在我们转动后面的偏振片过程中,其透射光强将出现消光状态;如果入射光为部分偏振光,则不会出现消光现象。

5.4 偏振光干涉

5.4.1 单色偏振光干涉

一个波晶片置于两个线偏振器 P_1、P_2 之间,这就构成了一个典型的偏振光干涉装置,如图5.19所示,第一个偏振器的作用是产生偏振光,称为起偏器,第二个偏振器的作用是检验和分析,称为检偏器(或分析器)。

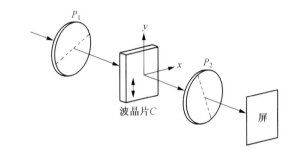

图 5.19 平行偏振光干涉装置

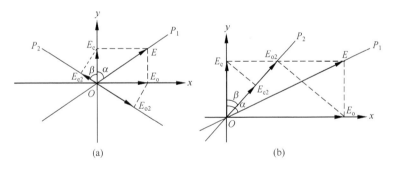

图 5.20

设从起偏器透过的单色线偏振光垂直入射到厚度为 h 的平面平行晶片上。从晶片出射的两束光初位相相同,由于波速不同,从晶片出射时产生一定的位相差,偏振方向是互相垂直,因此两束光并不相干。当它们入射到检偏器时,只有平行于检偏器偏振轴的分量才能通过。经过检偏器后,两个波的振动方向相同,即偏振方向一致,位相差恒定,两束光具有了相干性,它们可以发生干涉。

如图 5.20 所示 P_1 和 P_2 的透振方向与波晶片的光轴的夹角分别是 α 和 β,假设经 P_1 后的线偏光的电矢量和振幅分别为 $\mathbf{E}_1$ 和 A_1。再经波晶片,有

$$A_e = A_1 \cos\alpha, \quad A_o = A_1 \sin\alpha \tag{5.23}$$

再经 P_2,线偏光的电矢量和振幅分别为 E_2 和 A_2 有

$$A_{e2} = A_1 \cos\alpha \cdot \cos\beta, \quad A_{o2} = A_1 \sin\alpha \cdot \sin\beta \tag{5.24}$$

$$\boldsymbol{E}_2 = \boldsymbol{E}_{e2} + \boldsymbol{E}_{o2} \tag{5.25}$$

$$\begin{aligned}I &= A_{e2}^2 + A_{o2}^2 + 2A_{e2}A_{o2}\cos\Delta\varphi \\ &= A_1^2(\cos^2\alpha\cos^2\beta + \sin^2\alpha\sin^2\beta + 2\cos\alpha\cos\beta\sin\alpha\sin\beta\cos\Delta\varphi)\end{aligned} \tag{5.26}$$

$\Delta\varphi$ 由以下因素决定:

(1) P_1 引起的 $\delta_1 = 0, \pi$。表示入射偏振光在波晶片第一界面 A 处 o 振动与 e 振动之相位差。

(2) 波晶片引起的 $\delta' = \dfrac{2\pi}{\lambda}(n_e - n_o)d$。

(3) 波晶片与 P_2 相对位置引起的 $\delta_2 = 0, \pi$,是正交坐标轴(o,e)向 P_2 透振方向投影带来的相位差,它只有两种可能的取值:当 o,e 投影于 P_2 的方向一致,$\delta_2 = 0$;当 o,e 投影于 P_2 的方向相反,$\delta_2 = \pi$。

故

$$\Delta\varphi = \delta_1 + \delta' + \delta_2$$

由此可见,输出光强是 $(\alpha, \beta, \Delta\varphi)$ 的函数。这就不难理解,输出光强随 P_2 或其他元件的转动而变化,因为这时 β 角变了,或 α 角变了。当波晶片厚度 d 非均匀时,系统终端将呈现干涉花样,因为这时 $d(x,y)$ 的变化导致 $\delta_2(x,y)$ 发生变化,最终导致 $I(x,y)$ 随空间位置产生变化。

下面讨论两种特殊情况:

(1) 波晶片光轴平分 P_1、P_2 的夹角,两偏振片偏振方向正交,$P_1 \perp P_2$

$$\alpha = \beta = \frac{\pi}{4}, \quad \delta_1 = \pi, \quad \delta_2 = 0$$

干涉光强

$$I_\perp = \frac{A^2}{2}(1 - \cos\delta')$$

(2) 波晶片光轴平分 P_1、P_2 的夹角,两偏振片偏振方向平行,$P_1 /\!/ P_2$

$$\alpha = \beta = \frac{\pi}{4}, \quad \delta_1 = \pi, \quad \delta_2 = \pi$$

干涉光强

$$I_{/\!/} = \frac{A^2}{2}(1 + \cos\delta')$$

可以看出: $I_\perp + I_{/\!/} = A^2$,两种情况的干涉光强互补。如果波晶片分别采用不同类型,输出光强见表 5.2。

表 5.2

波晶片	附加位相差	输出光强	
		$P_1 \perp P_2$	$P_1 /\!/ P_2$
$\lambda/4$ 片	$\pm\pi/2$	$I_1/2$	$I_1/2$
$\lambda/2$ 片	π	I_1	0
λ 片	0	0	I_1
$2\lambda/3$ 片	$\pm 4\pi/3$	$3I_1/4$	$3I_1/4$

下面讨论一下不同入射光的情况:

(1) 入射光为自然光时,若无 P_1,直接入射于波晶片的自然光偏振态,虽然也可以被分解为两个正交振动 A_e 和 A_o,但两者之间的相位差是不稳定的,它是一个随机量,即使有第二个偏振片 P_2 保证了 A_{e2} 缸和 A_{o2} 同方向,两者仍系非相干叠加。于是,在输出光强中不含有相位差因素,这也就丢失了样品光学各向异性的信息,那个光学系统就不成为一个偏振光干涉系统;在自然光入射条件下,两个振动 A_{e2}、A_{e2} 同方向的条件由第二个偏振片给以保证,两者有稳定相位差的条件由第一个偏振片得以实现,最终导致该系统的输出光强是一相干光强。

(2) 若入射光本身就是一束圆偏振光或椭圆偏振光,那第一个偏振片就不必要了,可以被省略,这系统依然是一个偏振光干涉系统。解其输出光强的程序——两次分解、三项相位差分析,是完全一样的,只不过按入射光的振态对入射点的相位差 $\delta_{oe}(A)$ 做出准确判断。

(3) 当白光入射时,系统终端将呈现彩色花样,因为 δ' 中含波长 λ 变量,即使对样品的同一厚度 d 和同一折射率差 Δn,其对应的相位差也将因波长而异。

例 5.4 如图 5.21(a)所示,一块棱角为 α 的楔形石英片置于两个正交偏振片 P_1 和 P_2 之间,在波长 λ 的光束入射时,位于 P_2 后面的观察屏上将接收到一组平行的直条纹。请问条纹间距是多少?

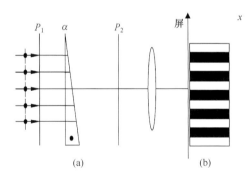

图 5.21 楔形晶片生成的干涉条纹

解:两偏振片偏振方向正交,$P_1 \perp P_2$,则有
$$\alpha - \beta = \frac{\pi}{4}, \quad \delta_1 = \pi, \quad \delta_2 = 0$$

楔形晶片的厚度 d 连续变化,这导致晶片体内附加相位差连续变化

$$\delta'(x) = \frac{2\pi}{\lambda}\Delta n \cdot d(x), \quad d(x) \sim \alpha x \tag{5.27}$$

得条纹间距公式

$$\Delta x = \frac{\lambda}{\alpha \Delta n} \tag{5.28}$$

由此可见,楔形晶片棱角越小则间距越宽,材料各向异性越强烈即 Δn 值越大,则条纹越密。可以通过偏振光干涉装置并制作楔形晶片,测量干涉条纹间距而确定晶体材料的 Δn 值。

分析:

(1) 条纹特点:由于楔形晶片的厚度 d 连续变化,晶片体内附加相位差连续变化,沿 x 方向考察该晶片厚度,在某些地点相当于 $\lambda/4$ 片,某些地点相当于 $\lambda/2$ 片或 λ 片。于是,输出光强相应地出现周期性的变化而呈现亮暗交替的条纹;当 P_2 转动 $\pi/2$ 角度,则亮纹与暗纹的位置彼此对换,而条纹间距不变,我们可以令相位差改变量等于 2π 而求得条纹间距 Δx。

(2) 白光入射:干涉条纹间距和入射光波波长成正比,红光产生的条纹间距大于蓝光的,故在白光照射条件下,该输出场将呈现彩色条纹。

(3) 如果没有偏振片 P_2,在屏上还能观察到条纹吗?答案是不能。

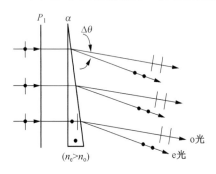

图 5.22 楔形晶片后的 o 光、e 光

正入射于石英晶片的光束,被分解为 o 光束和 e 光束,虽然两者的传播方向在体内并未分离,但到达第二界面进入空气时,就成为沿不同方向偏折的两束光,其偏向角分别为

$$\theta_e \approx (n_e - 1)\alpha, \quad \theta_o \approx (n_o - 1)\alpha \quad (5.29)$$

如图 5.22 所示,在晶片至 P_2 的空间中,存在两束平行光,然而,两者系非相干,因为其振动方向彼此正交。故在屏上是不会出现干涉条纹的。只有插入偏振片 P_2,才实现了这两束平行光的干涉,其条纹间距公式可直接引用式(2.25),给出如下

$$\Delta x = \frac{\lambda}{\sin\theta_e - \sin\theta_o} \approx \frac{\lambda}{(\theta_e - \theta_o)} \approx \frac{\lambda}{(n_e - n_o)\alpha} \quad (5.30)$$

5.4.2 显色偏振与偏振滤光器

经过 5.4.1 节对波晶片和偏振光干涉系统的分析,我们知道波晶片所带来的相位差 $\delta'_{oe} = \frac{2\pi}{\lambda}\Delta n \cdot d$ 是和波长相关的。任何一个波晶片都不可能对所有波长的入射光产生相同的附加相位差。比如,忽略由色散效应带来的 Δn 的变化,设某一波晶片,对 $\lambda_1 \approx$ 532nm 是一全波片即 λ 片,对 $\lambda_2 \approx$ 798nm 等效于一个 $2\lambda/3$ 片,对 $\lambda_3 \approx$ 1064nm 便等效于一个 $\lambda/2$ 片。因此,无论是波晶片还是楔形晶片,如果入射光不是单色光,而是多波长或宽光谱或白光,则输出场都会呈现彩色图像,而且会随 P_2 转动而变化,这一现象被称为显色偏振(chromatic polarization)。可见,显色偏振提供了一种技术途径对输出光场频率分布的调制,更进一步可以利用显色偏振进行某些特定波长光波的选择性输出,该原理应用于滤波器的制作。

偏振滤光器中最为著名的是利奥滤光器(Lyot filter)。白光通过时将有一些波长作相长干涉,另一些波长则作相消干涉。由 5.4.1 节分析可知条纹间距和晶片厚度成正比,如果其结构显示于图 5.23。在交叉或平行的偏振器之间放一适当厚度的石英晶体片,设其光轴与表面平行,并且与偏振器的透振方向成 45°,形成偏振光干涉单元(偏振器+石英晶片+偏振器)的周期结构。这里以包括 6 块石英晶片的系统为例,它们的光轴方向彼此平行,而晶片厚度按 2 倍依次增加。

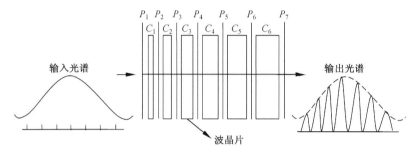

图 5.23 利奥滤光器

假设经过每一片石英晶片后透射光振幅分别为 $A_i, i=1,2,3,4,5,6$,根据 5.4.1 节的分析,透射光振幅逐次变化的规律为

$$A_2 = A_1 \cos \frac{\delta_1}{2}$$
$$A_3 = A_2 \cos \frac{\delta_2}{2} = A_1 \cos \frac{\delta_1}{2} \cdot \cos \frac{\delta_2}{2}$$
$$\vdots$$
$$A_7 = A_1 \cos \frac{\delta_1}{2} \cdot \cos \frac{\delta_2}{2} \cdot \cos \frac{\delta_3}{2} \cdot \cos \frac{\delta_4}{2} \cdot \cos \frac{\delta_5}{2} \cdot \cos \frac{\delta_6}{2}$$

(5.31)

对不同波长来说相位差 δ_i 值是不同的。由于波晶片的厚度是按 2 倍依次增加,对于特定波长第一片石英晶片是全波片,则余下这五片晶片都是全波片,式(8.63)中的余弦因子均取极大值 1,故最终透射振幅取极大值

$$A_7(\lambda_i) = A_1, \quad I_7(\lambda_i) = I_1 \quad (5.32)$$

这表明理论上利奥滤光器对这些离散的特定谱成分没有损耗。

对于偏离这些特定波长的其他光谱成分,每一个余弦因子都小于"1"或等于"0",6 个余弦因子连乘之积就成为非常小的一个量,这些波长成分的光强通过一个个单元而逐次衰减。另外,石英晶片厚度是 2 倍率递增,则余弦因子的一次次倍频,其结果是使两个相邻极大值之间出现了越来越多的"零点",从而使极大峰变得越来越尖锐,透射谱的线宽就被压窄了。

例 5.5 利奥在 1933 年做的滤光器有十个偏振器,九个晶片。我们对利奥提出以下设计要求:让其透射光谱在可见光波段(380~760nm)出现 12 条谱线,试问 9 个晶片系列中最薄晶片厚度 d_i 应当选定为多少?

解：对于利奥滤光器，其透射光强极大所对应的波长值应当满足全波片条件

$$\Delta n \cdot d_1 = k\lambda, \quad k = 1, 2, 3, \cdots \tag{5.33}$$

对 $\lambda_1 = 380\text{nm}$ 和 $\lambda_2 = 760\text{nm}$，分别有

$$\Delta n \cdot d_1 = k_1 \lambda_1, \quad \Delta n \cdot d_1 = k_2 \lambda_2, \quad k_2 = k_1 - (N - 1) \tag{5.34}$$

式中，N 就是所期望的出现谱峰的数目，据此解出

$$k_1 = (N - 1) \frac{\lambda_2}{\lambda_2 - \lambda_1} = (12 - 1) \times 2 = 22 \tag{5.35}$$

再回过来代入方程组(5.34)中第一式，并查出石英的折射率数据，得

$$d_1 = \frac{k_1 \lambda_1}{\Delta n} = \frac{22 \times 380\text{nm}}{1.55336 - 1.54425} \approx 0.926\text{nm} \tag{5.36}$$

其他几块晶片厚度依次按二倍率递增，至第 9 块其厚度应当为

$$d_9 = 2^8 d_1 \approx 256 \times 0.926\text{mm} \approx 237.056\text{mm} \tag{5.37}$$

5.4.3 偏振光的应用

光的偏振在国防、医疗、科研及工业生产中有着广泛的应用。比如在机械工业中，利用偏振光的干涉来分析机件内部应力分布情况，形成了光测弹性力学学科。偏光干涉仪、偏光显微镜在生物学、医学、地质学等方面有着重要的应用，在航海、航空方面则研制出了偏光天文罗盘。下面我们介绍几种应用偏振光的实例。

1. 汽车驾驶

汽车夜间在公路上行驶与对面的车辆相遇时，为了避免双方车灯的眩目，司机都关闭大灯，只开小灯，放慢车速，以免发生车祸。如驾驶室的前窗玻璃和车灯的玻璃罩都装有偏振片，而且规定它们的偏振化方向都沿同一方向并与水平面成 45°角，那么，司机从前窗只能看到自己的车灯发出的光，而看不到对面车灯的光，这样，汽车在夜间行驶时，既不要熄灯，也不要减速，可以保证安全行车。

另外，在阳光充足的白天驾驶汽车，从路面或周围建筑物的玻璃上反射过来的耀眼的阳光，常会使眼睛睁不开，此时只需带一副只能透射竖直方向偏振光的偏振太阳镜便可挡住大部分的散射光和反射光，保证司机清晰观察前方景物。

2. 立体电影

在拍摄立体电影时，用两个摄影机，两个摄影机的镜头相当于人的两只眼睛，它们同时分别拍下同一物体的两个画像，放映时把两个画像同时映在银幕上。如果设法使观众的一只眼睛只能看到其中一个画面，就可以使观众得到立体感。为此，在放映时，两个放像机每个放像机镜头上放一个偏振片，两个偏振片的偏振化方向相互垂直，观众戴上用偏振片做成的眼镜，左眼偏振片的偏振化方向与左面放像机上的偏振化方向相同，右眼偏振片的偏振化方向与右面放像机上的偏振化方向相同，这样，银幕上的两个画面分别通过两只眼睛观察，在人的脑海中就形成立体化的影像了。

3. 摄影技术中的偏振滤光

偏振滤镜可以说是摄影中最重要的滤镜之一，利用偏振镜可以消除大范围的反光。图 5.24(a)是没有用偏振镜拍摄的，水面的反光使我们看不清水下的景物；图 5.24(b)是使用了偏振镜拍摄的，我们能清晰看到水底下的缸。偏振滤镜能消除非金属面上的反光，如果是金属面上的反光呢？图 5.24(c)是一把锁和一把钥匙的照片。灯光照在钥匙上引起了很强的反光。由于钥匙是金属的，虽然已经在镜头上安装了偏振滤镜，但是转到任何方向都无法消除这种反光。这时候我们仍然可以使用偏振滤镜来消除反光，把钥匙上的字拍摄出来。图 5.24(d)是在照明灯上又加上一块偏振滤镜后拍摄的照片，钥匙上的反光被消除了。

图 5.24 摄影技术中的偏振滤光(照片摘自网上摄影爱好者博客)

5.5 旋光效应

5.5.1 自然旋光效应

1811 年，人们在研究石英晶体的双折射特性时发现：一束线偏振光沿石英晶体的光轴方向传播时，其振动平面会相对原方向转过一个角度。由于石英晶体是单轴晶体，光沿着光轴方向传播不会发生双折射，因此发现的现象应属于另外一种新现象，这就是旋光现象,也即旋光效应。当入射平行线偏振光在晶体内沿光轴方向传播时,线偏振光的光矢量随着传播距离逐渐转动,这种现象就称为旋光现象。如图 5.25 现在已经知道许多物质都会呈现旋光性,如双折射晶体(石英、酒石酸等)、各向同性晶体(砂糖晶体、氯化钠晶体等)、液体(砂糖溶液、松节油)等。

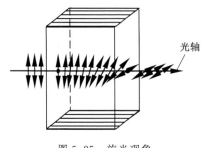

图 5.25 旋光现象

旋光性实验演示可以通过图 5.26 的实验装置完成。假设单色自然光入射,一对偏振片 P_1、P_2 正交,则透射光强为零即消光;若偏振片之间插入一个方解石晶体,且其表面垂直于光轴,此时透射光强依然为零;若偏振片之间插入一石英晶体,其表面亦垂直于光轴,此时透射光强不为零。转动偏振片 P_2,检验此时从石英晶体出射的光的偏振态,结果发现当 P_2 转过某一特定角度 φ 时出现了消光状态。这表明当一线偏振光沿石英晶体光轴方向传播时,其出射光依然为线偏振光但其偏振面却发生了旋转。

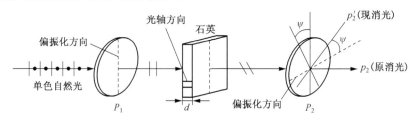

图 5.26 旋光性实验演示

迎着光线,若为向右顺时针旋转的,称做右旋(right handed);若为向左逆时针旋转的,称做左旋(left handed),见图 5.27。

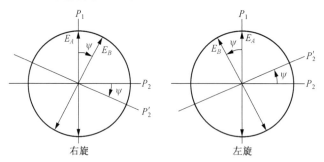

图 5.27 旋光物质中偏振方向的旋转

对同一旋光物质,可能存在旋光性相反的两种结构,它们被称作旋光异构体。例如,对于石英就存在有右旋石英晶体和左旋石英晶体,它们的外形完全相似,只是一种是另一种的镜像反演,见图 5.28,其内部原子排列分别呈现右螺旋结构和左螺旋结构。这种结构决定了偏振光的振动方向究竟是向左还是向右旋转。

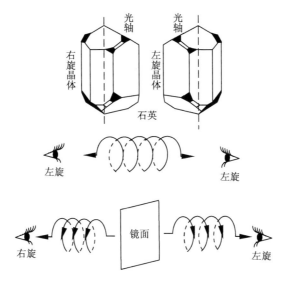

图 5.28 旋光异构体

旋光物质的螺旋状结构其旋光性与观察方向是无关的,这样看它若是右旋的,那么反过来看它还是右旋的,因此自然旋光性和入射光的传播方向无关。如图 5.29(a)所示,一束线偏振光自左向右通过旋光体时,若其偏振面发生右旋,再经反射镜后光束返回,自右向左通过旋光体,则旋光性不变,即其偏振面依然发生右旋。这一性质可称之为自然旋光的可逆性,其结果为射出旋光体的光矢量平行射入旋光体的光矢量,即 $E'_A /\!/ E_A$,参见图 5.29(b)和(c),以致反射光束完全地通过偏振片 P_2。

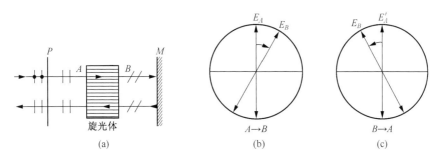

图 5.29 自然旋光的可逆性

实验研究表明,旋光性的旋转角 φ 正比于旋光体的长度 d。对于旋光晶体,其关系式写成以下形式

$$\psi = \alpha d \tag{5.38}$$

式中,α 称为旋光率(specific rotation),单位为 $(°)/mm$。

对于由旋光物质与非旋光液体混和的旋光溶液,其关系式写成

$$\psi = [\alpha] N d \tag{5.39}$$

式中,$[\alpha]$ 为液体的旋光率,单位为 $(°)/(dm \cdot g/cm^3)$。对于旋光溶液,偏振面旋转角度

不仅正比于溶液的长度,也正比于溶液中旋光物质的质量浓度 N,单位为 g/cm^3。

式(5.39)表明,溶液的旋光率$[\alpha]$的物理意义为光通过 10cm 长度且旋光物质浓度为 $1g/cm^3$ 的溶液时,偏振面旋转的角度。表 5.3 给出了石英旋光率随波长而变化的实例数据。

例 5.6 对于 589.3mm 的钠黄光,石英晶体的旋光率 $\alpha=21.7(°)/mm$,蔗糖水溶液的旋光率 $[\alpha]=66.46(°)/(dm·g/cm^3)$。通过 5mm 的石英晶体,光的偏振方向将旋转多少度?如果要让钠黄光通过 10cm 长试管的蔗糖水溶液旋转同样的角度,那么蔗糖水溶液的浓度应该为多少?

解:通过 5mm 石英晶体,光的偏振方向将旋转
$$\psi = \alpha d = 21.7 \times 3 = 65.1°$$
对于蔗糖水溶液有 $\psi=[\alpha]Nd$,则有
$$N = \psi/[\alpha]d = 65/(66.46 \times 10) = 0.0978 g/cm^3$$

介质的旋光率与入射光波长有关。在白光照射下,不同颜色光的振动面旋转的角度不同。透过检偏器观察时,由于各种颜色的光不能同时消光,故旋转检偏器时将观察不到消光现象,而会看到色彩的变化。旋光率 α 与波长 λ 之定量关系大致上可表示为

$$\alpha = A + \frac{B}{\lambda^2} \tag{5.40}$$

式中,A 和 B 为两个待定常数。可见对于不同颜色的光有很不相同的旋光率,其几乎与波长的平方成反比,即紫光所转过的角度大约是红光的四倍。

表 5.3 石英旋光率随波长而变化的实测数据

波长/nm	794.76	760.4	728.1	670.8	656.2	589.0	546.1
旋光率/((°)/mm)	11.589	12.688	13.924	16.535	17.318	21.749	25.538
波长/nm	486.1	430.7	404.7	382.0	344.1	257.1	175.0
旋光率/((°)/mm)	32.773	42.604	48.945	55.625	70.587	143.266	453.5

5.5.2 法拉第效应——磁致旋光效应

1845 年,法拉第(Michal Faraday)发现玻璃在强磁场的作用下具有旋光性,加在玻璃棒上的磁场引起了平行于磁场方向传播的线偏振光偏振面的旋转,此现象被称为法拉第效应。法拉第效应第一次显示了光和电磁现象之间的联系,促进了对光本性的研究。之后费尔德(Verdet)对许多介质的磁致旋转进行了研究,发现法拉第效应在固体、液体和气体中都存在。

如图 5.30 所示,在外加磁场 B 作用下,某些原本各向同性的介质却变成旋光性物质,这被称为法拉第磁致旋光效应(Faraday magneto-optics effect)。实验结果表明,光在磁场的作用下通过介质时,光波偏振面转角 ψ 正比于磁场 B 和介质长度 l,其定量表达式为

$$\psi = VBl \tag{5.41}$$

式中，V 称为费尔德常数，它表征物质的磁光特性。它因介质而异，可由实验测定，一般物质其 V 值均很小。表 5.4 列出几种典型物质的 V 值，其单位为：$(')/(T \cdot m)$。

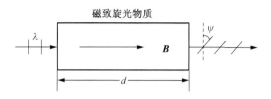

图 5.30 磁致旋光效应

表 5.4 介质的费尔德常数

介质	温度/℃	波长/nm	$V/((°)/(T \cdot m))$
锗酸铋(BGO)晶体	室温	632.8	1.797×10^3
磁光玻璃 SF-57	室温	632.8	1.115×10^3
磁光玻璃 SF-6	室温	632.8	1.017×10^3
轻火石玻璃	18	589.3	5.28×10^2
石英晶体(垂直光轴)	20	589.3	2.77×10^2
食盐	16	589.3	5.98×10^2
水	20	589.3	2.18×10^2
二硫化碳	20	589.3	7.05×10^2

和自然旋光效应不同的是磁致旋光具有不可逆性。如图 5.31 所示当光传播方向 $r // B$ 时若法拉第效应表现为左旋，则当光线逆反即 $r //(-B)$ 时法拉第效应表现为右旋。于是，当一束线偏振光往返两次通过磁场区时，其偏振面的转角便加倍，参见图 5.31(a)，设光束从 $a \to b$ 通过磁场区，其偏振面向左旋转角度为 ψ_1，经右侧一表面 M 的反射，光束从 $b \to a$ 返回，再一次通过那磁场区，则迎着光传播方向看其偏振面向右旋转了 ψ_1 角度。那么，在现实空间中最初入射光矢量 E_a 与重返回来的光矢量 E_a' 之夹

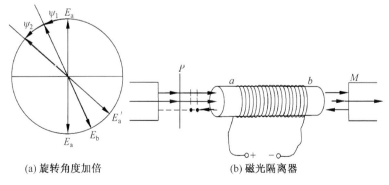

(a) 旋转角度加倍   (b) 磁光隔离器

图 5.31 磁致旋光的不可逆性

角为

$$\psi = 2\psi_1 \tag{5.42}$$

5.5.3 旋光效应的应用

1. 旋光仪

旋光仪是测定物质旋光度的仪器。通过对样品旋光度的测定,可以分析确定物质的浓度、含量及纯度等。旋光仪采用光电自动平衡原理,进行旋光测量,测量结果由数字显示,它既保持了稳定可靠的优点,又弥补了它的读数不方便的缺点,具有体积小,灵敏度高,没有人为误差,读数方便等特点。对目视旋光仪难以分析的低旋光样品也能适用。旋光仪广泛用于医药、食品、有机化工等各个领域,如

农业:农用抗菌素、家用激素、微生物农药及农产品淀粉含量等成分分析。

医药:抗菌素、维生素、葡萄糖等药物分析,中草药药理研究。

食品:食糖、味精、酱油等生产过程的控制及成品检查,食品含糖量的测定。

石油:矿物油分析、石油发酵工艺的监视。

香料:香精油分析。

卫生事业:医院临床糖尿病分析。

例如,利用旋光效应测定浓度或含量。先将已知纯度的标准品或参考样品按一定比例稀释成若干只不同浓度的试样,分别测出其旋光度。然后以横轴为浓度,纵轴为旋光度,绘成旋光曲线。一般,旋光曲线均按算术插值法制成查对表形成。测定时,先测出样品的旋光度,根据旋光度从旋光曲线上查出该样品的浓度或含量。《中国药典》采用旋光度法测定含量的药物有葡萄糖注射液、葡萄糖氯化钠注射液、右旋糖酐氯化钠注射液、右旋糖酐葡萄糖注射液等。

虽然有关磁光现象的理论研究快速发展,但其相应的实用性研究直到 20 世纪 50 年代才开始。美国贝尔实验室的狄龙于 1956 年在偏光显微镜下,利用透射光观察到了钇铁石榴石单晶中的磁畴结构。从此,各种以磁光效应为基础的磁光器件相继研制开发出来,如磁光偏转器、磁光开关和调制器、隔离器、环行器、显示器、旋光器、磁强计、磁光盘存储器(可擦除光盘)以及各类磁光传感器等。

2. 石英旋转片

在激光技术中,利用特高铅玻璃类材料制成的法拉第旋转器,既可起到一种快速光开关作用,又可起到一种反向光隔离器的作用,有较大的应用价值。下面着重介绍磁光隔离器和磁光开关。

3. 磁光隔离器

在光纤通信、光信息处理和各种测量系统中,都需要有一个稳定的光源,由于系统中不同器件的连接处往往会反射一部分光,一旦这些反射光进入激光源的腔体,会使激光输出不稳定,从而影响了整个系统的正常工作。磁光隔离器就是专为解决这一问题

而发展起来的一种磁光非互易器件。

普通的磁光隔离器结构如图 5.32 所示,其核心部分由两偏振片和法拉第旋光器组合而成,利用法拉第旋光器的非互易性,使正向传输的光无阻挡地通过,而全部排除从器件接点处反射回来的光,从而有效地消除了激光源的噪声。目前的光隔离器主要有偏振相关型与偏振无关型两种类型,前者又分空间相关型光隔离器、磁敏光纤偏振相关隔离器、波导型隔离器等,后者包括 Walk-off 型光隔离器和 Wedge 型在线式偏振无关光隔离器。

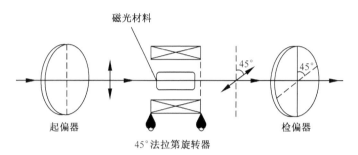

图 5.32 磁光隔离器结构示意图

在激光打靶核聚变的实验装置中,有多级光放大单元,以获得高功率密度且定向的强光束,其每个单元均为一个能产生光放大的晶体棒,如钇钕石榴石晶体(YAG)。当前级光放大输出而进入后级再放大时,必将遭遇后级晶体棒端面的反射,又部分地返回到前级,这种前后级之间因端面反射引起的光束反馈串通是十分有害的。为了克服这一点,可以在前后两级之间加置一偏振片和法拉第隔离器,使光束往返于隔离器所招致的偏振面转角恰好为 $\psi=2\times45°=90°$。这就使反射光束被偏振片完全阻挡(消光),而无法进入前级扰乱,从而保证了这多级光放大系统单向畅通,以保护用于光放大的那颇为昂贵的晶体棒。这种利用磁致旋光效应以阻挡反射光束反馈的器件,简称为法拉第隔离器或法拉第圆筒,它也常被应用于运行强激光束的光学系统中,以避免反射光束重返激光器谐振腔而招致激光束的不稳定性,空间实物器件如图 5.33,光纤实物器件如图 5.34。

图 5.33 法拉第效应光隔离器　　　　图 5.34 光纤隔离器

4. 磁光开关

磁光开关采用的物理机理是法拉第效应,通过控制磁光晶体的磁化强度进而控制传输光偏振面的旋转。通过外加磁场的改变来改变磁光晶体对入射偏振光偏振面的作用,从而达到切换光路的效果。磁光开关有块状、薄膜状和光纤型三种。相对其他非机械式光开关而言,磁光开关具有速度快、磁滞小、耗能小、稳定性好、驱动电压低、串扰小、体积小、易于高度集成等优点,并且其整体结构柔性可弯曲,可卷成光纤圈,灵敏度相对提高。

近年来,新的磁光材料不断被发现,对磁光特性的研究也日益深入,以磁光效应为基础的磁光器件更加展现出其广阔的应用空间。

5.6 电光效应

在外来电场作用下,某些原本各向同性的物质变成为各向异性,表现出光学双折射现象;或者,某些原本为单轴晶体的物质变成双轴晶体,这类现象统称为电光效应(electro-optic effect)。

由于电光效应的弛豫时间极短(约 10^{-11} s),当施加电场时,介质的折射率变化在瞬间之间发生,而当外加电场撤消时,折射率又在瞬间之内恢复正常。因此,电光效应为我们提供了高速调制光的振幅、频率或位相的手段。

介质的折射率随外加电场的变化可用一个函数式来表达,它是一个非线性函数

$$\Delta\left(\frac{1}{n^2}\right) = \frac{1}{n^2} - \frac{1}{n_0^2} = \gamma E + bE^2 + \cdots \tag{5.43}$$

式中,$\Delta\left(\frac{1}{n^2}\right)$ 表示折射率的变化;n 为受外界电场作用时介质的折射率;n_0 为自然状态下介质的折射率;γ 为线性电光系数;b 为平方电光效应系数。

在式(5.43)中,第一项反映的是与外电场成线性关系的效应,称为泡克耳斯效应;由二次项引起折射率变化的效应,称为二次电光效应,也称平方电光效应或克尔(Kerr)效应。

5.6.1 泡克耳斯效应——线性电光效应

泡克耳斯(Pockels)1893 年研究发现,有些单轴晶体在外加电场作用下可以转变为双轴晶体,这类感生双折射现象常称其为泡克耳斯效应,反映的是式(5.43)中右侧第一项,与外电场成线性关系的效应。常用的线性电光效应的材料是诸如磷酸二氢钾(KDP)、磷酸二氢铵(ADP)、铌酸锂($LiNbO_3$)、碘酸锂($LiIO_3$)等晶体。

泡克耳斯效应的典型实验装置称为泡克耳斯盒(Pockels cell),如图 5.35 所示,一块 KDP 晶体置于正交偏振片 P_1 和 P_2 之间,晶体的光轴方向 z、光束方向和外加电场方向 E 三者一致。泡克耳斯盒的两个端面既要透光又要导电,故它们常用金属氧化

物,如 CdO,SnO,InO 或者用细金属环、细金属栅条替代。

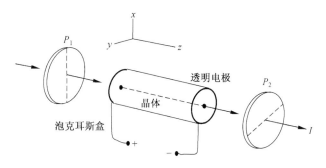

图 5.35　泡克尔斯效应

当不加电压即 $U=0$ 时,晶体为单轴晶体,入射光在晶体内不发生双折射,该系统的输出光强为零;当加以电压 U 以后,系统便有输出光强,原因是该晶体在纵向电压下变成了双轴晶体,其横向两个主折射率 $n_x \neq n_y$,造成折射率差 $\Delta n = (n_x - n_y)$。于是,沿 z 方向传播的线偏振光被泡克耳斯盒分解为 x 和 y 两个分量,以不同速度而传播,经晶体后就有一附加相位差 δ,不同的相位差使得输出光可以成为椭圆偏振光或线偏振光。

泡克耳斯效应 Δn,正比于外加电场 E,引入比例常数 C,可以写成

$$\Delta n = CE$$

于是,经过长为 l 的泡克耳斯盒所产生的附加相位差为

$$\delta = \frac{2\pi}{\lambda} \Delta n \cdot l = 2\pi \frac{C}{\lambda} lE \tag{5.44}$$

δ 与 E 的一次方成正比,故亦称泡克耳斯效应为线性电光效应,式(5.44)表明若电极反向即电场 E 反向,则 Δn 或 δ 的正负号也将反号。

5.6.2　克尔效应——平方电光效应

式(5.43)中二次项引起折射率变化的效应,称为二次电光效应,也称平方电光效应或克尔效应(Kerr effect),因此克尔双折射效应有以下规律

$$\Delta n \propto E^2 \quad (\text{即 } \Delta n = bE^2) \tag{5.45}$$

该效应是首先由克尔(Kerr)于 1875 年发现的,在强电场作用下的玻璃板具有双折射效应。后来人们发现了许多物质包括气体,均有此种电光效应,只不过通常情况下气体或固体的克尔效应没有液体那么明显,常用于克尔效应的液体有硝基苯($C_6H_5NO_2$)、苯(C_6H_6)、二硫化碳(CS_2)、水(H_2O)、硝基甲苯($C_5H_7NO_2$)、硝基苯($C_6H_5NO_2$)、三氯甲烷($CHCl_3$)等。

克尔效应的典型实验装置称为克尔盒(Kerr cell),见图 5.36(a)(b)。在一对正交偏振片 P_1,P_2 之间加置一透明玻璃盒,其内充有一种溶液比如硝基苯,盒内装有平行板电极,外加直流高压电源,可在溶液中产生横向电场。通常这电场方向 $E_{外}$ 与 P_1,P_2 透振方向之夹角为 45°,见图 5.36(c)。

当不加电压即 $U=0$ 时,该系统的输出光强为零,即消光,这表明此溶液无双折射现象,仍系各向同性;当加上直流高压 U 时,系统的输出光强不为零,此时溶液如同单轴晶体那样表现出各向异性,其等效的光轴方向平行于外电场,即 $Z/\!/E_{外}$,这意味着入射于克尔盒的线偏振光矢量被分解为 e 振动和 o 振动,在克尔溶液中分别具有不同的折射率 n_e 和 n_o,造成一折射率差 Δn,致使从克尔盒出射的两种不同偏振方向的光有一定的相位差 δ。

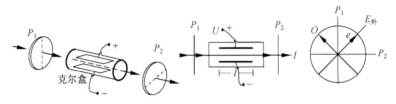

图 5.36 克尔效应

假设克尔盒中电场区的长度为 l,我们引入克尔常数 $K=\dfrac{b}{\lambda}$,则克尔效应所导致的两种偏振方向光的附加相位差为

$$\delta = \frac{2\pi}{\lambda}lbE^2 = 2\pi KlE^2 \tag{5.46}$$

式中,克尔常数 K 的单位为 m/V^2。式(5.46)中克尔效应正比于电场强度之平方值,但与电场方向无关,进行正负极对换并不影响实验结果。在一些特殊情况下,合成光振动的偏振性质会呈现特殊性。

(1) $\delta = m\pi$,线偏振光;

(2) $\delta = 2m\pi \pm \dfrac{\pi}{2}$,圆偏振光;

(3) δ 为任意值,椭圆偏振光。

其中,$m = 0, \pm 1, \pm 2, \cdots$

克尔效应的弛豫时间即对外场响应所滞后的时间 τ 非常短,约在 10^{-9} s 数量级,即纳秒数量级。因此可以利用克尔效应制作成高速电光开关和电光调制器,有着广泛的应用。如果 $\delta = \pi$,则入射光矢量经克尔盒后,输出的依然为线偏振光,且其偏振方向恰巧平行于 P_2 透振方向,此时整个光学系统处于"全通"状态,通常称此电压为半波电压 $U_{半}$。如果 $\delta = 0$,通过分析可知整个光学系统处于"全关"状态。因此假如外加电路提供一电压方波,在 0 与 $U_{半}$ 两个状态下跃变,则该光学系统便在"全关"与"全通"两个状态下跃变,实现了高速电光开关的功能。

例 5.7 设克尔盒充以硝基苯,两极板之间距为 $d = 1.5$ cm,其极板沿轴向的长度 $l = 6$ cm。已知硝基苯对于钠黄光 589.3 nm 克尔常数值 $K \approx 2.4 \times 10^{-12}$ m/V^2。试估算该克尔盒对于钠黄光 589.3 nm 估算 $U_{半}$ 值。

解:两个平行极板之间的场强 E 与电压 u 的关系为 $E = \dfrac{u}{d}$,则

$$\delta = 2\pi K l \frac{U^2}{d^2}$$

令 $\delta = \pi$,则半波电压为

$$U_\ast = \frac{d}{\sqrt{2Kl}}$$

$$= \frac{1.5 \times 10^{-2}}{\sqrt{2 \times (2.44 \times 10^{-12}) \times (6 \times 10^{-2})}} V$$

$$\approx 27.7 \text{kV} \tag{5.47}$$

克尔盒早期常用作高速电光开关,但因它有剧毒,且半波电压比泡克耳斯效应高得多,因此逐渐被泡克耳斯效应的固体电光器件所代替了。

利用电光效应可以制作电光调制器,电光开关,电光光偏转器等,可用于光闸、激光器的 Q 开关和光波调制,并在高速摄影、光速测量、光通信和激光测距等激光技术中获得了重要应用。

习　题

5.1　通过改变起偏器和检偏器之间的夹角 θ 可以控制一束光的有效光强,如果要得到最大入射光强 20% 的有效光强,那么起偏器和检偏器之间的夹角 θ 大约是多少度?

5.2　一入射偏振光电矢量与 1/4 波片的横快轴成 +60° 夹角,试详细描述出射光的偏振态。

5.3　用一束钠光照射巴比涅补偿器,它放置在一对偏振方向互相垂直的偏振器中间且与偏振器成 45° 夹角,当把一个薄云母片(折射率分别为 1.599 和 1.594)放置在补偿器上,整个暗带移动了条纹间距的 1/2,试计算云母薄片的延迟量及其厚度。

5.4　一光线由空气一方入射至习题 5.4 图所示的负单轴晶体表面,图(a)中光轴与界面平行,图(b)中光轴与边界垂直,与入射面平行,图(c)中光轴与边界平行,与入射面垂直。用惠更斯作图法画出光进入晶体后,o 光和 e 光的波矢方向,作图时自行设定折射率椭球的两主轴长度之比。

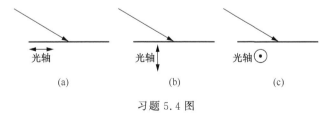

习题 5.4 图

5.5　一束左旋圆偏振光($\lambda = 589.3 \text{nm}$)入射到方解石晶体(方解石晶体光轴与入射面平行),该方解石晶体的厚度为 0.005141mm,$n_o = 1.65836$,$n_e = 1.48641$,求出射光的偏振态?

5.6　怎样将右旋圆偏振光转变成左旋圆偏振光?

5.7　单色平行自然光垂直入射在杨氏双缝上,屏幕上出现一组干涉条纹。已知屏上 A、C 两点分别对应零级亮纹和零级暗纹,B 是 AC 的中点,如习题 5.7 图所示,问:若在双缝后放一理想偏振片 P,屏上干涉条纹的位置、宽度会有何变化? A、C 两点的光强会有何变化?

5.8　如习题 5.8 图所示,一个 1/4 波片在两个正交的偏振片中间旋转。如果一束非偏振光从第

一个偏振片入射,当 1/4 波片旋转时,讨论出射光束的变化。如果用 1/2 波片代替 1/4 波片,那么结果将如何变化?

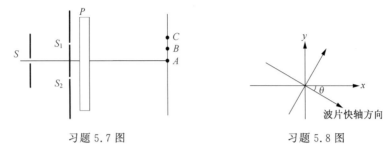

习题 5.7 图　　　　　　　　　习题 5.8 图

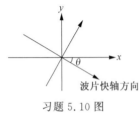

习题 5.10 图

5.9　在习题 5.8 中,如果 1/4 波片的光轴和偏振片的透光轴成 45°,那么证明只有 1/4 入射光被传输。如果 1/4 波片被 1/2 波片代替,证明有 1/2 的入射光被传输。

5.10　如习题 5.10 图所示,一个 1/4 波片在两个正交的偏振片中间旋转。如果一束非偏振光从第一个偏振片入射,当 1/4 波片旋转时,什么情况下可获得最大输出?

5.11　一块含铅玻璃处在 0.64T 大小的磁场中,该玻璃的厚度为 10.5cm,请问一束光穿过这块玻璃后,它的偏振方向旋转多少角度(°)?

5.12　一个 20cm 长的玻璃管中充满了某种液体。如果在大小为 0.82T 的磁场下,穿过该玻璃管的偏振光旋转了 65.46°,请问该液体的维尔德常数是多少?

5.13　一块 5cm 厚的磷酸盐玻璃放在两块主轴成 45°角的人造偏光片中间,需要在磷酸盐玻璃上加多大的磁场强度从而使得穿过这两块玻璃的光场能量最大?

5.14　计算泡克耳斯晶体 KDP 和 ADP 的半波电压。(已知:波长 $\lambda = 546.1$nm。常数 $C = n_o^3 \gamma_{63}$。KDP:$n_o = 1.514, \gamma_{63} = 10.5 \times 10^{-12}$ m/V。ADP:$n_o = 1.530, \gamma_{63} = 8.5 \times 10^{-12}$ m/V。)

5.15　在图 5.35 所示的泡克耳斯装置中,若使用 KDP 晶体,并加入 5kV 的电压,当入射光为 546.1nm、光强为 I_0 的自然光时,求该装置的出射光强。

5.16　将硝基甲苯注入克尔盒,其极板沿轴向的长度为 3cm,两极板间距为 0.6cm,若使用该克尔盒和 589.3nm 的钠黄光进行克尔效应试验(装置图见图 5.36),至少应施加多大电压,才能实现最大的光强输出(硝基甲苯对于钠黄光 589.3nm 的克尔常数值为 $K \approx 1.37 \times 10^{-12}$ m/V^2)?

5.17　将硝基苯注入到克尔盒中,其极板沿轴向的长度为 2.5cm,两极板间距为 1cm,所加电压为 23kV。求 589.3nm 的钠黄光经过该克尔盒,o 光和 e 光之间产生的相位差;若入射的纳黄光为线偏光,且偏振方向与 P_1(图 5.36)的透振方向平行,求经过克尔效应装置后,最终输出的光强百分比。

5.18　用克尔系数 $K \approx 2.44 \times 10^{-12}$ m/V^2 的硝基苯液体制成克尔盒,其板长 2.8cm,两板间距 0.6cm。
(1) 若要求克尔盒装置有最大输出光强,则应施加多大电压;
(2) 这一最大输出光强是输入自然光强度的百分之几?

5.19　将硝基苯注入克尔盒,其板长 3.0cm,两极板间距 0.75cm,所加电压为 22kV。
(1) 求从克尔盒出射的两个正交振动之间的相位差。要求作图示意。
(2) 若光强为 I_0 的自然光束入射这一系统,求最终输出光强为多少?

第 6 章 光的吸收、色散和散射

光波场在介质中传输时不可避免的要与介质发生相互作用。这种相互作用体现在：光波的磁场、电场使介质的原子或分子能态产生变化，而介质使通过其中的光场振幅、相位、传播方向甚至波长发生变化。本章主要介绍几种常见的介质对光场作用的表现形式，即光的吸收、色散和散射现象，给出吸收、色散和散射现象的物理机制及一些基本公式，并介绍这些现象在科研、工程中的重要应用实例。

6.1 介质对光的吸收

6.1.1 朗伯吸收定律

光在介质中传播时，随着传输距离的增加，光能转变为其他形式的能量而使光强度减弱的现象，称为光的吸收。

朗伯研究了光强的衰减与传输距离的关系，他提出了如图 6.1 所示的物理模型：光强为 I 的单色平行光在介质中沿 x 方向传播时，经 x 到 $x+\mathrm{d}x$ 距离的传输后，光强由 I 变为 $I+\mathrm{d}I$，光强的变化与传输距离的关系可以表达为

$$\mathrm{d}I \propto - I\mathrm{d}x \tag{6.1}$$

式(6.1)中的比例系数即吸收系数，记为 α。则式(6.1)可写为

$$\mathrm{d}I = -\alpha I \mathrm{d}x \tag{6.2}$$

则

$$\alpha = -\frac{\mathrm{d}I}{I\mathrm{d}x} \tag{6.3}$$

可见，吸收系数 α 的物理意义是，经历单位长度的传输后，光强变化的百分比。假设入射到介质表面处（$x=0$ 处）的光波场初始强度为 I_0，对式(6.2)进行积分可得到传输距离与光强变化的关系

$$I(x) = I_0 \mathrm{e}^{-\alpha x} \tag{6.4}$$

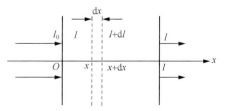

图 6.1 光的吸收模型

这就是朗伯吸收定律的数学表达形式。可见随着传输距离的增加，光强将会发生指数式的衰减。实验结果表明，朗伯定律在通常情况下完全可以描述光在介质中传播过程中经历的吸收衰减现象。

6.1.2 比尔吸收定律

比尔吸收定律描述液体对光波的吸收规律,其数学表达式为

$$\alpha = Ac$$
$$I = I_0 e^{-Acl} \quad (6.5)$$

式中,A 为与介质性质有关的常数;c 为吸收介质的浓度。比尔吸收定律表明,溶液的吸收系数 α 正比于吸收介质的浓度 c,即正比于单位体积中的吸收分子数。

6.1.3 对吸收系数的进一步说明

图 6.2 给出了蓝宝石、红宝石、硫化砷和硫化镉四种光学材料的透射曲线,透过率定义为出射光强 I_t 与入射到介质中的光强 I_0 之比,即

$$\tau = \frac{I_t}{I_0} \quad (6.6)$$

在工程上可以通过测量给定厚度样品的透过率来计算吸收系数。由图 6.2 可见,对于同一种介质,吸收系数 α 与光波频率有关;对于同一频率的光波场,不同介质的吸收系数有很大的差异。

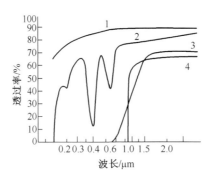

图 6.2 不同材料的透过率曲线

1. 蓝宝石透过率曲线,样品厚度 1.0mm;2. 红宝石透过率曲线,样品厚度 6.1mm;
3. 硫化砷透过率曲线,样品厚度 5.0mm;4. 硫化镉透过率曲线,样品厚度 1.67mm

吸收系数是光学材料的重要性能参数之一,是工程设计中选用合理光学材料的依据。例如,在可见光成像应用中,多选用在可见光波段吸收系数小的光学玻璃,如冕牌玻璃、火石玻璃;在红外成像系统中,可选用单晶硅、锗或硒化锌作为光学镜片材料;蓝宝石从可见光波段到红外波段都具有较高的透过率,可用于高能激光系统中可见光激光、红外激光的共孔径接收和发射。表 6.1 给出了几种常用光学材料的吸收系数与频率的关系。

大气对不同波段光波的吸收率也具有很大的差异,如图 6.3 所示。在大气光学中将透过率高的波段称为"大气窗口"。可见光波段(380~760nm)处于大气窗口,因此我们能够看到白色的日光;中红外 3.3~4.1μm、8~14μm 是两个重要的大气窗口,卫星

对地红外侦查、红外制导等捕获的就是目标辐射出的处于这几个波段的红外辐射信号。值得注意的是,一些非大气窗口波段的辐射信号也有利用价值,例如预警卫星主要捕获大气层外弹道导弹尾焰辐射的 2.7μm 和 4.3μm 附近波段信号,因为弹道导弹的背景辐射波段就是大气窗口波段,这样做可以避开地球背景辐射对探测的影响,提高探测灵敏度和减小虚警率。

表 6.1 几种光学材料的吸收系数

波长/μm	2.5	3.0	3.5	4.0	4.5	5.0	5.5	6.0	6.5	7.0	7.5	8.0	8.5	9.0	9.5	10.	11
氟化锂/cm^{-1}					0.05	0.07	0.16	0.44	0.99	2.0	4.1	6.4	9.4	13	20	32	67
氧化镁/cm^{-1}							0.05	0.16	0.48	1.1	2.1	3.2	4.5	6.4	10	51	69
蓝宝石/cm^{-1}	0.02	2.1	0.0	0.02	0.25	0.92	3.9										

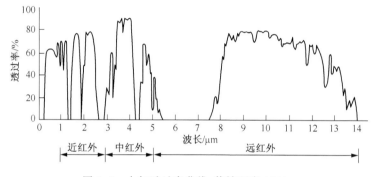

图 6.3 大气透过率曲线,传输距离 1800m

在弱光情况下,一旦光波频率确定,一种介质的吸收系数是一个常数,即吸收系数与光强无关,此时称为线性吸收规律;在强光情况下,由于强烈的非线性作用,吸收系数将随光强的变化而改变,此时称为非线性吸收规律。这是非线性光学研究的重要内容,本书不再进行详细的介绍。非线性吸收现象在工程中有非常重要的应用。例如,激光器可以采用一种非线性吸收材料来实现窄脉宽、高峰值功率的脉冲激光输出,其吸收率与光强的关系为

$$\alpha = \frac{\alpha_0}{1 + I/I_s} \tag{6.7}$$

式中,α_0 为弱光情况下的吸收系数;I_s 为与吸收材料性质有关的常数。

6.1.4 吸收光谱

介质的吸收系数随光波频率的变化而改变。如图 6.4 给出了典型的测量介质吸收谱的原理性装置。如果一束具有连续谱线的光波通过介质,由于介质对不同频率光波吸收系数的差异,出射光波的光强-频率分布曲线将发生变化,某些波段或谱线光强被强烈衰减,这就形成了吸收光谱。

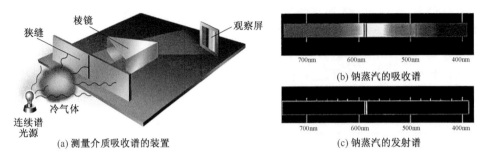

图 6.4 吸收谱和发射谱

对吸收谱的研究表明，介质的吸收谱与该介质的发射谱位置是一致的，也就是说，物质辐射哪些谱线的光，就会吸收哪些谱线的光。这一现象说明，介质对光的吸收为共振吸收。以量子力学的观点来解释，不同的原子或分子都存在一系列特征能级差 ΔE_i，连续谱光束通过介质时，原子或分子吸收光束中满足 $\Delta E_i = h\nu_i$ 的频谱成分，使原子或分子能级发生跃迁，这就是共振吸收。发生共振吸收后的原子或分子通过与周围其他低能态的原子或分子相互作用，产生非辐射跃迁，将吸收的光能转变为热能，这就是光吸收的物理机制。使用经典电动力学观点也可以解释光吸收的物理机理，我们将在 6.2 节结合光的色散进行阐述。

值得注意的是，介质的吸收谱测量中并非所有的发射谱都能观测到对应的吸收谱。以钠蒸汽的吸收谱为例，低压气体吸收谱较为丰富，当气压增高后，仅能观察到有为数不多的吸收谱线，这是由于气压增高，原子间距离减小，彼此间相互作用增强引起了谱线加宽，吸收谱变得模糊，这也是液体、固体吸收谱较宽的原因。

每一种元素都有其特征吸收谱线，利用这一原理可以采用吸收谱的方法检测物质的成分，研究原子或分子的结构。夫琅和费首先发现了太阳光谱中存在一系列离散的暗线，这些暗线后来被称为"夫琅和费线"，"夫琅和费线"实际上就是太阳周围的大气对太阳光的选择性吸收造成的。根据"夫琅和费线"可以推测出太阳大气层中包含了哪些化学元素。历史上，铯、铷、铊等许多新元素也是通过吸收光谱分析发现的。

6.2 介质对光的色散

6.2.1 正常色散和反常色散

介质的折射率随光波频率的变化而发生改变的现象称为色散或色散效应。色散现象最著名的例子就是牛顿的棱镜分光实验，白光通过棱镜后变为七彩光照射在观察屏上，短波长的紫光偏折角最大，而长波的红光偏折最小。

色散可以分为正常色散和反常色散两种情况，牛顿观察到的色散现象就是正常色散现象。所谓正常色散现象是指，折射率 $n(\lambda)$ 随着波长的增加而减小的现象。法国数

学家柯西给出了描述正常色散规律的经验公式

$$n = A + \frac{B}{\lambda^2} + \frac{C}{\lambda^4} \tag{6.8}$$

式中，A、B、C 为与介质性质有关的常数。只要测量出三种波长所对应的折射率即可通过求解方程组得到 A、B、C 三个系数。当介质对所研究的波段吸收系数较小时，光波在介质中发生的是正常色散现象，根据柯西公式可以在一定范围内非常准确的计算出不同波长对应的介质折射率数值。图 6.5 给出了几种常见光学材料的正常色散曲线。

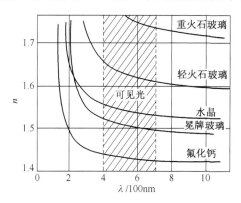

图 6.5　几种常见光学材料的正常色散曲线

当所研究的光波处于介质的较强吸收区时，柯西公式不再成立，实验测定的色散曲线明显偏离柯西公式所定义的色散曲线，在有些情况下甚至出现了长波的折射率大于短波的折射率的现象，这一现象恰好与正常色散现象相反，因此被称为反常色散现象。图 6.6 给出了熔石英、ESM 光纤和某种空气孔环绕的光子晶体光纤在较宽波段内的色散曲线测量值，可以看出在某些波段长波端折射率反而大于短波端折射率。反常色散现象是鲁氏(Le Roux)1862 年在观察光通过充满碘蒸汽的棱形容器后发生的折射现象时发现的，青色光的偏折角竟然小于红色光的偏折角，而其他波长的光几乎全被碘蒸汽吸收，当时鲁氏将这种现象称为"反常"色散现象。事实上"反常"色散是在介质吸收区

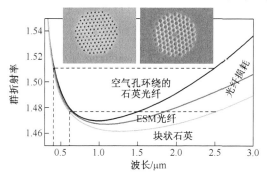

图 6.6　熔石英的反常色散曲线

附近必然会发生的一种区别于以往观察结果的色散现象,是一个历史沿用下来的名词,并不表明这一现象违背物理规律。在 6.2.2 节中,我们可以发现,正常色散和反常色散现象都可以使用经典电动力学模型得到解释。

图 6.7 给出了一种介质的全域色散曲线,在色散曲线斜率为正的区域区域对应的正是介质的强吸收带,在各个强吸收带之外,色散曲线多数情况下服从柯西公式。从图中也可看出,每通过一个吸收带,折射率的值急剧上升,相应的色散曲线也向上平移,即柯西公式中的 A 系数增大。在短波区域有一个有趣的现象,折射率出现了小于 1 的情况,这意味着当这一波段的电磁波从真空中向该介质入射时竟然可以发生全反射!

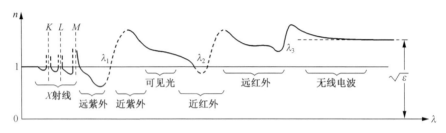

图 6.7　一种介质的全域色散曲线

6.2.2　色散和吸收现象的经典理论解释

经典电动力学认为,色散和吸收现象是介质分子或原子与入射电磁波相互作用的结果。如图 6.8 所示,在外来电磁场的电矢量作用下,原子的最外层电子将会产生受迫振动,电子的运动方程为

$$m\frac{d^2 r}{dt^2} + g\frac{dr}{dt} + kr = (-e)E_0 e^{i\omega t} \quad (6.9)$$

式中,m 为电子质量;$m\dfrac{d^2 r}{dt^2} = F_a$ 为与加速度有关的惯性力,$g\dfrac{dr}{dt} = F_\gamma$ 为阻尼力,$kr = F_k$ 为弹性恢复力,$(-e)E_0 E^{i\omega t} = F_e$ 为施加在电子上的驱动力。

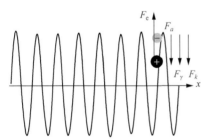

图 6.8　电磁场与原子的相互作用模型

由理论力学知识可知,电子作为一个振子其谐振频率为 $\omega_0 = \sqrt{\dfrac{k}{m}}$。令 $\gamma = \dfrac{g}{m}$,式(6.9)可以写为

$$\frac{d^2 r}{dt^2} + \gamma\frac{dr}{dt} + \omega_0^2 r = \frac{-e}{m}E_0 e^{i\omega t} \quad (6.10)$$

式(6.10)的解为

$$r(t) = \frac{-e}{m}\frac{E_0 e^{i\omega t}}{(\omega_0^2 - \omega^2) + i\gamma\omega} \quad (6.11)$$

原子中单个电子的位移引起原子极化,产生了电偶极矩 $p = -er$。如果每个原子有 Z 个外层弱束缚电子,介质单位体积内有 N 个原子,则介质的宏观极化强度 $\widetilde{P}$ 为

$$\widetilde{P} = NZp = \frac{NZe^2}{m} \cdot \frac{E_0 e^{i\omega t}}{(\omega_0^2 - \omega^2) + i\gamma\omega} \tag{6.12}$$

从表达式可以看出,介质的极化强度为复数,因此按照本书的符号规则将其以复数形式标记为 $\widetilde{P}$。

电磁学中,从宏观角度来看,外场 $\widetilde{E} = E_0 e^{i\omega t}$ 作用下的介质极化强度还可以表示为

$$\widetilde{P} = \varepsilon_0 \chi \widetilde{E} = \varepsilon_0 \chi E_0 e^{i\omega t} \tag{6.13}$$

折射率可以表示为:$n = \sqrt{\varepsilon\mu/\varepsilon_0\mu_0}$,$\varepsilon_0$ 为真空中的介电常数,μ_0 为真空中的磁导率。考虑到本书所研究的问题是光波在非金属介质中的传播问题,与磁场有关的量 $\mu/\mu_0 \approx 1$,则折射率为

$$n = \sqrt{\varepsilon/\varepsilon_0} = \sqrt{\varepsilon_r} \tag{6.14}$$

$\varepsilon_r = \varepsilon/\varepsilon_0$ 为相对介电常数。

从宏观角度来看,n 与 χ 满足如下关系

$$n^2 = \varepsilon_r = (1 + \chi) \tag{6.15}$$

根据式(6.12)和式(6.13)可以求出 χ 的表达式,再根据式(6.15)即可求出介质折射率 n 与作用于其上的光波场频率的关系

$$\begin{aligned}\widetilde{n}^2 &= 1 + \omega_p^2 \cdot \frac{1}{(\omega_0^2 - \omega^2) + i\gamma\omega} \\ &= \left(1 + \omega_p^2 \cdot \frac{\omega_0^2 - \omega^2}{(\omega_0^2 - \omega^2)^2 + (\gamma\omega)^2}\right) + i\left(\omega_p^2 \cdot \frac{-\gamma\omega}{(\omega_0^2 - \omega^2)^2 + (\gamma\omega)^2}\right)\end{aligned} \tag{6.16}$$

式中,$\omega_p = \sqrt{\dfrac{NZe^2}{\varepsilon_0 m}}$,在电动力学中 ω_p 被称为等离子体共振频率,其频率一般远大于光波频率。求解结果表明,折射率 $\widetilde{n}$ 是一个复数,可将折射率 $\widetilde{n}$ 分解为实部和虚部两部分来表示

$$\widetilde{n} = n + i\eta \tag{6.17}$$

根据式(6.16)和式(6.17)可以得到复折射率的实部 n 和虚部 η 满足

$$\begin{aligned}n^2(1-\eta^2) &= 1 + \omega_p^2 \cdot \frac{\omega_0^2 - \omega^2}{(\omega_0^2 - \omega^2)^2 + (\gamma\omega)^2} \\ 2n^2\eta &= \omega_p^2 \cdot \frac{\gamma\omega}{(\omega_0^2 - \omega^2)^2 + (\gamma\omega)^2}\end{aligned} \tag{6.18}$$

下面来观察一下复折射率的实部 n 与虚部 η 的物理含义。在折射率为 $\widetilde{n}$ 的介质中沿 x 方向传播的平面波可以写为

$$\widetilde{E} = E_0 e^{i(\widetilde{k}x - \omega t)} = E_0 \exp\left(i\left(\frac{\omega}{c}\widetilde{n}x - \omega t\right)\right) \tag{6.19}$$

将式(6.17)代入式(6.19)可以得到

$$\widetilde{E} = E_0 \exp\left(-\frac{\omega}{c}\eta x\right)\exp\left(i\left(\frac{\omega}{c}nx - \omega t\right)\right) \tag{6.20}$$

由式(6.20)可见,光波在介质中传播时,相位的变化与复折射率的实部 n 有关,而振幅的变化与复折射率的虚部 η 有关。也就是说,η 代表了介质对光衰减能力的大小,被称为衰减系数或消光系数。可以证明,吸收系数 α 与衰减系数的关系为

$$\eta = \frac{c\alpha}{2\omega} \tag{6.21}$$

图 6.9 给出了根据式(6.18)绘制的一种介质的折射率、衰减系数与光波频率关系曲线,可见,光波频率接近介质的电子谐振频率时,吸收系数急剧增加,此时介质的折射率随着光波频率的增加而下降,出现了反常色散现象。在距离电子谐振频率较远的区域,介质的折射率服从正常色散规律,折射率随光波频率的增加而增加。可见,经典的洛伦兹电子论和电磁场理论的结合可以较好地解释光的吸收与色散的物理机制及其规律:光波引起介质中电子作受迫振动,电子的受迫振动使得介质极化,介质极化强度与入射波的频率有关,这是光波对介质的所用;反过来,介质的极化使得介质复折射率发生了变化,从而使得光波产生了与其频率有关的相位和振幅变化,即产生色散和吸收现象,这是介质对光波场的作用。因此吸收和色散是介质与光波场相互作用的结果。

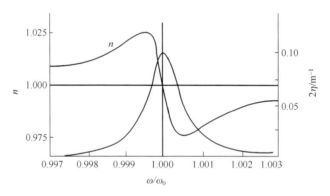

图 6.9 介质的色散和吸收曲线

需要说明的是,以上的推导中认为电子仅有一个共振频率,而根据量子力学的观点,电子有一系列分离的能级,具有多个能级跃迁频率,因此以上推导基于的是一个简单谐振子模型。当光波频率远离共振频率时,得到的色散关系与实验结果有较大的偏差。后来物理学家对这一模型进行了修正,令原子中的电子具有多个谐振频率 ω_{0i},在此基础上推导出的色散关系与柯西经验公式取得了一致。

6.2.3 波包的相速度和群速度

图 6.7 中出现了介质的折射率 $n<1$ 的特殊情况。我们已知折射率与介质中光波的传播速度关系为:$n = \frac{c}{v}$,那么,按照这一定义,介质中光波的速度竟然大于真空中的光速? 按照狭义相对论的观点,信号传输的速度永远不能超过真空中的光速 c,否则因果规律会遭到破坏,显然介质中的光波传播速度不可能大于光速!

为此,非常有必要引入相速度 v_p 和群速度 v_g 的概念,以解决上述矛盾问题。相速度 v_p 的物理含义是光波场等相面传播的速度。等相面的传播并不携带能量或信号,因此相速度可以大于 c;群速度的概念总是出现在讨论非单色波传播特性的场合,一般群速度代表了能量或信号传播的速度,因此群速度不可能大于 c。下面给出相速度和群速度的数学表达式。

如图 6.10 所示,一束单色平面波其波函数为 $U(x,t)=\cos(kx-\omega t)$,t_0 时刻,在空间位置 x_0 处的光波场振荡的相位为 $kx_0-\omega t_0$,假设经历时间 Δt 后,该振荡的相位状态传播到 $x_0+\Delta x$ 处,相位值为 $k(x_0+\Delta x)-\omega(t_0+\Delta t)$,因此有

$$kx_0 - \omega t_0 = k(x_0+\Delta x) - \omega(t_0+\Delta t) \tag{6.22}$$

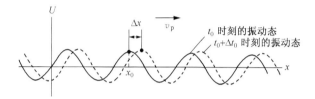

图 6.10　相位状态的传播速度——相速度

因此,相位传播的速度为

$$v_p = \frac{dx}{dt} = \frac{\omega}{k} = \frac{c}{n} \tag{6.23}$$

可见,对于严格的单色波来说,振动状态传播的速度(或者说信号传播的速度)就是相位传播的速度。然而实际中不存在严格的单色波,任何光源,包括激光在内,发射出的光波都具有一定的谱线宽度,其光强分布都是局限在一定的空间范围内。下面来考察一下非单色光波场的传播特性,以说明相速度与群速度的关系。

假设所研究的沿 x 方向传播的非单色波包 $U(x,t)$ 含两个频率的光波场 $U_1(x,\omega_1,t)$ 和 $U_2(x,\omega_2,t)$

$$\begin{aligned} U_1(x,\omega_1,t) &= A\cos(\omega_1 t - k_1 x) \\ U_2(x,\omega_2,t) &= A\cos(\omega_2 t - k_2 x) \end{aligned} \tag{6.24}$$

则

$$\begin{aligned} U(x,t) &= U_1 + U_2 \\ &= 2A\cos\left(\frac{\omega_1-\omega_2}{2}t - \frac{k_1-k_2}{2}x\right)\cos\left(\frac{\omega_1+\omega_2}{2}t - \frac{k_1+k_2}{2}t\right) \\ &= 2A\cos\left(\frac{\Delta\omega}{2}t - \frac{\Delta k}{2}x\right)\cos(\bar{\omega}t - \bar{k}x) \end{aligned} \tag{6.25}$$

式中,$\bar{\omega}=\frac{\omega_1+\omega_2}{2}$ 为平均频率;$\bar{k}=\frac{k_1+k_2}{2}$ 为平均波数。对于常见的非单色光波场而言,其谱线宽度远小于其中心频率,因此差频项 $\Delta\omega=(\omega_1-\omega_2)\ll\omega_1,\omega_2$,波数差 $\Delta k=(k_1-k_2)=\frac{\Delta\lambda}{\lambda}\bar{k}\ll k_1,k_2$。图 6.11 给出了包含两个频率的光波场 $U(x,t)$ 沿传播方向 x 分布

的波形图。可见，由双谱线组成的非单色波在空间上的分布是一个低频包络因子 $\cos\left(\dfrac{\Delta\omega}{2}t - \dfrac{\Delta k}{2}x\right)$ 调制下的高频振荡波场 $\cos(\bar{\omega}t - \bar{k}x)$。

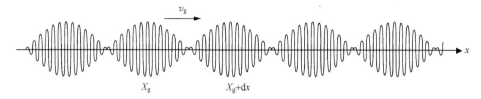

图 6.11　双谱线光波场沿传播方向 x 轴的分布

包络沿 x 方向传播的速度代表了能量或信号传输的速度，假设在 t 时刻 x_g 处的振动态经历 $\mathrm{d}t$ 时间传输到位置 $x_g + \mathrm{d}x$ 处，有

$$\Delta\omega \cdot t - \Delta k \cdot x_g = \Delta\omega \cdot (t + \mathrm{d}t) - \Delta k \cdot (x_g + \mathrm{d}x) \tag{6.26}$$

因此，包络（或波拍）运动的速度为

$$v_g = \frac{\mathrm{d}x}{\mathrm{d}t} = \frac{\Delta\omega}{\Delta k} \tag{6.27}$$

波拍运动的速度代表了能量或信号传播的速度，被称为群速度。与相速度相比，群速度具有实际的物理意义和研究价值。将 $\Delta\omega$ 和 Δk 以 $\mathrm{d}\omega$ 和 $\mathrm{d}k$ 来代替，可以得到群速度的微分表达式

$$v_g = \frac{\mathrm{d}\omega}{\mathrm{d}k} \tag{6.28}$$

下面推导一下相速度与群速度的关系。由式(6.23)可以求得

$$\omega = k v_p \tag{6.29}$$

式(6.29)代入式(6.28)可以得到

$$v_g = v_p + k\frac{\mathrm{d}v_p}{\mathrm{d}k} = v_p - \lambda\frac{\mathrm{d}v_p}{\mathrm{d}\lambda} \tag{6.30}$$

推导式(6.30)中，用到了 $k = \dfrac{2\pi}{\lambda}$ 的关系式。历史上通过速度法测量了钠黄光双谱线在 CS_2 中传播的群速度为 $v_g = c/1.722$；使用折射法测得其相速度为 $v_p = c/1.624$，群速度小于相速度。

利用 $v_p = c/n$ 可以得到群速度的其他表达式

$$v_g = v_p\left(1 + \frac{\lambda}{n}\frac{\mathrm{d}n}{\mathrm{d}\lambda}\right) \tag{6.31}$$

由式(6.31)可见，无色散时，即 $\mathrm{d}n/\mathrm{d}\lambda = 0$ 时，群速度等于相速度；正常色散时，$\mathrm{d}n/\mathrm{d}\lambda < 0$，群速度小于相速度；反常色散时，$\mathrm{d}n/\mathrm{d}\lambda > 0$，群速度大于相速度。按照经典教科书的观念，在反常色散区，由于介质对光波场的强烈吸收，能量强烈衰减到无法探测的情况，代表能量或信号传播速度的群速度也就毫无意义了，即使在数学上计算出 $v_g > v_p > c$，实际中也不存在这种情况。

然而,现代前沿物理理论研究中,有关群速度超光速现象是否存在的争论仍未停止,有一些实验宣称做出了"超光速"的实验结果,有许多文献讨论了超光速存在的理论依据,也有许多学者致力于"负折射率"现象的研究,并讨论了"因果反转"的可能性,但其实验方法或理论推导的正确性也引起了许多研究者的质疑和驳斥。质疑精神也是科学发展的驱动力之一,这些研究和争论或许会产生惊人的发现。

6.3 介质对光的散射

6.3.1 散射现象

在以前章节的学习中,我们知道,光在均匀介质中是沿直线传输的,即使考虑光阑引起的衍射效应,在距离光束中心较远、平行于光束传输方向的观察屏上也无法接收到光场能量,如图6.12(a)所示。但是,日常生活中却发现许多情况下可以在光束传输的侧面接收到光场能量。例如,有雾的夜晚可以从侧方清楚地看到汽车远光灯发出的光束;在空气中水汽较大的情况下,可以观察到阳光漏过树叶形成的细小光束。这种可以从侧向接收到光场能量的现象就是介质对光的散射现象,如图6.12(b)所示。

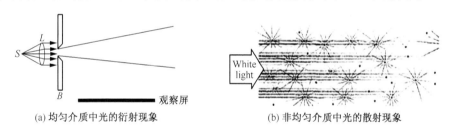

(a) 均匀介质中光的衍射现象　　　　(b) 非均匀介质中光的散射现象

图 6.12　光在均匀介质和非均匀介质中传输的对比

当光通过非均匀介质中传输时必然会发生散射现象。这里的"非均匀介质"一词是指,构成介质的微观粒子存在折射率的非连续性,这种非连续性的间隔尺度一般大于波长量级,并且微观粒子排列无规则。例如,尘埃是空气中悬浮着的大量固态微粒造成的,固态微粒间距大于波长量级且排列无规则,光波通过尘埃时将会发生散射现象;雾是由微小的液滴悬浮在空气中造成的,液滴间距大于波长,且排列无规则,光波通过雾时将会发生散射。

与之相反,"均匀"介质是指,构成介质的微观粒子间距远小于光波长,因此相对光波而言,介质是均匀的。例如,NaCl 晶体是由 Na$^+$ 和 Cl$^-$ 构成,离子间距约为 10^{-10} m 量级,远小于光波长(10^{-6} m 量级),因此 NaCl 相对光波而言是均匀的;但是 NaCl 相对于 X 射线而言却是非均匀的,不过 NaCl 是排列有序的结构,因此观察不到散射现象,而只能观察到 X 射线的布拉格衍射现象。

与介质对光的吸收作用不同,散射现象中光能不转变为其他形式的能,仍为光能。

散射也会造成光强沿传播方向衰减,当介质的散射和吸收作用都不可忽略时,光强衰减的数学形式可以表示为

$$I = I_0 \exp(-(\alpha_a + \alpha_s)l) = I_0 e^{-\alpha l} \tag{6.32}$$

式中,α_a 为吸收系数,α_s 为散射系数,两者之和 α 被称为衰减系数。

按照散射光的波长变化与否可以将散射分为线性散射和非线性散射两种。散射光波长与入射光波长相同时称为线性散射,这是我们日常生活中最常见的散射现象。按照散射微粒的大小,线性散射又可分为瑞利散射和米氏散射两种类型;散射光波长与入射光波长不同时称为非线性散射,非线性散射包括拉曼散射、布里渊散射等。非线性散射现象与构成介质的微观粒子(如原子、分子)的量子能级有关,在研究物质成分、分子的结构和分子动力学方面具有非常重要的应用价值。

6.3.2 瑞利散射

1871 年,瑞利分析了大气对太阳光的散射现象,推导出了散射光强度与波长的关系为

$$I(\omega) \propto \omega^4 \propto \frac{1}{\lambda^4} \tag{6.33}$$

这一关系被称为瑞利散射的色效应。散射光除了与波长有关外,还与散射方向有关

$$I(\omega) = I_0(1 + \cos^2\theta) \tag{6.34}$$

这一关系被称为瑞利散射的角分布。其中 I_0 为 $\theta = \pi/2$ 时的散射光强,图 6.13 给出了沿 z 方向传播的光波场的散射光强分布与观察方向的关系。此后,人们将服从这两条规律的散射现象称为瑞利散射。当散射微粒的尺度小于 $1/10\ \lambda$ 时,散射光服从瑞利散射规律。由式(6.33)可见,介质对短波的散射效应显著强于对长波的散射。

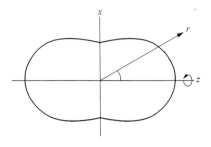

图 6.13 瑞利散射的方向性

现在来分析一下大气对太阳光的散射现象。我们知道,当构成介质的微粒间距远小于光波长时,介质相对光波而言是均匀的。在标准状态(气压 1.01×10^5 Pa,温度 273K),大气分子的平均间距为 50Å①,远小于可见光波长(5000 Å),距海平面 20km 处,大气分子平均间距约为 125 Å,也小于可见光波长(5000 Å),因此在低空区域难以发现大气对自然光的散射。假如短波端的光波被大气强烈散射而衰减,我们将会看到远处的山峰呈现红色,而事实上没有出现这种现象,因此低空的大气对自然光的散射效应是非常微弱的。然而,在高空处,空气剧烈的热运动会引起大气密度的小尺度(大于波长量级)剧烈起伏。1908 年,M. Smoluchowski 研究了这种密度起伏引起的散射现象,发现其规律

---

① 1Å=0.1nm.

与瑞利散射定律是一致的。因此,我们能看到蓝色的天空是由于大气密度涨落引起的瑞利散射造成的;短波长的蓝色光被强烈散射。流场密度起伏的微区尺度大于波长并能维持较长的时间时,散射现象较为显著。

在某些情况下,原本透明的溶液当温度升高到某一温度时,溶液突然变得像乳液一样混浊起来,这种现象也是密度的微尺度起伏引起的,称为"临界乳光"现象。

瑞利散射的偏振态与入射光的偏振态有关。当入射光为线偏振光时,瑞利散射在任何方向上其偏振态仍为线偏振;当入射光为自然光时,瑞利散射光在垂直入射光方向上的散射光是线偏振光,沿入射方向的瑞利散射仍为自然光,其他方向为部分偏振光,但如图 6.14 所示。

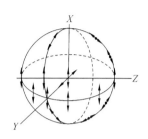

图 6.14 瑞利散射的偏振特性

6.3.3 米氏散射

1908 年,米(M. Mie)和德拜(P. Debye)使用电动力学的基本理论,计算了金属小球对电磁波的散射效应。设小球直径为 a,电磁波波长为 λ,波数 $k=2\pi/\lambda$,计算结果表明,当 $ka<0.3$ 时,金属小球对电磁波的散射规律与瑞利散射定律是一致的,随着 ka 的增大,金属小球对电磁波的散射规律与瑞利散射定律偏差越来越大,并且散射强度与光波长无关,这种散射现象被称为"米氏散射"。米氏散射中,散射光角分布非常复杂,并且散射颗粒越大散射光的角分布越复杂,随着散射颗粒的增大,前向散射光将会逐渐增大,如图 6.15 所示。

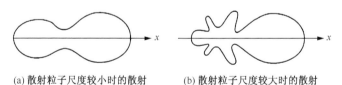

(a) 散射粒子尺度较小时的散射　　(b) 散射粒子尺度较大时的散射

图 6.15 米氏散射的角分布特点

瑞利散射定律适用于介质中的散射微粒小于 $\lambda/20$ 的情况,常见的有气体分子散射、流体密度涨落散射等情况。当介质中的散射颗粒尺度大于 λ 波长量级时,所发生的散射被称为"米氏散射"。例如,大气中的尘埃、液滴、气溶胶对光波的散射都属于米氏散射。浪花、浓雾呈白色,是液滴对自然光的米氏散射造成的;卫星拍摄到海洋或湖面出现的随机变化的白色斑点也是液滴对自然光的米氏散射形成的。米氏散射直至今天仍是一个研究工作非常活跃的领域,空间目标的探测、识别、跟踪、激光精确制导、星地激光通信、激光雷达等实际应用中,都需要考虑云、雾、气溶胶、硝烟等粒子对光的散射作用,需要使用较为复杂的模型来考察散射对信号传输的影响及其规律,探寻利用或减弱大气散射的方法,这些内容在大气光学中将有专门的研究。

6.3.4 拉曼散射

瑞利散射和米氏散射中,散射光波长与入射光波长是相同的。1928年,拉曼(C. V. Raman)发现,频率为 ω_0 的单色光经过苯、甲苯等溶液时,散射光除入射光的频率 ω_0 以外,还有一系列新频率的光产生,并且散射光的光谱具有以下特点:

(1) 在 ω_0 谱线的两侧对称分布着一系列谱线

$$\omega_0 \pm \omega_1, \omega_0 \pm \omega_2, \omega_0 \pm \omega_3, \cdots, \omega_0 \pm \omega_j$$

如图 6.16 所示。

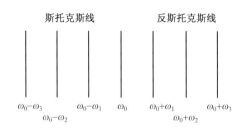

图 6.16 拉曼散射

(2) ω_1、ω_2 等只与介质本身的性质有关,与介质的吸收谱一致。

这一散射现象被称为拉曼散射。其中,$\omega_0 - \omega_1$、$\omega_0 - \omega_2$ 等光波频率较低的谱线称为斯托克斯线(或称红伴线),$\omega_0 + \omega_1$、$\omega_0 + \omega_2$ 等谱线被称为反斯托克斯线(或称紫伴线)。紫伴线的强度总是弱于红伴线。

使用量子力学的能级概念可以解释拉曼散射形成的原因。量子力学认为,分子或原子的能级是离散的。分子在一对特定能级之间的跃迁将会吸收或发射特定频率的光子。如图 6.17 所示,分子由高能级 E_2 跃迁到低能级 E_1 将会辐射出频率为 ω_1 的光子,能级与光子频率的关系为

$$\hbar\omega_1 = E_2 - E_1 \tag{6.35}$$

同样,分子吸收频率为 ω_1 的光子后将从低能级 E_1 跃迁到高能级 E_2。量子力学认为,分子吸收频率为 ω_0 的光子后还具有跃迁到虚能级 E'、E'' 的概率,当分子由低能态 E_1 吸收频率为 ω_0 的光子后,会跃迁到 E' 能级上,再由 E' 向下跃迁到能级 E_2 上,辐射出频率为 ω' 的光子,由能量守恒关系,有 $\hbar\omega_1 + \hbar\omega' = \hbar\omega_0$,因此 $\omega' = \omega_0 - \omega_1$,即出现了斯托克斯线。当分子处于高能态 E_2 上时,吸收频率为 ω_0 的光子后,会跃迁到 E'' 能级上,再由 E'' 向下跃迁到能级 E_1 上,辐射出频率为 ω'' 的光子,由能量守恒关系,有 $\hbar\omega_0 + \hbar\omega_1 = \hbar\omega''$,因此 $\omega'' = \omega_0 + \omega_1$,即出现了反斯托克斯线。当介质处于平衡态时,处于低能级的分子数远大于处于高能级的分子数,因此斯托克斯线的强度要大于

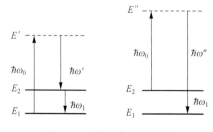

图 6.17 拉曼散射的机制

反斯托克斯线的强度。

拉曼散射现象具有重要的应用价值,利用拉曼现象制造的拉曼光谱仪被用于材料成分或分子结构的精确测量;利用拉曼散射抑制光纤激光器中强烈的非线性效应;使用激光雷达探测大气,通过散射光谱线的分析就可以测出特定的大气污染物浓度。

习　题

6.1　根据图 6.2 分析:

(1) 哪一种光学材料是不透明的? 适合用于什么波段?

(2) 计算出蓝宝石对 500nm 波长的吸收系数。

6.2　石英晶体也是一种广泛应用于红外光学系统的光学材料,假设一束波长为 $2.8\mu m$,光强为 I_0 的光波入射到厚度为 5mm 的石英晶体上,请计算出射光的强度。已知石英晶体对波长 $2.8\mu m$ 的光波吸收系数为 $0.05 cm^{-1}$,折射率为 1.49953。

6.3　已知海水对可见光的吸收系数为 $1.0 m^{-1}$,人眼可感知的光强是太阳达到地面上的光强的 $1/10^{18}$,请计算人到达海底多少米就无法感知到光亮?

6.4　在中红外激光器中经常使用 CaF_2 作为输出窗口。已知 CaF_2 对 $1.38\mu m$、$2.4\mu m$、$3.7\mu m$ 波长的光波折射率分别为 1.42675、1.42147、1.41467。

(1) 请求出 CaF_2 的色散曲线系数。

(2) 计算出 HF 化学激光器双谱线($2.8325\mu m$,$2.7959\mu m$)在 CaF_2 中传输时的相速度和双谱线构成的波包群速度。

6.5　请从散射的角度分析朝霞、晚霞呈现红色的可能原因。

参 考 文 献

谢敬辉,赵达尊,阎吉祥.2005.物理光学教程.北京:北京理工大学出版社
钟锡华,周岳明.2004.现代光学基础.北京:北京大学出版社
赵凯华.2004.光学.北京高等教育出版社
Bennett C A. 2008. Principles of Physical Optics. John Wiley & Sons Inc
Born M, Wolf E. 1999. Principles of Optics. 7th ed. Cambridge University Press
Brooker G. 2003. Modern Classical Optics. Oxford University Press
Goodman J W. 2007. Fourier Optics. 3rd ed. Roberts & Company Publishers
Hecht E. 2002. Optics. 4th ed. Pearson Education Inc
Malacara D. 2007. Optical Shop Testing. 3th Edition. John Wiley & Sons. Inc
Young M. 2000. Optics and Lasers: Including Fibers and Optical Waveguides. 5th ed. Springer-Verlag Berlin Heidelberg

附录 A 矢量分析

A.1 散度、旋度和梯度

Hamiltonian 算符

$$\nabla = \hat{i}\frac{\partial}{\partial x} + \hat{j}\frac{\partial}{\partial y} + \hat{k}\frac{\partial}{\partial z} \tag{A.1}$$

式中，$\hat{i}, \hat{j}, \hat{k}$ 分别为直角坐标系中的三个直角分量的单位矢量。

Laplace 算符

$$\nabla^2 = \frac{\partial^2}{\partial x^2} + \frac{\partial^2}{\partial y^2} + \frac{\partial^2}{\partial z^2} \tag{A.2}$$

标量场 U 的梯度

$$\nabla U(x,y,z) = \hat{i}\frac{\partial U}{\partial x} + \hat{j}\frac{\partial U}{\partial y} + \hat{k}\frac{\partial U}{\partial z} \tag{A.3}$$

矢量场的散度

$$\nabla \cdot \boldsymbol{E}(x,y,z) = \frac{\partial E_x(x,y,z)}{\partial x} + \frac{\partial E_x(x,y,z)}{\partial y} + \frac{\partial E_x(x,y,z)}{\partial z} \tag{A.4}$$

矢量场 $\boldsymbol{E}$ 的旋度

$$\nabla \times \boldsymbol{E}(x,y,z) = \hat{i}\left(\frac{\partial E_z}{\partial y} - \frac{\partial E_y}{\partial z}\right) + \hat{j}\left(\frac{\partial E_x}{\partial z} - \frac{\partial E_z}{\partial x}\right) + \hat{k}\left(\frac{\partial E_y}{\partial x} - \frac{\partial E_x}{\partial y}\right) \tag{A.5}$$

散度和旋度满足

$$\begin{aligned}\nabla \times \nabla U &\equiv 0 \\ \nabla \cdot \nabla \times \boldsymbol{E} &\equiv 0\end{aligned} \tag{A.6}$$

Hamilton 算符运算公式

$$\nabla \times \nabla \times \boldsymbol{E} = \nabla(\nabla \cdot \boldsymbol{E}) - \nabla^2 \boldsymbol{E} \tag{A.7}$$

A.2 Gauss 公式和 Stokes 公式

Gauss 公式

$$\oiint_S \boldsymbol{E} \cdot \mathrm{d}\boldsymbol{s} = \iiint_V \nabla \cdot \boldsymbol{E}\mathrm{d}v \tag{A.8}$$

Stokes 公式

$$\oint_L \boldsymbol{E} \cdot \mathrm{d}\boldsymbol{l} = \iint_S \nabla \times \boldsymbol{E} \cdot \mathrm{d}\boldsymbol{s} \tag{A.9}$$

A.3 有关 ∇ 算子的运算公式

设 u、v 为标量，$\boldsymbol{A}$、$\boldsymbol{B}$ 为矢量。∇ 算子有如下的运算公式：

$$\nabla(uv) = v\,\nabla u + u\,\nabla v \tag{A.10}$$

$$\nabla \cdot (u\boldsymbol{A}) = (\nabla u) \cdot \boldsymbol{A} + u\,\nabla \cdot \boldsymbol{A} \tag{A.11}$$

$$\nabla \times (u\boldsymbol{A}) = (\nabla u) \times \boldsymbol{A} + u\,\nabla \times \boldsymbol{A} \tag{A.12}$$

$$\nabla(\boldsymbol{A} \cdot \boldsymbol{B}) = \boldsymbol{A} \times (\nabla \times \boldsymbol{B}) + (\boldsymbol{A} \cdot \nabla)\boldsymbol{B} + \boldsymbol{B} \times (\nabla \times \boldsymbol{A}) + (\boldsymbol{B} \cdot \nabla)\boldsymbol{A} \tag{A.13}$$

$$\nabla \times \nabla \times \boldsymbol{A} = \nabla(\nabla \cdot \boldsymbol{A}) - \nabla^2 \boldsymbol{A} \tag{A.14}$$

附录 B 傅里叶变换

B.1 周期函数的傅里叶级数分解

一个周期为 T 的函数 $g(x)$,在这一周期内满足狄利克雷条件,则函数 $f(t)$ 可以展开如下傅里叶级数:

$$g(x) = \sum_{n=-\infty}^{\infty} G_n \mathrm{e}^{\mathrm{i}n\omega x} \tag{B.1}$$

式中,G_n 为傅里叶系数,n 为整数,频率 $\omega = 2\pi/T = 2\pi f$。式(B.1)表明,原函数 $g(t)$ 是各种频率成分的集合,其傅里叶系数为

$$G_n = \frac{1}{T} \int_{-T/2}^{T/2} g(x) \mathrm{e}^{\mathrm{i}2\pi nfx} \mathrm{d}x \tag{B.2}$$

G_n 体现了该频率成分的比重。

B.2 傅里叶变换

B.2.1 一维傅里叶变换

对非周期函数 $g(x)$,在满足狄利克雷条件下,并在区间 $(-\infty,\infty)$ 绝对可积,可以表示为如下积分形式:

$$g(x) = \frac{1}{2\pi} \int_{-\infty}^{\infty} G(f) \mathrm{e}^{\mathrm{i}2\pi fx} \mathrm{d}f \tag{B.3}$$

即函数 $g(x)$ 可以展开为无穷多频率成分的线性叠加,而 $G(f)$ 表示每一种频率成分所占的比重。$G(f)$ 满足

$$G(f) = \int_{-\infty}^{\infty} g(x) \mathrm{e}^{-\mathrm{i}2\pi fx} \mathrm{d}x \tag{B.4}$$

式(B.4)称为傅里叶变换,$G(f)$ 为 $f(x)$ 的频谱函数。式(B.3)称为傅里叶逆变换。

B.2.2 二维傅里叶变换

对二维空间,上述傅里叶变换和逆变换同样适用

$$G(f_x, f_y) = \iint_{-\infty}^{\infty} g(x,y) \exp(-\mathrm{i}2\pi(f_x x + f_y y)) \mathrm{d}x \mathrm{d}y \tag{B.5}$$

$$g(x,y) = \frac{1}{(2\pi)^2} \iint_{-\infty}^{\infty} G(f_x, f_y) \exp(\mathrm{i}2\pi(f_x x + f_y y)) \mathrm{d}f_x \mathrm{d}f_y \tag{B.6}$$

为书写方便,傅里叶变换和逆变换分别采用算符 $\mathcal{F}$ 和 $\mathcal{F}^{-1}$ 表示积分,简表述为

$$G(f_x, f_y) = \mathcal{F}\{g(x,y)\} \tag{B.7}$$

$$g(x,y) = \mathcal{F}^{-1}\{G(f_x, f_y)\} \tag{B.8}$$

在式(B.5)、式(B.6)中,指数因子 $\exp(\mathrm{i}2\pi(f_x x + f_y y))$ 表示空间频率为 (f_x, f_y) 的平面波,对应特定的传播方向,因此,傅里叶变换表示,任一函数可以分解为一系列不同频率的平面波的叠加。对非周期函数,空间频率的取值是连续的。

B.2.3 典型函数的傅里叶变换

原函数 频谱函数

方垒函数

$$g(x) = \begin{cases} a, & |x| \leqslant d/2 \\ 0, & |x| > d/2 \end{cases}$$

$$G(f) = ad\frac{\sin\alpha}{\alpha}, \quad \alpha = \pi fd$$

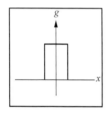
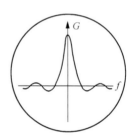

相位方垒函数

$$g(x) = \begin{cases} a\mathrm{e}^{\mathrm{i}2\pi f_0 x}, & |x| \leqslant d/2 \\ 0, & |x| > d/2 \end{cases}$$

$$G(f) = ad\frac{\sin\alpha}{\alpha}, \quad \alpha = \pi(f - f_0)d$$

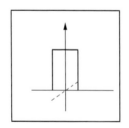
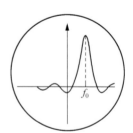

准单频函数

$$g(x) = \begin{cases} a\cos(2\pi f_0 x), & |x| \leqslant L/2 \\ 0, & |x| > L/2 \end{cases}$$

$$G(f) = \frac{1}{2}aL\left(\frac{\sin\alpha_1}{\alpha_1} + \frac{\sin\alpha_2}{\alpha_2}\right)$$

$$\alpha_1 = \pi(f - f_0)L, \quad \alpha_2 = \pi(f + f_0)L$$

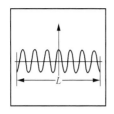
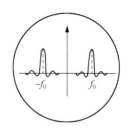

高斯函数
$g(x) = \exp(-ax^2)$

$G(f) = \sqrt{\dfrac{\pi}{a}} \exp\left(-\dfrac{\pi^2 f^2}{a}\right)$

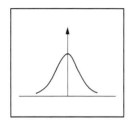
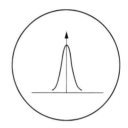

δ 函数
$\delta(x) = \begin{cases} \infty, & x = 0 \\ 0, & x \neq 0 \end{cases}$

$G(f) = 1$

B.3 傅里叶变换的性质和定理

设两个函数 $g(x)$、$h(x)$，对应的频谱函数为

$$\begin{aligned} G(f) &= \mathcal{F}\{g(x)\} \\ H(f) &= \mathcal{F}\{h(x)\} \end{aligned} \tag{B.9}$$

B.3.1 线性定理

若函数 $u(x) = ag(x) + bh(x)$，它的傅里叶变换为

$$U(f) = \mathcal{F}\{u(x)\} = \mathcal{F}\{ag(x) + bh(x)\} = aG(f) + bH(f) \tag{B.10}$$

B.3.2 守恒定理

$$\int_{-\infty}^{\infty} |g(x)|^2 \mathrm{d}x = \int_{-\infty}^{\infty} |G(f)|^2 \mathrm{d}f \tag{B.11}$$

B.3.3 缩放定理

$$\frac{1}{|a|} G\left(\frac{f}{a}\right) = \mathcal{F}\{g(ax)\} \tag{B.12}$$

B.3.4 相移定理

$$\mathcal{F}\{g(x-x_0)\} = \exp(-\mathrm{i}2\pi f x_0)G(f) \tag{B.13}$$

$$\mathcal{F}\{\exp(\mathrm{i}2\pi f_0 x)g(x)\} = G(f-f_0) \tag{B.14}$$

B.3.5 共轭定理

$$\mathcal{F}\{g^*(x)\} = G^*(-f)$$
$$\mathcal{F}\{g^*(-x)\} = G^*(f) \tag{B.15}$$

B.3.6 积分微分定理

$$\mathcal{F}\left\{\frac{\mathrm{d}g(x)}{\mathrm{d}x}\right\} = \mathrm{i}2\pi f G(f) \tag{B.16}$$

$$\mathcal{F}\left\{\int_{-\infty}^{\infty} g(x)\mathrm{d}x\right\} = \frac{1}{\mathrm{i}2\pi f}G(f) \tag{B.17}$$

B.3.7 卷积定理

函数 $g(x)$、$h(x)$ 的卷积定义为

$$g(x)*h(x) = \int_{-\infty}^{\infty} g(x')h(x-x')\mathrm{d}x' = \int_{-\infty}^{\infty} h(x')g(x-x')\mathrm{d}x'$$

函数卷积的傅里叶变换为

$$\mathcal{F}\{g(x)*h(x)\} = G(f)H(f)$$
$$\mathcal{F}\{g(x)\cdot h(x)\} = G(f)*H(f) \tag{B.18}$$

B.3.8 反比性质

定义函数 $f(x)$ 的有效宽度

$$\Delta x = \frac{1}{f(0)}\int_{-\infty}^{\infty} f(x)\mathrm{d}x$$

原函数 $g(x)$ 的有效宽度 Δx 与频函数 $G(f)$ 的有效宽度 Δf，满足反比性质

$$\Delta x \cdot \Delta f \approx 1 \tag{B.19}$$

根据函数有效宽度的定义 $\Delta x = \frac{1}{g(0)}\int_{-\infty}^{\infty} g(x)\mathrm{d}x, \Delta f = \frac{1}{G(0)}\int_{-\infty}^{\infty} G(f)\mathrm{d}f$。